Basiswissen Numerik

Ihr Bonus als Käufer dieses Buches

Als Käufer dieses Buches können Sie kostenlos unsere Flashcard-App „SN Flashcards" mit Fragen zur Wissensüberprüfung und zum Lernen von Buchinhalten nutzen. Für die Nutzung folgen Sie bitte den folgenden Anweisungen:

1. Gehen Sie auf **https://flashcards.springernature.com/login**
2. Erstellen Sie ein Benutzerkonto, indem Sie Ihre Mailadresse angeben und ein Passwort vergeben.
3. Verwenden Sie den Link aus einem der ersten Kapitel um Zugang zu Ihrem SN Flashcards Set zu erhalten.

Ihr persönlicher SN Flashards Link befindet sich innerhalb der ersten Kapitel.

Sollte der Link fehlen oder nicht funktionieren, senden Sie uns bitte eine E-Mail mit dem Betreff **„SN Flashcards"** und dem Buchtitel an **customerservice@springernature.com.**

Robert Plato

Basiswissen Numerik

Ein kompakter Einstieg

Springer Spektrum

Robert Plato
Department Mathematik
Universität Siegen
Siegen, Deutschland

ISBN 978-3-662-66569-5   ISBN 978-3-662-66570-1 (ebook)
https://doi.org/10.1007/978-3-662-66570-1

Die Deutsche Nationalbibliothek verzeichnet diese Publikation in der Deutschen Nationalbibliografie; detaillierte bibliografische Daten sind im Internet über http://dnb.d-nb.de abrufbar.

Planung/Lektorat: Nikoo Azarm
Springer Spektrum ist ein Imprint der eingetragenen Gesellschaft Springer-Verlag GmbH, DE und ist ein Teil von Springer Nature.
Die Anschrift der Gesellschaft ist: Heidelberger Platz 3, 14197 Berlin, Germany

Das Papier dieses Produkts ist recyclebar.

Vorwort

Das vorliegende Lehrbuch ist aus dem Textbuch *Numerische Mathematik kompakt* hervorgegangen, das mittlerweile in fünfter Auflage erschienen ist [50]. In der hier vorgelegten vereinfachten und auch verkürzten Fassung richtet es sich verstärkt an Student:innen und Absolvent:innen der Informatik, Natur- und Ingenieur- und Wirtschaftswissenschaften sowie benachbarter Fächer an Universitäten und Fachhochschulen. Es sind Inhalte dabei jedoch nicht nur gekürzt worden, sondern kleine Anwendungen, einfache Rechenbeispiele, numerische Illustrationen und Erläuterungen hinzugekommen. Außerdem gibt es nun eine Einleitung, in der auf grundlegende Konzepte der Numerik eingegangen wird. Auf die Präsentation von Beweisen mathematischer Aussagen wird größtenteils verzichtet. Sie werden lediglich dann präsentiert, wenn sie einfach sind, kurz ausfallen und zudem einen direkten Einblick in die dazugehörige Thematik verschaffen.

Gegenstand dieses Lehrbuches sind die folgenden grundlegenden Themen aus der numerischen Mathematik:

- Interpolation und Integration,
- direkte und iterative Lösung linearer Gleichungssysteme,
- iterative Verfahren für nichtlineare Gleichungssysteme,
- Anfangs- und Randwertprobleme bei gewöhnlichen Differenzialgleichungen,
- Eigenwertaufgaben bei Matrizen,
- Rechnerarithmetik.

Auf die Behandlung von diskreter Fouriertransformation, Numerik partieller Differenzialgleichungen sowie der nichtlinearen Optimierung wird aufgrund des angestrebten überschaubaren Umfangs verzichtet.

Das Bestreben dieses Lehrbuches ist es, die vorliegenden Themen auf leicht verständliche Weise zu behandeln und dabei doch auch auf Hintergründe und Zusammenhänge einzugehen und darüber hinaus die Darstellungen zum Beispiel in Bezug auf Dimensionen der betrachteten Vektorräume und der verwendeten Normen relativ allgemein zu halten. Daher sollten auch Student:innen und Absolvent:innen der Mathematik-Studiengänge von diesem Lehrbuch profitieren können. Für viele der diskutierten Verfahren werden die jeweiligen Vorgehensweisen durch

Abbildungen und Schemata veranschaulicht, was das Verständnis der auftretenden Zusammenhänge erleichtern sollte. Für zahlreiche der behandelten Verfahren
werden praktisch relevante Aufwandsbetrachtungen angestellt und Pseudocodes
angegeben, die sich unmittelbar in Computerprogramme umsetzen lassen. Definitionen, Theoreme und andere wichtige Aussagen sind meist in Boxen untergebracht.

Für diese erste Auflage sind Erfahrungen aus verschiedenen in der jüngeren
Vergangenheit an der Universität Siegen und der Berliner Hochschule für Technik
durchgeführten Lehrveranstaltungen zur Numerik eingeflossen. Von diesen Lehrveranstaltungen waren einige an Student:innen der Mathematik gerichtet, andere an
Student:innen des Bauingenieurwesens und des Computational Engineering. Aus
diesen Lehrveranstaltungen sind auch Übungsaufgaben in das Lehrbuch integriert
worden. Vollständige Lösungswege zu zahlreichen der in diesem Lehrbuch vorgestellten Aufgaben finden Sie in dem Übungsbuch [49].

Das Lehrbuch wird ergänzt durch rund 140 Flashcards, die über Springer Nature
online zugänglich sind. Dabei handelt es sich um Multiple-Choice- und Lückenauf-
gaben, die thematisch weite Teile des Lehrbuches abdecken. Zumeist sind das kurze
Verständnis- und Rechenaufgaben, die sich schnell mithilfe des Lehrbuches und
eventuell einiger weniger Rechnungen auf Papier lösen lassen sollten. Es befinden
sich aber auch zahlreiche kleine Programmieraufgaben darunter, mit denen das
Verständnis für die Vorgehensweise der vorgestellten Algorithmen vertieft wird. Die
für die Nutzung der *Springer Nature Flashcards* erforderlichen Schritte finden Sie
zu Beginn von Kap. 1.

Ich danke dem Verlag Springer Nature, insbesondere Frau Azarm, Frau Lerch
und Frau Ruhmann, für zahlreiche wertvolle Hinweise und die gute Zusam-
menarbeit während der Erstellung dieser Erstauflage. Hinweise und Verbesse-
rungsvorschläge zu diesem Lehrbuch erreichen mich unter der Email-Adresse
plato@mathematik.uni-siegen.de.

Siegen, Deutschland   Robert Plato
Dezember 2022

Inhaltsverzeichnis

Einleitung

Flashcards

Als Käufer:in dieses Buches können Sie kostenlos die Flashcard-App *SN Flashcards* nutzen. Diese Flashcards beinhalten Fragen zur Wissensüberprüfung und zum Erlernen der Buchinhalte. Für die Nutzung sind folgende Schritte erforderlich:

1) Gehen Sie auf die Webseite https://flashcards.springernature.com/login.
2) Erstellen Sie dort ein Benutzerkonto, indem Sie für den Login Ihre Mailadresse angeben und ein Passwort vergeben.
3) Verwenden Sie den folgenden Link, um Zugang zu Ihrem Set von Flashcards zu erhalten: https://go.sn.pub/KjSBcC

Sollte der Link nicht funktionieren, senden Sie bitte eine E-Mail mit dem Betreff „SN Flashcards" und dem Buchtitel an customerservice@springernature.com.

Im ersten Abschnitt dieses einführenden Kapitels werden die notwendigen Schritte zur Lösung von Anwendungsproblemen in Natur- und Wirtschaftswissenschaften sowie Technik vorgestellt und mögliche auftretende mathematische Problemstellungen benannt. Die damit verbundenen generellen Aufgabenstellungen aus der Numerik werden in einer Übersicht im darauf folgenden Abschnitt vorgestellt. Ein dritter Abschnitt ist der Präsentation einiger Modellbeispiele und der dazugehörigen Numerik gewidmet. Der vierte und letzte Abschnitt behandelt landausche Symbole $\mathcal{O}$, mit deren Hilfe sich Ordnungen bei Fehlerabschätzungen und Aufwandsbetrachtungen gut herausstellen lassen.

© Der/die Autor(en), exklusiv lizenziert an Springer-Verlag GmbH, DE, ein Teil von Springer Nature 2023
R. Plato, *Basiswissen Numerik*, https://doi.org/10.1007/978-3-662-66570-1_1

1.1   Vom Anwendungsproblem zur Lösung eines mathematischen Modells

Die exakte oder approximative Lösung eines Anwendungsproblems besteht oftmals aus den folgenden drei Schritten:

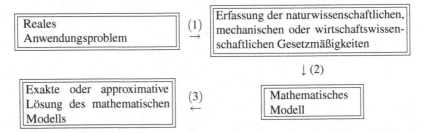

Die Schritte (1) und (2) erfordern keine Numerik und werden in diesem Lehrbuch daher nur am Rande eine Rolle spielen. Wir geben aber an einigen Stellen einige kleine Beispiele zu Schritt (2), so etwa in Abschn. 1.3. Es sei noch erwähnt, dass bei der Erstellung eines passenden mathematischen Modells in Schritt (2) oftmals Vereinfachungen vorgenommen werden.

   In diesem Lehrbuch geht es um die Einführung von numerischer Mathematik zur Lösung von mathematischen Aufgabenstellungen, die im Rahmen der mathematischen Modellierung auftreten können. Einige solcher Problemstellungen sind im Folgenden aufgelistet:

a) Interpolation durch Polynome oder Splines,
b) lineare und nichtlineare Gleichungssysteme sowie Ausgleichsprobleme,
c) Integration von Funktionen,
d) Anfangs- und Randwertprobleme für gewöhnliche Differenzialgleichungen und Systeme von gewöhnlichen Differenzialgleichungen,
e) Eigenwertprobleme.

Unter Umständen ist die analytische Bestimmung der Lösung eines solchen mathematischen Problems möglich, etwa bei der Interpolation. Solche Probleme werden dann trotzdem im Rahmen der Numerik behandelt, weil

• sie sich im Grenzbereich zur Analysis oder linearen Algebra befinden und dort nicht standardmäßig behandelt werden,
• eine exakte Lösung nur in bestimmten Situationen möglich sind,
• algorithmische Aspekte eine Rolle spielen,
• Stabilität gegenüber Mess- oder Rundungsfehlern untersucht werden soll.

Die Numerik der oben aufgelisteten Probleme ist das Thema dieses Lehrbuches. Eine Übersicht der damit verbundenen Fragestellungen gibt der nachfolgende Abschn. 1.2.

Bemerkung. Neben den oben aufgelisteten Punkten (a)–(e) können sich im Rahmen der mathematische Modellierung auch andere mathematische Problemstellungen ergeben, so zum Beispiel lineare und nichtlineare Optimierung, partielle Differenzialgleichungen oder Integralgleichungen. Deren Numerik ist jedoch nicht Gegenstand dieses Lehrbuches.

Bemerkung. Einige der oben aufgelisteten mathematischen Problemstellungen (a)–(e) treten nicht immer eigenständig auf, sondern werden auch als Hilfsmittel bei der numerischen Lösung anderer oben aufgelisteter mathematischer Problemstellungen verwendet. Das betrifft zum Beispiel die drei Themen Interpolation durch Polynome, Integration von Funktionen und die Lösung von Systemen von gewöhnlichen Differenzialgleichungen. Es bildet beispielsweise das erste der eben genannten Themen eine wichtige Grundlage für Methoden der numerischen Integration, und numerische Integration wiederum stellt eine Grundlage bei der numerischen Lösung von Anfangswertproblemen bei Systemen von gewöhnlichen Differenzialgleichungen dar. Eigenwertprobleme treten im Rahmen der analytischen Lösung von gewöhnlichen Differenzialgleichungssystemen auf.

1.2   Aufgaben der Numerik

Für die Bearbeitung der in Abschn. 1.1 aufgelisteten Themen sind aus Sicht der Numerik folgende Fragestellungen von Relevanz:

(i) Angabe von Verfahren zur Berechnung einer Lösung der unter (a)–(e) oben aufgelisteten mathematischen Probleme. Dabei lässt sich bei den Verfahren folgende prinzipielle Unterscheidung vornehmen:

- das Verfahren berechnet zumindest theoretisch die exakte und komplette Lösung des Problems,
- das Verfahren bestimmt Näherungen an die gesuchte Lösung,
- das Verfahren liefert für eine Auswahl von Stellen des Definitionsbereichs Ergebnisse. Hier wird zusätzlich angenommen, dass die zu bestimmende Lösung des betrachteten mathematischen Problems eine Funktion ist.

Beispiele zu dieser Klassifikation finden Sie direkt im Anschluss an diese Box.

(ii) Auswahl eines unter Stabilitäts- und Komplexitätsgesichtspunkten gut geeigneten Verfahrens, falls mehrere Verfahren zur Verfügung stehen.

(Fortsetzung)

(iii) Abschätzungen für die durch Rundungs, Modell- oder Datenfehler verur-
sachten Abweichungen von berechneter Näherung zu exakter Lösung des
Problems.

(iv) Aufwandsbetrachtungen für die Berechnung der Näherungen, das heißt
eine exakte Bestimmung der Anzahl der arithmetischen Grundoperationen
und Funktionsauswertungen beziehungsweise zumindest eine Asymptotik
oder Abschätzung hierfür.

(v) Herleitung von Abschätzungen für den Fehler zwischen exakter Lösung
des Problems und der mit numerischen Methoden gewonnenen Näherung.
Dieser Punkt betrifft naturgemäß nur Algorithmen, bei denen lediglich
Näherungslösungen bestimmt werden.

(vi) In der Regel ist auch die Frage der Existenz und Eindeutigkeit der
Lösung des gegebenen mathematischen Problems zu klären. Nur dann
kann man erwarten, dass numerische Verfahren die gewünschte Lösung
approximieren.

Beispiele zu der in dem Punkt (i) oben vorgenommenen Klassifikation sind im
Folgenden aufgelistet:

- Der Gauß-Algorithmus berechnet die exakte Lösung eines nichtsingulären linea-
ren Gleichungssystems (siehe Kap. 4),
- Iterative Verfahren berechnen Näherungen an die exakte Lösung eines linearen
oder nichtlinearen Gleichungssystems (siehe Kap. 5),
- Einschrittverfahren für Anfangswertprobleme bei gewöhnlichen Differenzial-
gleichungen beziehungsweise Systemen hierfür berechnen an ausgewählten
Stellen des Definitionsbereichs Näherungen an die zu bestimmenden exakte
Lösung (siehe Kap. 7).

Bemerkung. Es folgen zwei Anmerkungen zum ersten Punkt aus der Auflistung (i)
von Themen aus der Numerik oben.

- Damit kann die Bestimmung der Koeffizienten einer Basis eines passenden Vektorraums gemeint sein. Falls es sich bei der Lösung um eine Funktion handelt,
so ist anschließend noch die effiziente Funktionsauswertung von Interesse, ein
weiteres Thema der Numerik. Als Beispiel kann hier die newtonsche Basisdar-
stellung eines Interpolationspolynoms genannt werden, siehe Abschn. 2.4.
- Der Hinweis „zumindest theoretisch" verweist auf die Tatsache, dass in der
Praxis mit Auswirkungen von Rundungs- und Datenfehlern zu rechnen ist.

1.3 Drei Modellbeispiele

Die in dem Schema in Abschn. 1.1 angegebenen drei Schritte vom Anwendungs-problem bis hin zu seiner Lösung werden an drei Modellbeispielen erläutert.

1.3.1 Modellbeispiel mathematisches Pendel

Es soll die Pendelbewegung eines mathematischen Pendels beschrieben werden. Wir betrachten hierzu die zeitabhängige seitliche Auslenkung des Pendels aus der Ruhelage. Diese wird durch den vorzeichenbehafteten zeitabhängigen Winkel $\varphi(t) \in [-\pi, \pi]$ im Bogenmaß angegeben, mit positiven und negativen Werten bei Ausschlag nach links beziehungsweise rechts. Die Situation ist für einen Zeitpunkt t in Abb. 1.1 dargestellt. Die Bezeichnung „mathematisches Pendel" begründet sich in der idealisierten Annahme eines masselosen Fadens und einer in einem Punkt konzentrierten Masse. Die Winkelbeschleunigung resultiert aus dem Anteil der Erdbeschleunigung in tangentialer Richtung, siehe Abb. 1.1, wobei Reibungskräfte vernachlässigt werden; diese Betrachtungen korrespondieren zu Schritt (1) aus dem Schema in Abschn. 1.1.

Der betrachtete zeitabhängige Winkel erfüllt daher das folgende Anfangswert-problem für eine nichtlineare gewöhnliche Differenzialgleichung zweiter Ordnung:

$$\varphi''(t) + \frac{g}{\ell}\sin\varphi(t) = 0 \text{ für } 0 \leq t \leq T, \qquad \varphi(0) = \alpha, \quad \varphi'(0) = 0, \qquad (1.1)$$

mit gegebener Anfangsauslenkung $\alpha \in \mathbb{R}$. Die beiden Anfangsbedingungen ergeben sich durch Vorgaben an die Anfangsauslenkung und die Ruhelage der Masse zu Beginn der Betrachtungen. Diese Überlegungen lassen sich Schritt (2) aus dem Schema in Abschn. 1.1 zuordnen. Einige Details zur mathematischen Modellierung finden Sie in Kap. 7.

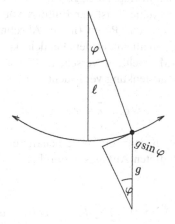

Abb. 1.1 Darstellung des mathematischen Pendels

Im Folgenden werden einige numerisch relevante Zielsetzungen zur approximativen Lösung des Anfangswertproblems (1.1) vorgestellt.

- Es sind Verfahren zu entwickeln, die auf einem äquidistanten Gitter

$$t_k = kh, \quad k = 0, 1, \ldots, N \quad (h = \frac{T}{N})$$

schrittweise Näherungen

$$\varphi_k \approx \varphi(t_k), \quad k = 0, 1, \ldots, N,$$

liefern (siehe Punkt (i) in Abschn. 1.2 oben). Der Abstand h zwischen den Gitterpunkten wird als *Schrittweite* bezeichnet. Das prominenteste Verfahren ist das Euler-Verfahren, das die Approximationen rekursiv berechnet und für die vorliegende Differenzialgleichung zweiter Ordnung folgende Form annimmt:

$$\varphi_{k+1} = \varphi_k + h\varphi_k', \quad \varphi_{k+1}' = \varphi_k' - h\frac{g}{\ell}\sin\varphi_k, \quad k = 0, 1, \ldots, N-1. \quad (1.2)$$

Dabei sind die Werte $\varphi_k' \approx \varphi'(t_k)$ Hilfsgrößen, die für die Durchführung des Verfahrens benötigt werden. Das Verfahren wird mit $\varphi_0 = \alpha$, $\varphi_0' = 0$ gestartet.
- Von Interesse sind Abschätzungen für die sich einstellenden Fehler $\varphi_k - \varphi(t_k)$, $k = 0, 1, \ldots, N$, siehe Punkt (v) in Abschn. 1.2 oben. Die oberen Schranken hängen von der Schrittweite ab und sind in der Regel von der Form

$$\max_{k=0,1,\ldots,N} |\varphi_k - \varphi(t_k)| \leq ch^p.$$

Dabei ist $c > 0$ eine von der Schrittweite h unabhängige Konstante. Weiter ist p eine vom gewählten Verfahren abhängiger Parameter, der die Konvergenzordnung des Verfahrens angibt. Im Falle des oben betrachteten Euler-Verfahrens erhält man $p = 1$, wie sich in Kap. 7 zeigen wird.
- Ein weiteres Thema der Numerik ist der Einfluss von Mess- oder Rundungsfehlern auf ein Verfahren, siehe Punkt (iii) in Abschn. 1.2 oben. In dem hier betrachteten Modell des mathematischen Pendels können solche Fehler beispielsweise durch mit Messfehlern versehene Werte für Erdbeschleunigung, Fadenlänge und Anfangsauslenkung verursacht werden,

$$\widehat{g} \approx g, \quad \widehat{\ell} \approx \ell, \quad \widehat{\alpha} \approx \alpha.$$

In diesem Fall erhält man dann ein fehlerbehaftetes mathematisches Modell in Form eines fehlerbehafteten Anfangswertproblems für eine Differenzialgleichung zweiter Ordnung,

$$\varphi''(t) + \frac{\widehat{g}}{\widehat{\ell}}\sin\varphi(t) = 0 \text{ für } 0 \leq t \leq T, \quad \varphi(0) = \widehat{\alpha}, \quad \varphi'(0) = 0. \quad (1.3)$$

Damit erhält man auch eine fehlerbehaftete Variante des Euler-Verfahrens,

$$\widehat{\varphi}_{k+1} = \widehat{\varphi}_k + h\widehat{\varphi}_k' + \varrho_k, \quad \widehat{\varphi}_{k+1}' = \widehat{\varphi}_k' - h\frac{\widehat{g}}{\ell}\sin\widehat{\varphi}_k + \varrho_k',$$

$$k = 0, 1, \ldots, N-1,$$

mit den Startwerten $\varphi_0 = \widehat{\alpha}, \varphi_0' = 0$. Die Größen $\varrho_k \in \mathbb{R}$ und $\varrho_k' \in \mathbb{R}$ repräsentieren in jedem Schritt auftretende Rundungsfehler.

Interessiert ist man hier an Fehlerabschätzungen, die die verschiedenartigen auftretenden Fehler alle berücksichtigen. Im Fall eines ausschließlich in den Anfangswerten auftretenden Fehlers (es gilt also $\widehat{g} = g, \widehat{\ell} = \ell$ sowie $\varrho_k = \varrho_k' = 0$ für jedes k) wäre eine typische Fehlerabschätzung von der Form

$$\max_{k=0,1,\ldots,N} |\widehat{\varphi}_k - \varphi(t_k)| \leq c_1 h^p + c_2 \frac{|\widehat{\alpha} - \alpha|}{h}$$

mit von h und dem auftretenden Fehler im Anfangswert unabhängigen endlichen Konstanten c_1 und c_2. Details dazu werden wieder in Kap. 7 vorgestellt.

- Ein weiterer wichtiger Aspekt sind Aufwandsbetrachtungen, siehe Punkt (iv) in Abschn. 1.2 oben. Im Fall des Euler-Verfahrens (1.2) angewendet auf die zum mathematischen Pendel gehörende Differenzialgleichung zweiter Ordnung sieht man durch einfaches Abzählen leicht, dass die Zahl der anfallenden Additionen, Subtraktionen, Multiplikationen und Funktionsauswertungen nicht schneller als ein konstantes Vielfaches von N wächst. △

1.3.2 Modellbeispiel Verflechtung eines Wirtschaftssystems

Es werden im Folgenden Produkte $P_1, P_2, \ldots, P_N$ eines Betriebes oder einer Volkswirtschaft betrachtet. Dabei wird für die Herstellung einer Einheit des Produkts P_ℓ eine gewisse Menge von Einheiten des Produkts P_k benötigt, wobei das eigene dabei nicht ausgeschlossen ist.

Wir gehen hier der Frage nach, wie viele Einheiten eines jeden Produktes in einem vorgegebenem Zeitraum hergestellt werden müssen, damit der interne Bedarf und zusätzlich ein durch Konsum generierter externer Bedarf bedient werden kann. Wir führen hierzu für $k = 1, 2, \ldots, N$ die folgenden Notationen ein:

- die für die Herstellung einer Einheit des Produktes P_ℓ benötigte Zahl von Einheiten des Produktes P_k wird mit $a_{k\ell} \geq 0$ bezeichnet ($\ell = 1, 2, \ldots, N$),
- es sei b_k die Anzahl des Produktes P_k für die Endnachfrage hergestellten Einheiten,
- es bezeichne x_k diejenige Gesamtzahl der Einheiten des Produktes P_k, die für die Bedienung des internen und externen Bedarfs notwendig ist.

Dabei gelte $\sum_{\ell=1}^{N} a_{k\ell} \leq 1$. Wir leiten im Folgenden Bedingungen an die Werte $x_1, x_2, \ldots, x_N$ her. Dazu betrachten wir für einen festen Wert $k \in \{1, 2, \ldots, N\}$ das Produkt P_k genauer. In der vorliegenden Situation müssen für die Herstellung von x_ℓ Einheiten des Produktes P_ℓ insgesamt $a_{k\ell}x_\ell$ Einheiten des Produktes P_k hergestellt werden ($\ell \in \{1, 2, \ldots, N\}$). Insgesamt werden für den internen Bedarf also $\sum_{\ell=1}^{N} a_{k\ell}x_\ell$ Einheiten von P_k benötigt. Dazu kommen noch b_k Einheiten für den Konsum. Das führt auf die Bedingung

$$x_k = \sum_{\ell=1}^{N} a_{k\ell}x_\ell + b_k.$$

Dies muss für jedes $k = 1, 2, \ldots, N$ erfüllt sein und führt auf ein System von N linearen Gleichungen für N Unbekannte. Eine Matrixschreibweise dafür ist

$$x = Ax + b \quad \text{bzw.} \quad (I - A)x = b, \tag{1.4}$$

wobei hier $A = (a_{k\ell})$ eine $N \times N$-Matrix ist, die die Inputkoeffizienten enthält und auch als *Verflechtungsmatrix* bezeichnet wird. Weiter bezeichnet I die Einheitsmatrix mit N Zeilen und N Spalten, und es werden außerdem die Bezeichnungen $x = (x_k)$ und $b = (b_k)$ verwendet.

Vor dem Einsatz von Verfahren zur Lösung des nach der Modellierung entstandenen Problems (1.4) stellt sich die Frage nach Existenz und Eindeutigkeit der Lösung dieses Problems. Das wird in diesem Beispiel durch die Invertierbarkeit der Matrix $I - A$ gewährleistet.

Direkte Verfahren

Für die Berechnung einer Lösung sind einerseits direkte Verfahren möglich, zum Beispiel der Gauß-Algorithmus oder Matrixfaktorisierungen. Hier bedürfen folgende Themen einer Klärung:

a) Treffen einer Entscheidung, ob der Gauß-Algorithmus durchgeführt oder stattdessen eine Matrixfaktorisierung berechnet werden soll. Letzteres bietet sich dann an, wenn das lineare Gleichungssystem $(I - A)x = b$ für viele unterschiedliche rechte Seiten b gelöst werden soll.

b) Durchführbarkeit des verwendeten Verfahrens. Das ist im Allgemeinen nicht von vornherein gesichert, da zum Beispiel Divisionen durch null auftreten können.

c) Auswirkung von kleinen Störungen in den Daten – das sind die Einträge der Matrix A und die Einträge in dem Vektor b – auf die Lösung des Problems.

d) Stabilität des Verfahrens gegenüber Rundungsfehlern.

e) Aufwandsbetrachtungen, die auch als algorithmische Komplexität bezeichnet wird, siehe Punkt (iv) in Abschn. 1.2 oben. Diese Werte sind Funktionen von N und lassen sich oft durch feste Potenzen von N abschätzen.

Iterative Verfahren

Für die Berechnung einer Lösung ist andererseits auch der Einsatz eines iterativen Verfahrens zu erwägen. Das ist zum Beispiel dann sinnvoll, falls die gegebene Matrix dünn besetzt ist, also nur wenige der Einträge von null verschieden sind. Solche iterativen Verfahren erzeugen ausgehend von einem beliebigen Startvektor $x^{(0)} \in \mathbb{R}^N$ sukzessive Vektoren $x^{(1)}$, $x^{(2)}, \ldots \in \mathbb{R}^N$. Hier sind folgende Themen von Interesse:

a) Es ist die Frage der Konvergenz zu klären, das heißt die Gültigkeit von

$$\| x^{(n)} - x_* \| \to 0 \quad \text{für } n \to \infty$$

für jeden Startwert $x^{(0)} \in \mathbb{R}^N$. Dabei bezeichnet $x_* \in \mathbb{R}^N$ die Lösung des betrachteten linearen Gleichungssystems $(I - A)x = b$, und $\| \cdot \| : \mathbb{R}^N \to \mathbb{R}$ ist eine hier nicht näher spezifizierte Vektornorm.

b) Darüberhinaus stellt sich auch die Frage der Konvergenzgeschwindigkeit, das heißt wie schnell der Fehler $x^{(n)} - x_*$ in der betrachteten Norm abfällt. Je höher die Konvergenzgeschwindigkeit, umso kleiner ist die Zahl der notwendigen Iterationsschritte, bis eine vorgegebene Fehlerschranke unterschritten wird.

c) Es stellen sich außerdem die bereits für direkte Verfahren formulierten Fragen c)–e).

1.3.3 Modellbeispiel Durchhang eines Kabels

Im Folgenden wird ein Modellbeispiel betrachtet, bei dem eine Kalibrierung des entstehenden mathematischen Modells letztlich die numerische Lösung einer nichtlinearen Gleichung erfordert.

Es handelt sich bei diesem Modellbeispiel um den Verlauf eines an beiden Enden befestigten Kabels, das auch als Kettenlinie bezeichnet wird. Wir nehmen außerdem der Einfachheit halber noch an, dass die für die Befestigung verwendeten Masten in den Punkten $x = -L$ und $x = L$ positioniert sind und das Kabel dort jeweils auf der Höhe $H > 0$ befestigt ist. Eine Darstellung der vorliegenden Situation finden Sie in Abb. 1.2.

Für die von x abhängige Lage $y(x)$ des Kabels – angegeben in der Höhe über Grund – gilt dann die Darstellung

$$y(x) = c \cosh \tfrac{x}{c} + d, \quad -L \leq x \leq L, \tag{1.5}$$

mit einem noch zu bestimmenden Parameter $c > 0$ und der daraus resultierenden Konstanten $d = H - c \cosh \frac{L}{c}$. Die Darstellung (1.5) ergibt sich als – hier analytisch berechenbare – Lösung des folgenden Randwertproblems für eine nichtlineare gewöhnliche Differenzialgleichung zweiter Ordnung:

Abb. 1.2 Kettenlinie

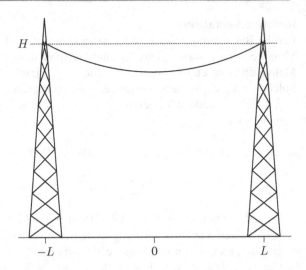

$$y''(x) = \frac{1}{c}\sqrt{1 + (y'(x))^2}, \quad -L \le x \le L, \qquad y(-L) = H,\ y(L) = H,$$

mit dem konstanten aber unbekannten Parameter $c > 0$ sowie der vorgegebenen Höhe H an den beiden Rändern des betrachteten Intervalls. Dieses Randwertproblem ergibt sich aus einer mathematischen Modellierung unter Verwendung von Gleichgewichtsbedingungen für die auftretenden Kräfte, wie sich zeigen lässt.

Der unbekannte Parameter c in (1.5) lässt sich zum Beispiel aus der Länge $\ell > 0$ des Kabels bestimmen. Es gilt nämlich zwischen der Länge ℓ des Kabels und dem Parameter c die Beziehung

$$\ell = 2c\sinh\tfrac{L}{c}, \tag{1.6}$$

was sich aus einer Berechnung der Kurvenlänge der durch (1.5) definierten Funktion ergibt. Unter Anwendung des Zwischenwertsatzes für stetige Funktionen lässt sich nachweisen, dass die nichtlineare Gl. (1.6) bei fest gewähltem $L > 0$ für jede rechte Seite $\ell > 2L$ genau eine Lösung $c > 0$ besitzt. Man beachte, dass diese Forderung an ℓ aufgrund der geometrischen Gegebenheiten sinnvoll ist.

Für die konkrete Bestimmung des Parameters c aus der Gl. (1.5) ist allerdings die Anwendung eines numerischen Verfahrens erforderlich, zum Beispiel das Newton-Verfahren zur Bestimmung der Nullstelle der reellen Funktion

$$f(c) := 2c\sinh\tfrac{L}{c} - \ell, \quad c \ne 0,$$

das ausgehend von einem Startwert $c_0 > 0$ iterativ Näherungen $c_1, c_2, \ldots$ der Nullstelle c gemäß der folgenden Iterationsvorschrift bestimmt,

$$c_{n+1} = c_n - \frac{f(c_n)}{f'(c_n)}, \qquad n = 0, 1, \dots . \tag{1.7}$$

Details zum Newton-Verfahren werden in Kap. 5 vorgestellt. In Zusammenhang mit dem Verfahren (1.7) ergeben sich zum Beispiel die folgenden Fragestellungen, wobei die meisten davon bereits in Abschn. 1.3.2 über die Verflechtung eines Wirtschaftskreislaufs aufgetreten sind:

a) Durchführbarkeit des verwendeten Verfahrens, was auch in diesem Fall die Ausschließung von Divisionen durch null bedeutet,
b) Positivität der Iterierten $c_1, c_2, \dots$,
c) Auswirkung von kleinen Störungen in den Daten; dazu gehört hier zum Beispiel die Länge ℓ des Kabels,
d) Stabilität des Verfahrens gegenüber Rundungsfehlern,
e) Konvergenzgeschwindigkeit des Verfahrens, das heißt wie schnell der Fehler $c_n - c$ gegen null abfällt.

1.4 Landausches Symbol

1.4.1 Einführung

Im Folgenden wird das landausche Symbol $\mathcal{O}$ vorgestellt. Damit lassen sich die zentralen Aussagen bei Fehlerabschätzungen und Effizienzbetrachtungen herausstellen.

Gegeben seien zwei Funktionen $f, g : \mathcal{D} \to \mathbb{R}$, mit $\mathcal{D} \subset \mathbb{R}^m$. Die Notation

$$f(x) = \mathcal{O}(g(x)) \quad \text{für} \quad x \to x^*$$

ist gleichbedeutend mit der Existenz einer Konstanten $K \geq 0$ sowie einer Umgebung $\mathcal{U} = \{x \in \mathbb{R}^m : \max_{k=1,\dots,m} |x_k - x_k^*| \leq \delta\}$ von $x^* \in \mathbb{R}^m$ (mit einer Zahl $\delta > 0$), so dass folgende Abschätzung gilt,

$$|f(x)| \leq K |g(x)| \quad \text{für} \quad x \in \mathcal{U} \cap \mathcal{D}.$$

Im eindimensionalen Fall $m = 1$ lässt sich diese Notation auf die Situation $x^* = \infty$ übertragen, wobei nur die angegebene Umgebung durch eine Menge der Form $\mathcal{U} = \{x \in \mathbb{R} : x \geq M\}$ mit einer geeigneten Zahl $M \in \mathbb{R}$ zu ersetzen ist.

Aus technischen Gründen verlangt man dabei noch, dass x^* ein Häufungspunkt der Menge $\mathcal{D}$ ist. Dies ist gleichbedeutend mit der Existenz einer Folge $x^{(0)}, x^{(1)}, \ldots \subset \mathcal{D}$ mit $x_k^{(n)} \to x_k^*$ für $n \to \infty$ $(k = 1, \ldots, m)$.

Bemerkung. Es gilt $f(x) = \mathcal{O}(\mathbf{1})$ für $x \to x^*$ genau dann, wenn $f(x)$ in einer Umgebung von x^* beschränkt ist.

Für die Einordnung von Konvergenzraten und Aufwandsbetrachtungen ist das folgende Beispiel hilfreich.

Beispiel. Für Zahlen $0 < p \le q$ gilt

$$N^p = \mathcal{O}(N^q) \quad \text{für } N \to \infty, \qquad h^q = \mathcal{O}(h^p) \quad \text{für } h \to 0,$$

was man für $N \ge 1$ und $|h| \le 1$ so einsieht:

$$N^p = \underbrace{N^{p-q}}_{\le 1} N^q \le N^q, \qquad |h^q| = \underbrace{|h|^{q-p}}_{\le 1} |h|^p \le |h|^p. \quad \triangle$$

Für landausche Symbole gelten Rechenregeln, die gelegentlich auch benötigt werden. Einige davon sind in der folgenden Bemerkung angegeben, weitere finden Sie in Aufgabe 1.1.

Bemerkung. Für Funktionen $f, g : \mathbb{R} \to \mathbb{R}$ und Zahlen $a \in \mathbb{R}$ gilt

$$a \cdot \mathcal{O}(f(x)) = \mathcal{O}(f(x)) \quad \text{für } x \to x^*,$$

$$\mathcal{O}(f(x)) \cdot \mathcal{O}(g(x)) = \mathcal{O}(f(x)g(x)) \quad \text{für } x \to x^*,$$

$$\mathcal{O}(f(x)) + \mathcal{O}(g(x)) = \mathcal{O}(\max\{|f(x)|, |g(x)|\}) \quad \text{für } x \to x^*.$$

1.4.2 Anwendung landauscher Symbole

Bemerkung. Es bezeichne $f(N)$ die Komplexität eines Algorithmus, also die Anzahl der anfallenden elementaren mathematischen Operationen wie Addition, Subtraktion, Multiplikation oder Subtraktion. Der Parameter N korrespondiere in gewisser Weise zur Datenmenge, beispielsweise der Anzahl von Einträgen in einem Vektor oder der Zahl der Zeilen und Spalten in einer quadratischen Matrix.

Landausche Symbole werden hier verwendet, um wesentliche Eigenschaften für das asymptotische Verhalten der Funktion $f(N)$ für $N \to \infty$ herauszustellen.

• Der Fall

$$f(N) = \mathcal{O}(N^q) \quad \text{für } N \to \infty$$

mit $q > 0$ steht für polynomiales Wachstum der Komplexität in Abhängigkeit von N. Dabei ist der Aufwand umso höher, je größer q ist. Manchmal schreibt man auch genauer

$$f(N) = cN^q + \mathcal{O}(N^p) \text{ für } N \to \infty$$

mit $c > 0$ und $0 \le p < q$. Das ist zum Beispiel dann erforderlich, wenn man zwei Verfahren mit den Komplexitäten $f_1(N) = c_1 N^q + \mathcal{O}(N^p)$ beziehungsweise $f_2(N) = c_2 N^q + \mathcal{O}(N^p)$ vergleichen möchte. Hier besitzt der erste Algorithmus dann eine asymptotisch geringere Komplexität, falls $0 < c_1 < c_2$ gilt.

• In gewissen Fällen gilt

$$f(N) = \mathcal{O}(q^N) \text{ für } N \to \infty$$

mit einem Exponenten $q > 1$. Dann liegt ein exponentielles Wachstum von $f(N)$ vor, falls die Abschätzung genau ist. Ein Beispiel liefert das Simplex-Verfahren zur Lösung linearer Optimierungsprobleme. △

Bemerkung. Eine weitere Anwendung liefert

$$f(h) = \text{Genauigkeit eines Algorithmus}$$

in Abhängigkeit eines Parameters h, der zur Feinheit einer Diskretisierung korrespondiert. Eine typische Situation ist

$$f(h) = \mathcal{O}(h^q) \text{ für } h \to 0$$

mit einem Exponenten $q > 0$. Dabei besitzt das zugrunde liegende Verfahren umso bessere Approximationseigenschaften, je größer $q > 0$ ist. △

Beispiel. Die lokale Approximation einer Funktion durch einfachere Funktionen wie etwa Taylorpolynome ist ein weiteres Anwendungsfeld. Hier werden landausche Symbole für Abschätzungen des Restglieds verwendet. Wir geben im Folgenden einige Beispiele an:

$$\sin x = \mathcal{O}(x) \text{ für } x \to 0, \qquad \sin x = x + \mathcal{O}(x^3) \text{ für } x \to 0,$$

$$\cos x = 1 + \mathcal{O}(x^2) \text{ für } x \to 0, \qquad \cos x = 1 - \frac{x^2}{2} + \mathcal{O}(x^4) \text{ für } x \to 0. \quad △$$

1.4.3 Rechnen mit dem landauschen Symbol

Anhand zweier Beispiele soll nun der rechnerische Umgang mit dem landauschen Symbol erläutert werden.

Beispiel. Hier soll eine Zahl $p > 0$ so bestimmt werden, dass

$$f(N) := (N^{-1} + 2N^{-2})(1 + N^2) = \mathcal{O}(N^p) \text{ für } N \to \infty$$

gilt. Hierzu berechnen wir Folgendes:

$$(N^{-1} + 2N^{-2})(1 + N^2) = N^{-1} + N + 2N^{-2} + 2$$
$$= \mathcal{O}(N) + \mathcal{O}(N) + \mathcal{O}(N) + \mathcal{O}(N) = \mathcal{O}(N) \text{ für } N \to \infty.$$

Es ist also $p = 1$. Dieser Wert ist nicht zu verbessern, das heißt für keinen Wert von $0 < p < 1$ gilt $f(N) = \mathcal{O}(N^p)$ für $N \to \infty$. △

Beispiel. Hier sind Zahlen $a \in \mathbb{R}$ und $p > 0$ so zu bestimmen, dass

$$f(h) = \frac{2h + h^2}{h + h^3} = a + \mathcal{O}(h^p) \text{ für } h \to 0.$$

Es wird die Zahl a zuerst bestimmt:

$$\frac{2h + h^2}{h + h^3} = \frac{\not{h}}{\not{h}} \frac{2 + h}{1 + h^2} \to 2 \text{ für } h \to 0,$$

also gilt $a = 2$. Nun erfolgt die Bestimmung von p:

$$\frac{2h + h^2}{h + h^3} - 2 = \frac{2h + h^2 - 2(h + h^3)}{h + h^3} = \frac{2\not{h} + h^2 - 2\not{h} - 2h^3}{h + h^3}$$

$$= \frac{h^2}{h} \underbrace{\frac{1 - 2h}{1 + h^2}}_{\to 1} = \mathcal{O}(h),$$

also $p = 1$. Insgesamt erhalten wir so

$$\frac{2h + h^2}{h + h^3} = 2 + \mathcal{O}(h) \text{ für } h \to 0.$$

Beachten Sie, dass auch hier der Exponent für h nicht zu verbessern ist, das heißt für keinen Wert von $p > 1$ gilt $f(h) = 2 + \mathcal{O}(h^p)$ für $h \to 0$. △

Übungsaufgaben

Aufgabe 1.1. Für drei gegebene Funktionen $f, g, h : \mathbb{R}^m \supset \mathcal{D} \to \mathbb{R}$ und einen Häufungspunkt $x^* \in \mathbb{R}^m$ von $\mathcal{D}$ zeige man Folgendes:

$$f(x) = \mathcal{O}(g(x)), \quad g(x) = \mathcal{O}(h(x)) \quad \text{für } \mathcal{D} \ni x \to x^*$$
$$\implies \quad f(x) = \mathcal{O}(h(x)) \quad \text{für } \mathcal{D} \ni x \to x^*.$$

Aufgabe 1.2. Bestimmen Sie reelle Zahlen a und p derart, dass folgende Aussage korrekt ist:

$$\frac{3N^3 + 3N^4 + 5N}{N^3 + N^4} = a + \mathcal{O}\left(\frac{1}{N^p}\right) \quad \text{für } N \to \infty.$$

Die Zahl p soll dabei möglichst groß gewählt werden.

Weitere Aufgaben zu den Themen dieses Kapitels werden als Flashcards online zur Verfügung gestellt. Hinweise zum Zugang finden Sie zu Beginn dieses Kapitels.

Polynominterpolation

2

2.1   Allgemeine Vorbetrachtungen

Gegenstand dieses und der beiden nachfolgenden Kapitel sind Problemstellungen der folgenden Art:

> Aus einer vorab festgelegten Menge von Funktionen $\mathcal{M}_n$ bestimme man eine Funktion, die durch gegebene Punkte $(x_0, f_0), (x_1, f_1), \ldots, (x_n, f_n) \in \mathbb{R}^2$ verläuft.

Hierbei ist $\mathcal{M}_n \subset \{\psi : \mathbf{I} \to \mathbb{R}\}$ eine problembezogen ausgewählte Menge von Funktionen, zum Beispiel eine Menge gewisser Polynome oder Splines. Dabei ist $\mathbf{I} \subset \mathbb{R}$ ein endliches oder unendliches Intervall mit paarweise verschiedenen *Stützstellen* $x_0, x_1, \ldots, x_n \in \mathbf{I}$. Solche Problemstellungen werden im Folgenden kurz als (eindimensionale) *Interpolationsprobleme* bezeichnet.

Bemerkung. Interpolationsprobleme treten in unterschiedlichen Anwendungsbereichen auf. Einige davon werden – zunächst ohne weitere Spezifikation der Menge $\mathcal{M}_n$ – im Folgenden vorgestellt:

- Durch die Interpolation von zeit- oder ortsabhängigen Messwerten wird die näherungsweise Ermittlung auch von Daten für solche Zeiten beziehungsweise Orte ermöglicht, für die keine Messungen vorliegen.
- Interpolation lässt sich ebenfalls bei der näherungsweisen Bestimmung des Verlaufs solcher Funktionen $f : \mathbf{I} \to \mathbb{R}$ effizient einsetzen, die nur aufwändig auszuwerten sind. Hier wird die genannte Funktion f vorab lediglich an den vorgegebenen Stützstellen ausgewertet. Zur näherungsweisen Bestimmung der

© Der/die Autor(en), exklusiv lizenziert an Springer-Verlag GmbH, DE,
ein Teil von Springer Nature 2023
R. Plato, *Basiswissen Numerik*, https://doi.org/10.1007/978-3-662-66570-1_2

Funktionswerte von f an weiteren Stellen werden dann ersatzweise die entsprechenden Werte der interpolierenden Funktion aus $\mathcal{M}_n$ herangezogen, wobei hier $f_j = f(x_j)$ für $j = 0, 1, \ldots, n$ angenommen wird.

- Eine weitere wichtige Anwendung stellt das rechnergestützte Konstruieren (*Computer-Aided Design*, kurz *CAD*) dar, das beispielsweise zur Konstruktion von Schiffsrümpfen oder zur Festlegung von Schienenwegen verwendet wird. Mathematisch betrachtet geht es hierbei darum, interpolierende Funktionen mit hinreichend guten Glattheitseigenschaften zu verwenden.

- Es existieren Anwendungen, deren mathematische Modellierung Integration oder die Lösung von Anfangswertproblemen für gewöhnliche Differenzialgleichungen beinhalten. Wie sich herausstellen wird, lassen sich hierfür unter Zuhilfenahme der Interpolation numerische Verfahren entwickeln.   △

Für jedes der vorzustellenden Interpolationsprobleme sind im Prinzip die folgenden Themenbereiche von Interesse:

- Existenz und Eindeutigkeit der interpolierenden Funktion aus der vorgegebenen Klasse von Funktionen $\mathcal{M}_n$. Dabei ist es aufgrund der vorliegenden $(n + 1)$ Interpolationsbedingungen naheliegend, für $\mathcal{M}_n$ lineare Funktionenräume der Dimension $(n + 1)$ heranzuziehen.
- Stabile Berechnung der Werte der interpolierenden Funktion an einer oder mehrerer Stellen.
- Aufwandsbetrachtungen für jedes der betrachteten Verfahren.
- Herleitung von Abschätzungen für den bezüglich einer gegebenen hinreichend glatten Funktion $f : [a, b] \to \mathbb{R}$ und der interpolierenden Funktion auf dem Intervall $[a, b]$ auftretenden größtmöglichen Fehler, wobei hier $f_j = f(x_j)$ für $j = 0, 1, \ldots, n$ angenommen wird.

In dem vorliegenden Kapitel werden diese Themen für die spezielle Menge $\mathcal{M}_n$ der Polynome vom Höchstgrad n behandelt. In Kap. 3 werden diese Fragen dann für Splineräume diskutiert.

2.2   Existenz und Eindeutigkeit bei der Polynominterpolation

Im weiteren Verlauf dieses Kapitels werden zur Interpolation von $(n + 1)$ gegebenen *Stützpunkten* $(x_0, f_0), (x_1, f_1), \ldots, (x_n, f_n) \in \mathbb{R}^2$ mit unterschiedlichen Stützstellen $x_0, \ldots, x_n$ speziell Funktionen aus der Menge

$$\Pi_n := \{ \mathcal{P} \; : \; \mathcal{P} \text{ ist Polynom vom Grad } \leq n \}$$

herangezogen; es wird also ein Polynom $\mathcal{P}$ mit den folgenden Eigenschaften gesucht,

$$\left. \begin{array}{l} \mathcal{P} \in \Pi_n, \\ \mathcal{P}(x_j) = f_j \quad \text{für } j = 0, 1, \ldots, n. \end{array} \right\} \tag{2.1}$$

2.2.1 Die lagrangesche Interpolationsformel

Für den Nachweis der Existenz einer Lösung des Interpolationsproblems (2.1) lassen sich folgende Polynome verwenden.

Zu gegebenen $(n + 1)$ unterschiedlichen Stützstellen $x_0, x_1, \ldots, x_n \in \mathbb{R}$ sind die $(n + 1)$ *lagrangeschen Basispolynome* $L_0, L_1, \ldots, L_n \in \Pi_n$ folgendermaßen definiert,

$$L_k(x) = \prod_{\substack{s=0 \\ s \neq k}}^{n} \frac{x - x_s}{x_k - x_s} \quad \text{für } k = 0, 1, \ldots, n. \tag{2.2}$$

Beispiel. Im Fall $n = 2$ sehen die lagrangeschen Basispolynome so aus:

$$L_0(x) = \frac{(x - x_1)(x - x_2)}{(x_0 - x_1)(x_0 - x_2)}, \qquad L_1(x) = \frac{(x - x_0)(x - x_2)}{(x_1 - x_0)(x_1 - x_2)},$$

$$L_2(x) = \frac{(x - x_0)(x - x_1)}{(x_2 - x_0)(x_2 - x_0)}. \quad \triangle$$

Das lagrangesche Basispolynom L_k stellt für jedes k tatsächlich ein Polynom vom genauen Grad n dar, da es ein Produkt von n Linearfaktoren ist. Es genügt offensichtlich den $(n + 1)$ Interpolationsbedingungen

$$L_k(x_j) = \delta_{kj} := \begin{cases} 1 & \text{für } j = k, \\ 0 & \text{für } j \neq k. \end{cases} \tag{2.3}$$

Der Skalierung auf den Wert 1 im Fall $j = k$ ergibt sich dabei durch die spezielle Wahl der Nenner in (2.2). Aufgrund der Eigenschaft (2.3) eignen sich die lagrangeschen Basispolynome für Existenz- und Eindeutigkeitsaussagen bei der Polynominterpolation. Für praktische Berechnungen von interpolierenden Polynomen werden sie dagegen eher nicht verwendet.

Aus der Eigenschaft (2.3) resultiert im Übrigen auch unmittelbar die lineare Unabhängigkeit der lagrangeschen Basispolynome $L_0, L_1, \ldots, L_n$, so dass diese eine Basis des $(n + 1)$-dimensionalen Raums Π_n der Polynome vom Grad $\leq n$ bilden. Daraus ergibt sich unmittelbar das folgende grundlegende Resultat.

Zu beliebigen $(n + 1)$ Stützpunkten $(x_0, f_0), (x_1, f_1), \ldots, (x_n, f_n) \in \mathbb{R}^2$ mit unterschiedlichen Stützstellen $x_0, x_1, \ldots, x_n$ existiert genau ein interpolierendes Polynom $\mathcal{P} \in \Pi_n$ gemäß (2.1). Es besitzt die Darstellung

$$\mathcal{P}(x) = \sum_{k=0}^{n} f_k L_k(x), \tag{2.4}$$

die als *lagrangesche Interpolationsformel* bezeichnet wird.

Beispiel. Das interpolierende Polynom vom Höchstgrad 3 zu den vier gegebenen Punkten $(-1, -2), (0, -1), (1, -2)$ und $(2, 1)$ ist $\mathcal{P}(x) = x^3 - x^2 - x - 1$, wie man leicht nachprüft. Eine grafische Illustration finden Sie in Abb. 2.1.   △

Beispiel. Zu gegebenen Stützpunkten

j	0	1	2
x_j	0	1	3
f_j	1	3	2

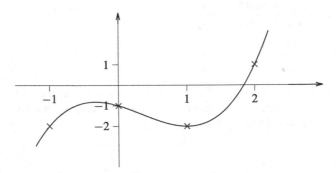

Abb. 2.1 Illustration zur Polynominterpolation

soll das interpolierende Polynom $\mathcal{P} \in \Pi_2$ an der Stelle $x = 2$ ausgewertet werden. Die lagrangeschen Basispolynome sind

$$L_0(x) = \frac{(x-1)(x-3)}{(0-1)(0-3)} = \frac{1}{3}(x-1)(x-3),$$

$$L_1(x) = \frac{(x-0)(x-3)}{(1-0)(1-3)} = -\frac{1}{2}x(x-3),$$

$$L_2(x) = \frac{(x-0)(x-1)}{(3-0)(3-1)} = \frac{1}{6}x(x-1),$$

daher gilt

$$\mathcal{P}(2) = 1 \cdot \overbrace{L_0(2)}^{=-1/3} + 3 \cdot \overbrace{L_1(2)}^{=1} + 2 \cdot \overbrace{L_2(2)}^{=1/3} = -\frac{1}{3} + 3 + \frac{2}{3} = \frac{10}{3}. \qquad \triangle$$

2.2.2 Eine erste Vorgehensweise zur Berechnung des interpolierenden Polynoms

Im Folgenden sollen Algorithmen zur Berechnung der Werte des interpolierenden Polynoms an einer oder mehrerer Stellen angegeben werden, wobei zur jeweiligen Bewertung auch Aufwandsbetrachtungen angestellt werden.

Jede der Grundoperationen Addition, Subtraktion, Multiplikation und Division sowie die Wurzelfunktion wird im Folgenden als *arithmetische Operation* bezeichnet.

Der jeweils zu betreibende Aufwand eines Verfahrens lässt sich über die Anzahl der durchzuführenden arithmetischen Operationen beschreiben. Der Einfachheit halber bleibt im Folgenden unberücksichtigt, dass ein Mikroprozessor zur Ausführung einer Division beziehungsweise zur Berechnung einer Quadratwurzel jeweils etwa vier mal so viel Zeit benötigt wie zur Durchführung einer Addition, einer Subtraktion oder einer Multiplikation (Überhuber [63], Abschnitt 5.5).
Wie sich herausstellt, ist folgende Zielsetzung realistisch:

Box 2.1. Angestrebtes Ziel ist die Herleitung von Verfahren, für die das zu $(n+1)$ Stützpunkten gehörende interpolierende Polynom $\mathcal{P}$ (siehe (2.1)) nach einer Anlaufrechnung mit $\mathcal{O}(n^2)$ arithmetischen Operationen an jeder Stelle $x \in \mathbb{R}$ in $\mathcal{O}(n)$ arithmetischen Operationen ausgewertet werden kann.

Hierbei sind Ausdrücke der Form „$\mathcal{O}(n^q)$" eine Kurzform für „$\mathcal{O}(n^q)$ für $n \to \infty$".

Eine erste Variante zur Bestimmung eines interpolierenden Polynoms mit dem in Box 2.1 angestrebten maximalen Aufwand basiert auf der folgenden Darstellung für die lagrangeschen Basispolynome,

$$L_k(x) = \prod_{\substack{s=0 \\ s \neq k}}^{n} \frac{x - x_s}{x_k - x_s} = \frac{\kappa_k}{x - x_k} q(x), \qquad k = 0, 1, \ldots, n, \qquad (2.5)$$

$$\text{mit } \kappa_k = \prod_{\substack{s=0 \\ s \neq k}}^{n} \frac{1}{x_k - x_s}, \qquad q(x) = \prod_{s=0}^{n} (x - x_s).$$

Die Zahlen $\kappa_0, \kappa_1, \ldots, \kappa_n$, die auch als *Stützkoeffizienten* bezeichnet werden, lassen sich mit einem Aufwand von insgesamt $\mathcal{O}(n^2)$ arithmetischen Operationen ermitteln. Sind diese Koeffizienten einmal berechnet, so lässt sich für jede Zahl $x \in \mathbb{R}$ der Wert $\mathcal{P}(x) = q(x)(\sum_{k=0}^{n} \frac{\kappa_k f_k}{x - x_k})$ in $\mathcal{O}(n)$ arithmetischen Operationen bestimmen, wie man sich leicht überlegt.

Diese Vorgehensweise zur Berechnung von $\mathcal{P}(x)$ lässt sich also mit dem in Box 2.1 angestrebten maximalen Aufwand realisieren und hat zudem den praxisrelevanten Vorteil, dass die in der Anlaufrechnung berechneten Koeffizienten $\kappa_0, \kappa_1, \ldots, \kappa_n$ nicht von den Stützwerten $f_0, f_1, \ldots, f_n$ abhängen. Bei einem Wechsel der Stützwerte $f_0, f_1, \ldots, f_n$ unter gleichzeitiger Beibehaltung der Stützstellen $x_0, x_1, \ldots, x_n$ ist eine erneute Anlaufrechnung also nicht erforderlich.

Bemerkung. Die Entwicklung des interpolierenden Polynoms $\mathcal{P} \in \Pi_n$ als Linearkombination der lagrangeschen Basispolynome in Kombination mit der in dem vorliegenden Abschnitt beschriebenen Vorgehensweise zur Auswertung von $\mathcal{P}(x)$ führt jedoch für nahe bei Stützstellen liegende Zahlen x zu Instabilitäten, was auf auftretende Brüche mit betragsmäßig kleinen Nennern und Zählern zurückzuführen ist.

Andererseits führt der Ansatz $\mathcal{P}(x) = \sum_{k=0}^{n} a_k x^k$ als Linearkombination der Monome zusammen mit den Interpolationsbedingungen auf ein lineares Gleichungssystem, dessen Lösung sich als zu aufwändig und zu empfindlich gegenüber Rundungsfehlern erweist.   △

In Abschn. 2.4 wird eine Darstellung des interpolierenden Polynoms bezüglich einer anderen Basis behandelt, mit der sich das interpolierende Polynom $\mathcal{P}$ mit dem in Box 2.1 angegebenen maximalen Aufwand stabil berechnen lässt.

2.3   Neville-Schema

Die Lösung für das Interpolationsproblem (2.1) kann schrittweise aus den interpolierenden Polynomen zu $m = 0, 1, \ldots$ Stützpunkten berechnet werden, wie sich im Folgenden herausstellt. Man erhält dabei eine allgemein beliebte Vorgehensweise zur Auswertung des interpolierenden Polynoms an einigen wenigen Stellen.

Seien $k, m \in \mathbb{N}_0$. Zu den $(m + 1)$ Stützpunkten $(x_k, f_k), (x_{k+1}, f_{k+1})$, $\ldots, (x_{k+m}, f_{k+m})$ bezeichne $\mathcal{P}_{k,k+1,\ldots,k+m}$ dasjenige (cindeutig bestimmte) Polynom vom Grad $\leq m$ mit der Eigenschaft

$$\mathcal{P}_{k,k+1,\ldots,k+m}(x_j) = f_j \quad \text{für} \quad j = k, k+1, \ldots, k+m. \tag{2.6}$$

Für die vorgestellten Polynome $\mathcal{P}_{k,k+1,\ldots,k+m}$ besteht folgende Rekursionsbeziehung:

Seien $(x_0, f_0), (x_1, f_1), \ldots, (x_n, f_n)$ vorgegebene Stützpunkte. Für die Interpolationspolynome $\mathcal{P}_{k,k+1,\ldots,k+m}$ (mit $k \geq 0$ und $m \geq 0$ mit $k + m \leq n$) aus (2.6) gilt die Rekursionsformel

$$\mathcal{P}_k(x) \equiv f_k, \tag{2.7}$$

$$\mathcal{P}_{k,k+1,\ldots,k+m}(x) = \frac{(x - x_k)\mathcal{P}_{k+1,\ldots,k+m}(x) - (x - x_{k+m})\mathcal{P}_{k,\ldots,k+m-1}(x)}{x_{k+m} - x_k},$$

$$m \geq 1. \tag{2.8}$$

Die sich für die Werte $\mathcal{P}_{k,k+1,\ldots,k+m}(x)$ aus der Rekursionsformel (2.8) ergebenden Abhängigkeiten sind in Schema 2.1 dargestellt, das als *Neville-Schema* bezeichnet wird. Die Einträge in diesem Schema lassen sich beispielsweise zeilenweise von oben nach unten berechnen, wobei die Zeileneinträge jeweils von links nach rechts ermittelt werden. Alternativ ist die Berechnung auch spaltenweise von links nach rechts möglich, wobei die Spalteneinträge jeweils von oben nach unten berechnet werden.

Wie bereits erwähnt wird das resultierende Verfahren zur Auswertung des interpolierenden Polynoms $\mathcal{P}(x) = \mathcal{P}_{0\ldots n}(x)$ an einzelnen Stellen x verwendet, wobei jeweils $\frac{7}{2}n^2 + \mathcal{O}(n)$ arithmetische Operationen anfallen, wie man leicht nachzählt.

Beispiel 2.2. Man betrachte folgende Stützpunkte,

j	0	1	2
x_j	0	1	3
f_j	1	3	2

$$f_0 = \mathcal{P}_0(x)$$
$$\searrow$$
$$f_1 = \mathcal{P}_1(x) \quad \to \quad \mathcal{P}_{01}(x)$$
$$\searrow \qquad\qquad \searrow$$
$$f_2 = \mathcal{P}_2(x) \quad \to \quad \mathcal{P}_{12}(x) \quad \to \mathcal{P}_{012}(x)$$
$$\vdots \qquad\qquad \vdots \qquad\qquad \vdots \quad \ddots$$
$$f_{n-1} = \mathcal{P}_{n-1}(x) \to \mathcal{P}_{n-2,n-1}(x) \to \quad \cdots \quad \cdots \mathcal{P}_{0\ldots n-1}(x)$$
$$\searrow \qquad\qquad \searrow \qquad\qquad\qquad\qquad \searrow$$
$$f_n = \mathcal{P}_n(x) \quad \to \quad \mathcal{P}_{n-1,n}(x) \quad \to \quad \cdots \quad \cdots \mathcal{P}_{1\ldots n}(x) \quad \to \mathcal{P}_{0\ldots n}(x)$$

Schema 2.1 Neville-Schema

$$f_0 = \mathcal{P}_0(2) = 1$$
$$f_1 = \mathcal{P}_1(2) = 3 \qquad \mathcal{P}_{01}(2) = 5$$
$$f_2 = \mathcal{P}_2(2) = 2 \qquad \mathcal{P}_{12}(2) = \tfrac{5}{2} \qquad \mathcal{P}_{012}(2) = \tfrac{10}{3}$$

Schema 2.2 Neville-Schema zu Beispiel 2.2

Für $x = 2$ sind die Werte des Neville-Schemas in Schema 2.2 angegeben. Die Einträge in Schema 2.2 ergeben sich dabei folgendermaßen:

$$\mathcal{P}_{01}(2) = \frac{(2-0)\mathcal{P}_1(2) - (2-1)\mathcal{P}_0(2)}{1-0} = \frac{2\cdot 3 - 1\cdot 1}{1} = 5,$$

$$\mathcal{P}_{12}(2) = \frac{(2-1)\mathcal{P}_2(2) - (2-3)\mathcal{P}_1(2)}{3-1} = \frac{1\cdot 2 - (-1)\cdot 3}{2} = \frac{5}{2},$$

$$\mathcal{P}_{012}(2) = \frac{(2-0)\mathcal{P}_{12}(2) - (2-3)\mathcal{P}_{01}(2)}{3-0} = \frac{2\cdot 5/2 - (-1)\cdot 5}{3} = \frac{10}{3}. \quad \triangle$$

2.4 Die newtonsche Interpolationsformel, dividierte Differenzen

In diesem Abschnitt wird eine weitere Darstellung des interpolierenden Polynoms vorgestellt, die sich besonders für den Fall anbietet, dass das interpolierende Polynom an vielen unterschiedlichen Stellen ausgewertet werden soll. Hierfür werden die folgenden Basispolynome benötigt.

Zu gegebenen $(n + 1)$ verschiedenen Stützstellen $x_0, x_1, \ldots, x_n \in \mathbb{R}$ sind die speziellen $(n + 1)$ *newtonschen Basispolynome* folgendermaßen erklärt:

$$1, \quad x - x_0, \quad (x - x_0)(x - x_1), \quad \ldots\ldots, \quad (x - x_0)(x - x_1)\ldots(x - x_{n-1}).$$

Tatsächlich handelt es sich dabei genauso wie bei den Monomen $1, x, x^2, \ldots, x^n$ und auch den lagrangeschen Basispolynomen $L_0, L_1, \ldots, L_n$ um eine Basis des Vektorraums $\mathcal{P}_n$ der Polynome vom Höchstgrad n. Die newtonschen Basispolynome liegen nämlich offenbar alle in $\mathcal{P}_n$ und sind wegen der unterschiedlichen Grade auch linear unabhängig.

Das gesuchte interpolierende Polynom $\mathcal{P} \in \Pi_n$ mit $\mathcal{P}(x_j) = f_j$ für $j = 0$, $1, \ldots, n$ (vergleiche (2.1)) soll nun bezüglich der newtonschen Basispolynome entwickelt werden, also in der Form

$$\mathcal{P}(x) = a_0 + a_1(x - x_0) + a_2(x - x_0)(x - x_1) + \ldots$$

$$\ldots + a_n(x - x_0)(x - x_1) \ldots (x - x_{n-1}) \qquad (2.9)$$

dargestellt werden mit noch zu bestimmenden Koeffizienten $a_0, a_1, \ldots, a_n$. Sind diese Koeffizienten erst einmal berechnet, so kann für jede Zahl $x = \xi$ das Polynom (2.9) mit dem *Horner-Schema*

$$\mathcal{P}(\xi) = [[\ldots [a_n(\xi - x_{n-1}) + a_{n-1}](\xi - x_{n-2}) + \cdots + a_1](\xi - x_0) + a_0$$

ausgewertet werden, wobei die (insgesamt $3n$) arithmetischen Operationen von links nach rechts auszuführen sind. Ein direktes Ausmultiplizieren der Terme in (2.9) ist also nicht nötig und auch nicht hilfreich.

Bemerkung. Die Koeffizienten $a_0, a_1, \ldots, a_n$ können im Prinzip aus den Gleichungen

$$f_0 = \mathcal{P}(x_0) = a_0,$$

$$f_1 = \mathcal{P}(x_1) = a_0 + a_1(x_1 - x_0),$$

$$f_2 = \mathcal{P}(x_2) = a_0 + a_1(x_2 - x_0) + a_2(x_2 - x_0)(x_2 - x_1),$$

$$\vdots \qquad \vdots \qquad \vdots$$

gewonnen werden, wobei allerdings $\frac{n^3}{3} + \mathcal{O}(n^2)$ arithmetische Operationen anfallen, wie man sich leicht überlegt. Im Folgenden soll eine günstigere Vorgehensweise vorgestellt werden, die eine Berechnung dieser Koeffizienten mit den angestrebten $\mathcal{O}(n^2)$ arithmetischen Operationen ermöglicht.   △

Zu gegebenen Stützpunkten $(x_0, f_0), (x_1, f_1), \ldots, (x_n, f_n) \in \mathbb{R}^2$ sind die *dividierten Differenzen* folgendermaßen erklärt:

$$f[x_k] := f_k, \qquad k = 0, 1, \ldots, n,$$

$$f[x_k, \ldots, x_{k+m}] := \frac{f[x_{k+1}, \ldots, x_{k+m}] - f[x_k, \ldots, x_{k+m-1}]}{x_{k+m} - x_k},$$

für $0 \le k, m \le n$ mit $k + m \le n$.

Bemerkung.

a) Die dividierte Differenz $f[x_k, \ldots, x_{k+m}]$ hängt neben den Stützstellen x_k, x_{k+1}, $\ldots, x_{k+m}$ auch von den Stützwerten $f_k, f_{k+1}, \ldots, f_{k+m}$ ab.

b) Werden die *Stützwerte* etwa mit g_j anstelle f_j bezeichnet, so wird für die dividierten Differenzen naheliegenderweise die Bezeichnung $g[x_k, \ldots, x_{k+m}]$ verwendet.

c) Für die Berechnung aller dividierten Differenzen zu den Stützpunkten (x_0, f_0), $(x_1, f_1), \ldots, (x_n, f_n) \in \mathbb{R}^2$ sind lediglich $\frac{3}{2}n(n + 1)$ arithmetische Operationen erforderlich.   △

Die Abhängigkeiten zwischen den dividierten Differenzen sind in Schema 2.3 dargestellt. Beispielsweise gilt dort

$$f[x_0, x_1] = \frac{f[x_1] - f[x_0]}{x_1 - x_0}, \qquad f[x_1, x_2] = \frac{f[x_2] - f[x_1]}{x_2 - x_1},$$

$$f[x_0, x_1, x_2] = \frac{f[x_1, x_2] - f[x_0, x_1]}{x_2 - x_0}.$$

$$
\begin{array}{llllll}
f_0 = f[x_0] & & & & & \\
 & \searrow & & & & \\
f_1 = f[x_1] & \to & f[x_0, x_1] & & & \\
 & \searrow & & \searrow & & \\
f_2 = f[x_2] & \to & f[x_1, x_2] & \to f[x_0, x_1, x_2] & & \\
\vdots & & \vdots & \vdots & \ddots & \\
f_{n-1} = f[x_{n-1}] & \to f[x_{n-2}, x_{n-1}] \to & & \cdots & \cdots f[x_0, \ldots, x_{n-1}] & \\
 & \searrow & \searrow & & & \searrow \\
f_n = f[x_n] & \to & f[x_{n-1}, x_n] \to & \cdots & \cdots f[x_1, \ldots, x_n] & \to f[x_0, \ldots, x_n]
\end{array}
$$

Schema 2.3 Abhängigkeiten zwischen den dividierten Differenzen

Wie schon beim Neville-Schema lassen sich – ausgehend von den bekannten Werten $f_j = f[x_j]$ für $j = 0, 1, \ldots, n$ – die dividierten Differenzen in Schema 2.3 in unterschiedlichen Reihenfolgen berechnen. Beispielsweise kann dies zeilenweise von oben nach unten geschehen, wobei die Einträge in jeder Zeile von links nach rechts ermittelt werden. Alternativ ist die Berechnung auch spaltenweise von links nach rechts möglich, wobei die Einträge in jeder Spalte von oben nach unten berechnet werden.

Die nachfolgende Box liefert für das interpolierende Polynom die gewünschte Entwicklung bezüglich der newtonschen Basispolynome und damit die zentrale Aussage dieses Abschnitts.

Box 2.3 (Newtonsche Interpolationsformel). *Für das interpolierende Polynom $\mathcal{P} \in \Pi_n$ zu gegebenen $(n + 1)$ Stützpunkten $(x_0, f_0), (x_1, f_1), \ldots, (x_n, f_n) \in \mathbb{R}^2$ gilt*

$$\mathcal{P}(x) = f[x_0] + f[x_0, x_1](x - x_0) + \cdots$$
$$\cdots + f[x_0, \ldots, x_n](x - x_0)(x - x_1) \cdots (x - x_{n-1}).$$

$$(2.10)$$

Für die newtonsche Interpolationsformel wird also lediglich ein kleiner Teil der berechneten dividierten Differenzen benötigt, nämlich die Diagonaleinträge aus Schema 2.3. Man kommt aber nicht umhin, dafür alle dividierten Differenzen zu berechnen.

Beispiel. Wir bestimmen im Folgenden die newtonsche Darstellung des Interpolationspolynoms zu den folgenden Stützpunkten:

j	0	1	2	3	4
x_j	-5	-2	-1	0	1
f_j	17	8	21	42	35

Die dividierten Differenzen haben die folgenden Werte:

$f[x_0] = 17$

$f[x_1] = 8 \quad f[x_0, x_1] = -3$

$f[x_2] = 21 \quad f[x_1, x_2] = 13 \quad f[x_0, x_1, x_2] = 4$

$f[x_3] = 42 \quad f[x_2, x_3] = 21 \quad f[x_1, x_2, x_3] = 4 \quad f[x_0, \ldots, x_3] = 0$

$f[x_4] = 35 \quad f[x_3, x_4] = -7 \quad f[x_2, x_3, x_4] = -14 \quad f[x_1, \ldots, x_4] = -6 \quad f[x_0, \ldots, x_4] = -1$

Diese Werte berechnen sich dabei folgendermaßen:

$$f[x_0, x_1] = \frac{f[x_1] - f[x_0]}{x_1 - x_0} = \frac{8 - 17}{-2 + 5} = -3,$$

$$f[x_1, x_2] = \frac{f[x_2] - f[x_1]}{x_2 - x_1} = \frac{21 - 8}{1} = 13,$$

$$f[x_2, x_3] = \frac{42 - 21}{1} = 21, \qquad f[x_3, x_4] = \frac{35 - 42}{1} = -7,$$

$$f[x_0, x_1, x_2] = \frac{f[x_1, x_2] - f[x_0, x_1]}{x_2 - x_0} = \frac{13 + 3}{4} = 4,$$

$$f[x_1, x_2, x_3] = \frac{21 - 13}{2} = 4, \qquad f[x_2, x_3, x_4] = \frac{-7 - 21}{2} = -14,$$

$$f[x_0, \ldots, x_3] = \frac{4 - 4}{0 - (-5)} = 0, \qquad f[x_1, \ldots, x_4] = \frac{-14 - 4}{1 - (-2)} = -6,$$

$$f[x_0, \ldots, x_4] = \frac{-6 - 0}{6} = -1.$$

Das interpolierende Polynom lautet damit

$$\mathcal{P}(x) = 17 - 3(x + 5) + 4(x + 5)(x + 2) - (x + 5)(x + 2)(x + 1)x$$

$$= 17 + (x + 5)\left(-3 + (x + 2)\left(4 - (x + 1)x\right)\right).$$

2.5   Fehlerdarstellungen zur Polynominterpolation

Die folgende Box liefert für hinreichend glatte Funktionen eine Darstellung des bei der Polynominterpolation auftretenden Fehlers.

Die Funktion $f : [a, b] \to \mathbb{R}$ sei $(n + 1)$-mal differenzierbar, und $\mathcal{P} \in \Pi_n$ sei das Polynom mit $\mathcal{P}(x_j) = f(x_j)$ für $j = 0, 1, \ldots, n$. Für jedes $\overline{x} \in [a, b]$ gilt dann die Fehlerdarstellung

$$f(\overline{x}) - \mathcal{P}(\overline{x}) = \frac{\omega(\overline{x}) f^{(n+1)}(\xi)}{(n + 1)!}, \qquad (2.11)$$

mit einer Zwischenstelle $\xi = \xi(\overline{x}) \in [a, b]$ und

$$\omega(x) := (x - x_0) \cdots (x - x_n).$$

Gelegentlich wird die Funktion ω als *Stützstellenpolynom* bezeichnet.

Bemerkung.

a) In der Darstellung (2.11) ist die Zwischenstelle ξ in der Regel nicht bekannt. Andernfalls ließe sich ja auch der Approximationsfehler und damit der gesuchte Funktionswert $f(\overline{x})$ exakt berechnen. Es stellt aber (2.11) die Grundlage für Abschätzungen des Fehlers dar: im Fall einer hinreichend glatten Funktion f folgt aus (2.11) unmittelbar

$$|f(\overline{x}) - \mathcal{P}(\overline{x})| \leq \frac{\|f^{(n+1)}\|_\infty}{(n+1)!}|\omega(\overline{x})|, \qquad (2.12)$$

wobei hier und im Folgenden die Notation

$$\|u\|_\infty := \max_{x \in [a,b]} |u(x)| \quad \text{für } u : [a,b] \to \mathbb{R} \text{ stetig}$$

verwendet wird. Die Größen auf der rechten Seite von (2.12) lassen sich in der Regel bestimmen beziehungsweise zumindest durch bekannte Größen abschätzen und liefern damit verwertbare obere Schranken für den Betragsfehler $|f(\overline{x}) - \mathcal{P}(\overline{x})|$.

b) Der zweite Faktor $|\omega(\overline{x})|$ in (2.12) wird umso kleiner, je näher $\overline{x}$ bei einer Stützstelle liegt, da dann einer der Linearfaktoren von ω klein wird. Man beachte dabei noch, dass der erste Faktor $\|f^{(n+1)}\|_\infty/(n+1)!$ auf der rechten Seite der Ungleichung (2.12) unabhängig von der Wahl der Stelle $\overline{x}$ ist.

c) Im Falle äquidistanter Stützstellen

$$x_j = a + jh, \quad j = 0, 1, \ldots, n, \qquad h := \frac{b-a}{n},$$

gilt die grobe Abschätzung $\|\omega\|_\infty \leq (n+1)!h^{n+1}$, wie sich relativ leicht zeigen lässt. Damit lässt sich aus (2.12) die Abschätzung

$$|f(\overline{x}) - \mathcal{P}(\overline{x})| \leq \|f^{(n+1)}\|_\infty h^{n+1} \qquad (2.13)$$

gewinnen, also $\|f - \mathcal{P}\|_\infty = \mathcal{O}(h^{n+1})$ für $n \to \infty$, falls f unendlich oft differenzierbar ist mit gleichmäßig beschränkten Ableitungen, das heißt $\|f^{(n)}\|_\infty \leq C < \infty$ für $n = 1, 2, \ldots$, mit einer von n unabhängigen endlichen Konstanten $C > 0$. Man beachte, dass dabei auch die Schrittweite h von n abhängt. $\triangle$

Weitere Themen und Literaturhinweise
Thematisch eng verwandt ist die *Hermite-Interpolation*, die beispielsweise in Deuflhard/Hohmann [12], Mennicken/Wagenführer [42], Opfer [46], Schaback /Wendland [54], Schwarz/Köckler [56], Freund/Hoppe [16], Weller [65] und

in Werner [66] eingehend behandelt wird. Thematisch ebenfalls verwandt ist die *rationale Interpolation*, die beispielsweise in [15, 42, 56, 65] vorgestellt wird. Die Spline-Interpolation ist Gegenstand des folgenden Kapitels.

Übungsaufgaben

Aufgabe 2.1. Zu den drei Stützpunkten $(0, 2)$, $(1, 1)$ und $(2, 0)$ berechne man das interpolierende Polynom $\mathcal{P} \in \Pi_2$ in der lagrangeschen Darstellung. Geben Sie den Wert von $\mathcal{P}$ an der Stelle $x = 3$ an.

Aufgabe 2.2. Zu den drei Stützpunkten $(x_j, 4\sin^2(x_j))$ für $j = 0, 1, 2$ mit den Stützstellen $x_0 = \frac{\pi}{6}$, $x_1 = \frac{\pi}{4}$ und $x_2 = \frac{\pi}{2}$ berechne man unter Verwendung des Schemas von Neville das zugehörige Interpolationspolynom vom Höchstgrad zwei.

Aufgabe 2.3. Zu den drei Stützpunkten $(x_j, \tan^2(x_j))$ für $j = 0, 1, 2$ mit den Stützstellen $x_0 = \frac{\pi}{6}$, $x_1 = \frac{\pi}{4}$ und $x_2 = \frac{\pi}{3}$ berechne man unter Verwendung des Schemas von Neville das zugehörige Interpolationspolynom vom Höchstgrad zwei.

Aufgabe 2.4. Man bestimme in der newtonschen Darstellung das Interpolationspolynom zu den folgenden Stützpunkten:

j	0	1	2	3	4
x_j	-4	-2	0	1	2
f_j	1	-5	21	31	-17

Aufgabe 2.5. Man bestimme in der newtonschen Darstellung das Interpolationspolynom höchstens dritten Grades zu den folgenden vier Stützpunkten:

j	0	1	2	3
x_j	0	1	2	3
f_j	1	0	1	2

Wie lautet das Interpolationspolynom $\in \Pi_2$, wenn der Stützpunkt (x_3, f_3) weggelassen wird, und welchen Wert hat das Polynom dann an der Stelle x_3?

Aufgabe 2.6 (*Numerische Aufgabe*). Man interpoliere die Funktion

$$f(x) := \frac{1}{25x^2 + 1}, \quad x \in [-1, 1],$$

in äquidistanten Punkten $x_j = -1 + \frac{2j}{n}$, $j = 0, 1, \ldots, n$, mit einem Polynom vom Grad $\leq n$. Man wähle hierbei $n = 10$ und erstelle jeweils einen Ausdruck des Funktionsverlaufs.

Weitere Aufgaben zu den Themen dieses Kapitels werden als Flashcards online zur Verfügung gestellt. Hinweise zum Zugang finden Sie zu Beginn von Kap. 1.

Splinefunktionen 3

3.1   Einführende Bemerkungen

Bei der Polynominterpolation auf äquidistanten Gittern stellt sich typischerweise mit wachsender Stützstellenzahl ein oszillierendes Verhalten ein. Dies wird bei der in dem vorliegenden Abschnitt betrachteten Interpolation mittels Splinefunktionen vermieden. Für deren Einführung sei

$$\Delta = \{a = x_0 < x_1 < \cdots < x_N = b\} \tag{3.1}$$

eine fest gewählte Zerlegung des Intervalls $[a, b]$, wobei die Stützstellen x_0, x_1, $\ldots, x_N$ aus historischen Gründen auch als *Knoten* bezeichnet werden.

Im Folgenden bezeichnet $C[a, b]$ die Menge der stetigen Funktionen $f : [a, b] \to \mathbb{R}$, und für $r = 1, 2, \ldots$ bezeichnet $C^r[a, b]$ die Menge der r-fach stetig differenzierbaren Funktionen $f : [a, b] \to \mathbb{R}$.

Wir können nun Splinefunktionen der Ordnung $r \in \mathbb{N}$ einführen.

Eine *Splinefunktion der Ordnung* $r \in \mathbb{N}$ *zur Zerlegung* Δ ist eine Funktion $s \in C^{r-1}[a, b]$, die auf jedem Teilintervall $[x_{j-1}, x_j]$ mit einem Polynom r-ten Grades übereinstimmt. Die Menge dieser Splinefunktionen wird mit $S_{\Delta, r}$ bezeichnet, es gilt also

$$S_{\Delta, r} = \{s \in C^{r-1}[a, b] : s = p_j \text{ auf } [x_{j-1}, x_j] \text{ für ein } p_j \in \Pi_r$$

$$(j = 1, \ldots, N)\}.$$

Anstelle Splinefunktion wird oft auch die Kurzbezeichnung Spline verwendet.

Eine Splinefunktion s stimmt also auf jedem Teilintervall der gegebenen Zerlegung Δ mit einem Polynom überein, wobei die Polynome auf den verschiedenen Teilintervallen unterschiedlich sein dürfen.

Die Ordnung r einer Splinefunktion s ist ein zentraler Parameter:

- Er legt den maximalen Grad der Polynome fest, mit denen der Spline s auf den Teilintervallen jeweils übereinstimmt.
- Er legt zudem die Glattheit des Splines fest. Man beachte, dass die geforderte Glattheit lediglich in den Knoten zu Bedingungen führt; man bezeichnet sie als Übergangsbedingungen. Im Inneren der Teilintervalle ist ein Spline wegen der Übereinstimmung mit Polynomen jeweils automatisch beliebig oft differenzierbar.

Splinefunktionen der Ordnung $r = 1, 2$ und 3 werden der Reihe nach als lineare, quadratische beziehungsweise kubische Splines bezeichnet. In Abb. 3.1 sind Beispiele für lineare sowie quadratische Splines angegeben. In Abb. 3.2 weiter unten ist ein kubischer Spline dargestellt.

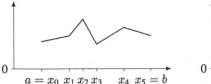 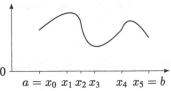

Abb. 3.1 Linearer Spline (links) und quadratischer Spline (rechts) auf $[a, b]$

Die folgende Bemerkung zu den Freiheitsgraden bei Splinefunktionen erlangt insbesondere bei der Konstruktion kubischer Splinefunktionen Bedeutung, wie wir noch sehen werden.

Bemerkung 3.1. Es bildet $S_{\Delta,r}$ mit den beiden üblichen Operationen – dies sind die Addition zweier Funktionen und die Multiplikation einer Funktion mit einem Skalar – offensichtlich einen Vektorraum. Für dessen Dimension gilt

$$\dim S_{\Delta,r} = N + r, \tag{3.2}$$

wie durch Abzählen der Freiheitsgrade und Übergangsbedingungen intuitiv klar wird:

- Auf jedem der N Teilintervalle stimmt ein Spline der Ordnung r mit einem Polynom vom Höchstgrad r überein. Daher gibt es für jedes Teilintervall $r + 1$ Freiheitsgrade, denn ein Polynom $p \in \Pi_r$ besitzt die Form $p(x) = a_r x^r + a_{r-1} x^{r-1} + \cdots + a_1 x + a_0$ mit insgesamt $r + 1$ Koeffizienten. Multiplikation dieser $r + 1$ Freiheitsgrade mit der Anzahl N der Teilintervalle ergibt insgesamt $N(r + 1)$ Freiheitsgrade.
- An jedem der $N - 1$ inneren Knoten $x_1, x_2, \ldots, x_{N-1}$ gibt es für die Ableitungen $s^{(\mu)}(x_k)$ für $\mu = 0, 1, \ldots, r - 1$ jeweils eine Übergangsbedingung, also insgesamt r Bedingungen für jeden inneren Knoten. Damit erhält man für alle inneren Knoten zusammengenommen insgesamt $(N - 1)r$ Übergangsbedingungen. Man beachte, dass in den Randknoten $x_0 = a$ und $x_N = b$ keine solchen Übergangsbedingungen vorliegen.

Zieht man die errechneten $(N - 1)r$ Übergangsbedingungen von den im vorherigen Punkt genannten $N(r + 1)$ Freiheitsgraden bei der Wahl der Polynome auf den Teilintervallen ab, so verbleiben die eingangs in (3.2) genannten $N + r$ Freiheitsgrade. △

Der Einfachheit halber nehmen wir im weiteren Verlauf dieses Kapitels durchweg an, dass die Knoten äquidistant gewählt sind, das heißt

$$x_j = a + jh, \quad j = 0, 1, \ldots, N, \quad h := \frac{1}{N}. \tag{3.3}$$

Die allgemeinen einführenden Betrachtungen zu Splinefunktionen sind damit abgeschlossen. Im weiteren Verlauf dieses Kapitels werden für interpolierende lineare und kubische Splinefunktionen Algorithmen zur Berechnung sowie Fehlerabschätzungen hergeleitet. Quadratische Splines spielen in der Praxis eine geringere Rolle und werden hier nicht behandelt. Am Ende dieses Kapitels werden dann noch die wichtigsten Differenzenquotienten zur Approximation der ersten beiden Ableitungen einer Funktion von einer Veränderlichen eingeführt.

3.2   Interpolierende lineare Splinefunktionen

Thema dieses Abschnitts sind die Berechnung und Approximationseigenschaften
linearer Splinefunktionen $s \in S_{\Delta,1}$ mit der Interpolationseigenschaft

$$s(x_j) = f_j \quad \text{für } j = 0, 1, \ldots, N, \tag{3.4}$$

wobei die Werte $f_0, f_1, \ldots, f_N \in \mathbb{R}$ vorgegeben sind. Für jeden Index $j \in \{0, 1, \ldots, N - 1\}$ besitzt eine solche Funktion s auf dem Intervall $[x_j, x_{j+1}]$ die lokale
Darstellung

$$s(x) = a_j + b_j(x - x_j) \quad \text{für } x \in [x_j, x_{j+1}], \tag{3.5}$$

und die Interpolationsbedingungen $s_j(x_j) = f_j$ und $s_j(x_{j+1}) = f_{j+1}$ ergeben
unmittelbar

$$a_j = f_j, \qquad b_j = \frac{f_{j+1} - f_j}{h}. \tag{3.6}$$

Die Interpolationsbedingungen legen also die Koeffizienten in dem allgemeinen
Ansatz (3.5) durch (3.6) in eindeutiger Weise fest und liefern den interpolierenden
linearen Spline. Als Folgerung erhält man:

Zur Zerlegung $\Delta = \{a = x_0 < x_1 < \cdots < x_N = b\}$ und Werten
$f_0, f_1, \ldots, f_N \in \mathbb{R}$ gibt es genau einen linearen Spline $s \in S_{\Delta,1}$ mit der
Interpolationseigenschaft (3.4). Er besitzt die lokale Darstellung (3.5)–(3.6).

Diese Existenz- und Eindeutigkeitsaussage passt im Übrigen auch zur Aussage von
Bemerkung 3.1. Danach gibt es für einen linearen Spline $N + 1$ Freiheitsgrade,
denen an den Knoten insgesamt $N + 1$ Interpolationsbedingungen gegenüberstehen.
    Für den Fehler bei der linearen Spline-Interpolation gilt Folgendes:

Zu einer Funktion $f \in C^2[a, b]$ sei $s \in S_{\Delta,1}$ der zugehörige interpolierende
lineare Spline (siehe (3.4)). Dann gilt

$$\|s - f\|_\infty \leq \tfrac{1}{8}\|f''\|_\infty h^2$$

beziehungsweise kurz $\|s - f\|_\infty = \mathcal{O}(h^2)$.

Es liegt hier also für $h \to 0$ quadratische Konvergenz vor.

3.3 Minimaleigenschaften kubischer Splinefunktionen

Im weiteren Verlauf wird die Interpolation mittels kubischer Splinefunktionen behandelt. Damit wird eine höhere Glattheit als bei linearen Splinefunktionen erreicht, ebenso eine höhere Approximationsgüte, wie sich zeigen wird. Dem gegenüber steht ein höherer Aufwand bei der Berechnung.

Vor Behandlung der zugehörigen grundlegenden Themen wie Existenz, Eindeutigkeit, Berechnung und auftretender Fehler wird im vorliegenden Abschnitt zunächst eine für die Anwendungen wichtige Minimaleigenschaft interpolierender kubischer Splines vorgestellt (siehe (3.7) unten). Hierzu bezeichne im Folgenden

$$\| u \|_2 := \left(\int_a^b |u(x)|^2 \, dx \right)^{1/2}, \qquad u \in C[a, b].$$

Es gilt folgendes Resultat:

Zu gegebenen Werten $f_0, f_1, \ldots, f_N \in \mathbb{R}$ hat ein interpolierender kubischer Spline $s \in S_{\Delta,3}$ mit $s''(a) = s''(b) = 0$ unter allen hinreichend glatten interpolierenden Funktionen die geringste Krümmung, es gilt also

$$\| s'' \|_2 \leq \| f'' \|_2 \qquad (3.7)$$

für jede Funktion $f \in C^2[a, b]$ mit $f(x_j) = f_j$ für $j = 0, 1, \ldots, N$.

Bemerkung.

a) Es stellt der Wert $\| f'' \|_2$ lediglich eine Approximation an die mittlere Krümmung der Funktion f dar. Genauer ist die Krümmung von f in einem Punkt x gegeben durch $f''(x)/(1 + f'(x)^2)^{3/2}$. Im Falle geringer Steigungen von f ist das näherungsweise gleich $f''(x)$ und damit der Wert $\| f'' \|_2$ eine Näherung an das quadratische Mittel der Krümmung.

b) Die in (3.7) vorgestellte Minimaleigenschaft liefert den Grund dafür, dass in der Praxis (beispielsweise bei der Konstruktion von Schiffsrümpfen oder der Festlegung von Schienenwegen) für die Interpolation oftmals kubische Splinefunktionen verwendet werden. △

In Abb. 3.2 ist eine kubische Splinefunktion dargestellt.

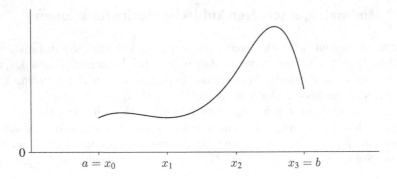

Abb. 3.2 Kubischer Spline auf $[a, b]$ zu den Knoten $a = x_0 < x_1 < x_2 < x_3 = b$

3.4 Berechnung interpolierender kubischer Splines

3.4.1 Vorüberlegungen

In dem vorliegenden Abschnitt wird die Berechnung interpolierender kubischer Splines behandelt. Ausgehend von dem lokalen Ansatz

$$\left. \begin{aligned} s(x) &= a_j + b_j(x - x_j) + c_j(x - x_j)^2 + d_j(x - x_j)^3 \\ \text{für } & x \in [x_j, x_{j+1}], \qquad j = 0, 1, \ldots, N - 1, \end{aligned} \right\} \tag{3.8}$$

für eine Funktion $s : [a, b] \to \mathbb{R}$ soll in diesem Abschnitt der Frage nachgegangen werden, wie man die Koeffizienten a_j, b_j, c_j und d_j für $j = 0, 1, \ldots, N - 1$ zu wählen hat, damit die Funktion s auf dem Intervall $[a, b]$ zweimal stetig differenzierbar ist – und somit tatsächlich ein kubischer Spline ist – und darüber hinaus in den Knoten vorgegebene Werte $f_0, f_1, \ldots, f_N \in \mathbb{R}$ interpoliert,

$$s(x_j) = f_j \quad \text{für } j = 0, 1, \ldots, N. \tag{3.9}$$

Bemerkung 3.2. Es sind für kubische Splinefunktionen auch andere gleichwertige lokale Ansätze als (3.8) möglich, so zum Beispiel

$$s(x) = a_j + b_j(x - x_j) + c_j(x - x_j)^2 + d_j(x - x_j)^2(x - x_{j+1})$$

$$\text{für } x \in [x_j, x_{j+1}], \qquad j = 0, 1, \ldots, N - 1. \quad \triangle$$

Das nachfolgende Lemma reduziert das genannte Problem auf die Lösung eines linearen Gleichungssystems.

Lemma 3.3. *Falls $N + 1$ reelle Zahlen $s_0'', s_1'', \ldots, s_N'' \in \mathbb{R}$ den folgenden $N - 1$ gekoppelten Gleichungen*

$$h(s_{j-1}'' + 4s_j'' + s_{j+1}'') = \overbrace{6\frac{f_{j+1} - f_j}{h} - 6\frac{f_j - f_{j-1}}{h}}^{=: \, g_j}, \quad j = 1, \ldots, N - 1$$

(3.10)

genügen, so liefert der lokale Ansatz (3.8) mit den Setzungen

$$c_j := \frac{s_j''}{2}, \qquad a_j := f_j, \qquad d_j := \frac{s_{j+1}'' - s_j''}{6h}, \tag{3.11}$$

$$b_j := \frac{f_{j+1} - f_j}{h} - \frac{h}{6}(s_{j+1}'' + 2s_j''), \tag{3.12}$$

für $j = 0, 1, \ldots, N - 1$ eine kubische Splinefunktion $s \in S_{\Delta,3}$, die die Interpolationsbedingungen (3.9) erfüllt.

Die Bedingungen in (3.11) und (3.12) ergeben sich aus den Übergangs- und Interpolationsbedingungen. Auf die Darstellung der technischen Details wird hier verzichtet.

Bemerkung.

a) In der in Lemma 3.3 beschriebenen Situation bezeichnet man die $N + 1$ reellen Zahlen $s_0'', s_1'', \ldots, s_N'' \in \mathbb{R}$ als *Momente*. Diese stimmen mit den zweiten Ableitungen der Splinefunktion s in den Knoten x_j überein,

$$s_j'' = s''(x_j) \quad \text{für } j = 0, 1, \ldots, N.$$

b) Mit Lemma 3.3 wird klar, dass sich die Koeffizienten in der Darstellung (3.8) unmittelbar aus den $N + 1$ Momenten $s_0'', \ldots, s_N''$ ergeben. Diese $N + 1$ Momente genügen den $N - 1$ Bedingungen dieses Lemmas, womit also zwei Freiheitsgrade vorliegen. Das passt im Übrigen zu den in Bemerkung 3.1 angestellten Betrachtungen über die Freiheitsgrade bei Splinefunktionen. Danach gibt es für einen kubischen Spline $N + 3$ Freiheitsgrade, denen insgesamt $N + 1$ Interpolationsbedingungen an den Knoten gegenüberstehen.

Für die beiden erforderlichen zusätzlichen Bedingungen werden drei Möglichkeiten diskutiert, wofür abkürzend

$$s_0' := s'(x_0), \qquad s_N' := s'(x_N)$$

gesetzt wird:

Natürliche Randbedingungen : $s_0'' = s_N'' = 0$;

Vollständige Randbedingungen : $s_0' = f_0'$, $s_N' = f_N'$ für gegebene f_0', $f_N' \in \mathbb{R}$;

Periodische Randbedingungen : $s_0' = s_N'$, $s_0'' = s_N''$.

Die Bezeichnung „natürliche Randbedingung" ist durch die Eigenschaft (3.7) gerechtfertigt.

c) Die Identität (3.10) ist plausibel. Division von (3.10) durch $6h$ führt nämlich auf die äquivalente Gleichung

$$\tfrac{1}{6}s_{j-1}'' + \tfrac{2}{3}s_j'' + \tfrac{1}{6}s_{j+1}'' = \frac{f_{j+1} - 2f_j + f_{j-1}}{h^2}, \tag{3.13}$$

bei der die linke Seite eine Mittelung für s_j'' und die rechte Seite eine Differenzenapproximation an $f''(x_j)$ darstellt. Diffenzenquotienten zur Approximation von Ableitungen erster und zweiter Ordnung werden später noch eingehend betrachtet, siehe Lemma 3.4. $\triangle$

In den folgenden Unterabschnitten 3.4.2, 3.4.3 und 3.4.4 sollen die Bedingungen (3.10) für die Momente zusammen mit den unterschiedlichen Randbedingungen in Matrix-Vektor-Form angegeben werden.

3.4.2 Natürliche Randbedingungen

Die natürlichen Randbedingungen $s_0'' = s_N'' = 0$ führen zusammen mit (3.10) auf das folgende Gleichungssystem:

$$h \begin{pmatrix} 4 & 1 & 0 & \dots & 0 \\ 1 & 4 & 1 & \ddots & \vdots \\ 0 & 1 & \ddots & \ddots & 0 \\ \vdots & \ddots & \ddots & \ddots & 1 \\ 0 & \dots & 0 & 1 & 4 \end{pmatrix} \begin{pmatrix} s_1'' \\ \vdots \\ s_{N-1}'' \end{pmatrix} = \begin{pmatrix} g_1 \\ \vdots \\ g_{N-1} \end{pmatrix}. \tag{3.14}$$

Auf die eindeutige Lösbarkeit dieses linearen Gleichungssystems werden wir in Abschn. 3.4.5 noch eingehen.

Beispiel. Auf dem Intervall $[0, 2]$ bestimmen wir zu dem Gitter $\Delta = \{0 = x_0 < x_1 = 1 < x_2 = 2\}$ diejenige kubische Splinefunktion s, die den natürlichen Randbedingungen genügt und die Interpolationsbedingungen $s(0) = 3$, $s(1) = 7$ und $s(2) = -1$ erfüllt.

Hier gilt $N = 2$ und $h = 1$. Für die Momente ergibt sich lediglich eine Gleichung:

$$4s_1'' = g_1 = 6\frac{f_2 - f_1}{1} - 6\frac{f_1 - f_0}{1} = 6(-1 - 7) - 6(7 - 3) = -48 - 24 = -72,$$

also $s_1'' = -18$. Für das erste Teilintervall folgt daraus

$$c_0 = 0, \quad a_0 = 3, \quad d_0 = -\frac{18}{6} = -3, \quad b_0 = 4 - \tfrac{1}{6}(-18) = 4 + 3 = 7,$$

und für das zweite Teilintervall erhält man

$$c_1 = -9, \quad a_1 = 7, \quad d_1 = \frac{0 + 18}{6} = 3,$$

$$b_1 = -8 - \tfrac{1}{6}(0 - 36) = -8 + 6 = -2.$$

Damit erhalten wir für die gesuchte Splinefunktion die Darstellung

$$s(x) = \begin{cases} 3 + 7x - 3x^3 & \text{für } 0 \le x \le 1, \\ 7 - 2(x - 1) - 9(x - 1)^2 + 3(x - 1)^3 & \text{für } 1 < x \le 2. \end{cases} \quad \triangle$$

3.4.3 Vollständige Randbedingungen

Die vollständigen Randbedingungen

$$f_0' \overset{!}{=} s_0' = b_0,$$

$$f_N' \overset{!}{=} s_N' = b_{N-1} + 2c_{N-1}h + 3d_{N-1}h^2$$

führen mit (3.11)–(3.12) auf die beiden zusätzlichen Bedingungen

$$h(2s_0'' + s_1'') = -6f_0' + 6\frac{f_1 - f_0}{h} =: g_0, \tag{3.15}$$

$$h(s_{N-1}'' + 2s_N'') = 6f_N' - 6\frac{f_N - f_{N-1}}{h_{N-1}} =: g_N. \tag{3.16}$$

Diese Bedingungen (3.15)–(3.16) führen zusammen mit (3.10) auf das folgende Gleichungssystem:

$$h \begin{pmatrix} 2 & 1 & 0 & \dots & \dots & 0 \\ 1 & 4 & 1 & \ddots & & \vdots \\ 0 & 1 & \ddots & \ddots & \ddots & \vdots \\ \vdots & \ddots & \ddots & \ddots & \ddots & 0 \\ \vdots & & \ddots & \ddots & 4 & 1 \\ 0 & \dots & \dots & 0 & 1 & 2 \end{pmatrix} \begin{pmatrix} s_0'' \\ \vdots \\ s_N'' \end{pmatrix} = \begin{pmatrix} g_0 \\ \vdots \\ g_N \end{pmatrix}. \tag{3.17}$$

Auf die eindeutige Lösbarkeit dieses linearen Gleichungssystems gehen wir in Abschn. 3.4.5 ein.

3.4.4 Periodische Randbedingungen

Die periodischen Randbedingungen

$$b_0 = s_0' \stackrel{!}{=} s_N' = b_{N-1} + 2c_{N-1}h + 3d_{N-1}h^2, \qquad s_0'' \stackrel{!}{=} s_N''$$

führen mit (3.11)–(3.12) auf die zusätzliche Bedingung

$$h(4s_0'' + s_1'' + s_{N-1}'') = 6\frac{f_1 - f_0}{h} - 6\frac{f_N - f_{N-1}}{h} =: g_0. \tag{3.18}$$

Diese Bedingung (3.18) führt zusammen mit (3.10) auf das folgende Gleichungssystem:

$$h \begin{pmatrix} 4 & 1 & 0 & \dots & 0 & 1 \\ 1 & 4 & 1 & \ddots & & 0 \\ 0 & 1 & \ddots & \ddots & \ddots & \vdots \\ \vdots & \ddots & \ddots & \ddots & \ddots & 0 \\ 0 & & \ddots & \ddots & \ddots & 1 \\ 1 & 0 & \dots & 0 & 1 & 4 \end{pmatrix} \begin{pmatrix} s_0'' \\ \vdots \\ s_{N-1}'' \end{pmatrix} = \begin{pmatrix} g_0 \\ \vdots \\ g_{N-1} \end{pmatrix}.$$

Auf die eindeutige Lösbarkeit dieses linearen Gleichungssystems gehen wir im nachfolgenden Abschnitt ein.

3.4.5 Existenz und Eindeutigkeit der betrachteten interpolierenden kubischen Splines

Für eine Existenz- und Eindeutigkeitsaussage für interpolierende kubische Splines wird das nachfolgende Resultat (3.20) benötigt. Es wird hier in der nötigen Allgemeinheit formuliert wird, damit es an anderer Stelle auch noch einsetzbar ist. Vorbereitend wird die folgende Notation eingeführt,

$$\| z \|_\infty := \max_{j=1,\dots,N} |z_j|, \qquad z \in \mathbb{R}^N.$$

Eine Matrix $A = (a_{jk}) \in \mathbb{R}^{N \times N}$ heißt *strikt diagonaldominant*, falls Folgendes gilt,

$$\sum_{\substack{k=1 \\ k \neq j}}^{N} |a_{jk}| < |a_{jj}| \quad \text{für } j = 1, 2, \dots, N. \tag{3.19}$$

Offensichtlich ist jede der in den drei Abschn. 3.4.2, 3.4.3 und 3.4.4 betrachteten Matrizen strikt diagonaldominant.

Jede strikt diagonaldominante Matrix $A = (a_{jk}) \in \mathbb{R}^{N \times N}$ ist regulär und es gilt

$$\| x \|_\infty \leq \max_{j=1,\dots,N} \left\{ \left(|a_{jj}| - \sum_{\substack{k=1 \\ k \neq j}}^{N} |a_{jk}| \right)^{-1} \right\} \| Ax \|_\infty \quad \text{für } x \in \mathbb{R}^N. \tag{3.20}$$

Für die Koeffizientenmatrix A aus dem Gleichungssystem (3.14) bedeutet das $\| x \|_\infty \leq \frac{1}{2h} \| Ax \|_\infty$ für $x \in \mathbb{R}^N$.

Als unmittelbare Folgerung aus dieser Beobachtung sowie Lemma 3.3 erhält man Folgendes:

Zur Zerlegung Δ und den Werten $f_0, f_1, \dots, f_N \in \mathbb{R}$ gibt es jeweils genau einen interpolierenden kubischen Spline mit natürlichen beziehungsweise vollständigen (hier sind zusätzlich Zahlen $f_0', f_N' \in \mathbb{R}$ vorgegeben) beziehungsweise periodischen Randbedingungen.

3.5 Fehlerabschätzungen für interpolierende kubische Splines

In der folgenden Box werden die Approximationseigenschaften interpolierender kubischer Splines vorgestellt. Dabei werden der Einfachheit halber nur natürliche Randbedingungen betrachtet. Vergleichbare Aussagen lassen sich auch für vollständige beziehungsweise periodische Randbedingungen nachweisen (siehe beispielsweise Oevel [45], Mennicken/Wagenführer [42] und Freund/Hoppe [15]).

Sei $f \in C^4[a, b]$, und sei $s \in S_{\Delta,3}$ ein interpolierender kubischer Spline mit natürlichen Randbedingungen zur Zerlegung $\Delta = \{a = x_0 < \cdots < x_N = b\}$ und den Stützwerten $f_j = f(x_j)$ für $j = 0, 1, \ldots, N$. Dann gelten folgende Fehlerabschätzungen:

$$|s(x) - f(x)| \leq \ \| f^{(4)} \|_\infty h^4, \qquad x \in [a, b], \qquad (3.21)$$

$$|s'(x) - f'(x)| \leq 2\| f^{(4)} \|_\infty h^3, \qquad x \in [a, b]. \qquad (3.22)$$

Die wesentliche Aussage stellt dabei $\|s - f\|_\infty = \mathcal{O}(h^4)$ dar. Die Konvergenzordnung fällt hier also im Vergleich zur linearen Splineinterpolation doppelt so hoch aus, wobei dies allerdings auch eine höhere Glattheit der zu interpolierenden Funktion f erfordert. Die Abschätzung (3.22) für den Fehler bei den ersten Ableitungen wird in Kap. 8 über Galerkin-Verfahren verwendet.

3.6 Numerische Differenziation

In dem folgenden Lemma wird der in (3.13) verwendete zentrale Differenzenquotient zweiter Ordnung zur Approximation der zweiten Ableitung einer Funktion von einer Veränderlichen definiert und seine Approximationseigenschaften behandelt. Bei dieser Gelegenheit werden gleich noch die gängigen Differenzenquotienten zur Approximation der ersten Ableitung vorgestellt. Die Bezeichnung „Ordnung" bezieht sich dabei jeweils auf die Ordnung der Ableitung und nicht auf die Approximationsgüte.

Lemma 3.4.

a) Für $u \in C^2[a, b]$ gelten die Beziehungen

$$\frac{u(x + h) - u(x)}{h} = u'(x) + \mathcal{O}(h),$$

$$\frac{u(x) - u(x - h)}{h} = u'(x) + \mathcal{O}(h),$$

wobei die Ausdrücke links von den Gleichheitszeichen als vorwärtsgerichteter *beziehungsweise* rückwärts gerichteter Differenzenquotient *bezeichnet werden.*

b) Für $u \in C^3[a, b]$ gilt

$$\frac{u(x+h) - u(x-h)}{2h} = u'(x) + \mathcal{O}(h^2),$$

wobei der Ausdruck links vom Gleichheitszeichen als zentraler Differenzenquotient erster Ordnung *bezeichnet wird.*

c) Für $u \in C^4[a, b]$ gilt

$$\frac{u(x+h) - 2u(x) + u(x-h)}{h^2} = u''(x) + \mathcal{O}(h^2),$$

wobei der Ausdruck links vom Gleichheitszeichen als zentraler Differenzenquotient zweiter Ordnung *bezeichnet wird.*

Beweis. Die Aussagen erhält man mittels geeigneter Taylorentwicklungen der Funktion u in x, wobei hier nur Details für die Aussagen aus a) und b) vorgestellt werden.

a) Hier verwendet man

$$u(x \pm h) = u(x) \pm u'(x)h + u''(x \pm \theta_{1/2}h)\frac{h^2}{2}.$$

b) Eine weitere Taylorentwicklung der Funktion u in x liefert mit geeigneten Zahlen $\theta_1, \theta_2 \in [0, 1]$

$$u(x \pm h) = u(x) \pm u'(x)h + u''(x)\frac{h^2}{2} \pm u^{(3)}(x \pm \theta_{1/2}h)\frac{h^3}{6},$$

und eine Subtraktion führt auf die angegebene Darstellung,

$$\frac{u(x+h) - u(x-h)}{2h} = 0 + u'(x) + 0 + \left(u^{(3)}(x + \theta_1 h) + u^{(3)}(x - \theta_2 h)\right)\frac{h^2}{12}$$

$$\overset{(*)}{=} u'(x) + u^{(3)}(x + \theta h)\frac{h^2}{6},$$

mit einer Zahl $\theta \in [-1, 1]$, wobei man die Identität $(*)$ mithilfe des Zwischenwertsatzes erhält.

$\square$

Bemerkung.

a) Die in Lemma 3.4 jeweils links vom Gleichheitszeichen angegebenen Ausdrücke
   stellen Approximationen an die jeweiligen rechts betrachteten Ableitungen
   dar. Die im Anschluss an die Ableitungen auftretenden Ausdrücke mit den
   landauschen Symbolen geben die Genauigkeit an, mit der der betrachtete Differenzenquotient die jeweils betrachtete Ableitung approximiert.
b) Man beachte noch, dass der zentrale Differenzenquotient erster Ordnung von
   höherer Konvergenzordnung ist als die beiden in Teil a) betrachteten Differenzenquotienten, aber auch eine höhere Glattheit der zugrunde liegenden Funktion
   erfordert.

Weitere Themen und Literaturhinweise
Von einer gewissen Bedeutung sind in diesem Zusammenhang *B-Splines der
Ordnung* $r \in \mathbb{N}_0$, bei denen es sich um spezielle nichtnegative und mit einem
kompakten Träger versehene[1] Splinefunktionen der Ordnung r aus den Räumen
$S_{\Delta,r}$ handelt. Beispielsweise kann man mit ausgewählten B-Splines der Ordnung
r eine Basis für $S_{\Delta,r}$ erzeugen. Auf die Einführung von B-Splines wird hier im
Sinne der angestrebten überschaubaren Darstellung verzichtet (ein paar weitere
Anmerkungen finden Sie noch in Abschn. 8.3.5) und stattdessen auf die folgende
Auswahl von Lehrbüchern verwiesen: de Boor [5], Deuflhard/Hohmann [12], Kress
[37], Oevel [45], Mennicken/Wagenführer [42], Schaback/Wendland [54], Schwarz
/Klöckner [56], Freund/Hoppe [16], Weller [65] und Werner [66]. Außerdem ist
in diesem Zusammenhang die *Bézier-Interpolation* zu nennen, die beispielsweise in
[37, 54, 56, 65, 66] behandelt wird.

Es folgen nun noch einige Literaturhinweise zu Themen dieses Kapitels. Fehlerabschätzungen für interpolierende kubische Splines mit vollständigen oder periodischen Randbedingungen – vergleichbar denen in (3.21) und (3.22) für natürlichen
Randbedingungen – finden Sie beispielsweise in Oevel [45], Mennicken/Wagenfüh-
rer [42] und Freund/Hoppe [15]. Details zu dem in Bemerkung 3.2 vorgestellten
alternativen lokalen Ansatz für kubische Splinefunktionen finden Sie beispielsweise
in Bollhöfer/Mehrmann [4].

Übungsaufgaben

Aufgabe 3.1. Gegeben seien eine Zerlegung (3.1) des Intervalls $[a, b]$ und Stützwerte $f_0, f_1, \ldots,$
$f_N \in \mathbb{R}$.

a) Man weise nach, dass es für jede Zahl $f_0' \in \mathbb{R}$ genau einen interpolierenden *quadratischen*
   Spline s gibt, der der Zusatzbedingung $s'(x_0) = f_0'$ genügt. Man gebe einen Algorithmus zur
   Berechnung von s an.
b) Gesucht ist nun der interpolierende quadratische Spline s mit *periodischen* Randbedingungen
   $s'(x_0) = s'(x_N)$. Man treffe Aussagen über Existenz und Eindeutigkeit von s.

---

[1] Das heißt diese verschwinden außerhalb eines endlichen Intervalls.

Aufgabe 3.2. Auf dem Intervall $[-1, 1]$ seien die Knoten $x_0 = -1$, $x_1 = 0$ und $x_2 = 1$ gegeben. Welche Eigenschaften eines natürlichen kubischen Splines bezüglich der zugehörigen Zerlegung besitzt die folgende Funktion, und welche besitzt sie nicht?

$$f(x) = \begin{cases} (x+1) + (x+1)^3 & \text{für } -1 \leq x \leq 0, \\ 4 + (x-1) + (x-1)^3 & \text{für } 0 < x \leq 1. \end{cases}$$

Aufgabe 3.3. Auf dem Intervall $[0, 2]$ seien die Knoten $x_0 = 0$, $x_1 = 1$ und $x_2 = 2$ gegeben. Welche Eigenschaften eines natürlichen kubischen Splines bezüglich der zugehörigen Zerlegung besitzt die folgende Funktion, und welche besitzt sie nicht?

$$f(x) = \begin{cases} x + x^3 & \text{für } 0 \leq x \leq 1, \\ 4 + (x-2) + (x-2)^3 & \text{für } 1 < x \leq 2. \end{cases}$$

Aufgabe 3.4. Auf dem Intervall $[0, 2]$ bestimme man zu dem Gitter $\Delta = \{0 = x_0 < x_1 = 1 < x_2 = 2\}$ diejenige kubische Splinefunktion s, die den natürlichen Randbedingungen genügt und die Interpolationsbedingungen $s(0) = 3$, $s(1) = 7$ und $s(2) = -1$ erfüllt.

Aufgabe 3.5. Gegeben seien die Stützpunkte

j	0	1	2	3	4	5
x_j	-3	-2	-1	0	1	2
f_j	9	4	1	0	1	4

Man stelle das zugehörige lineare Gleichungssystem für die Momente der interpolierenden kubischen Splinefunktion mit natürlichen Randbedingungen auf.

Aufgabe 3.6. Gegeben seien eine äquidistante Zerlegung $\Delta = \{0 = x_0 < x_1 < \cdots < x_N = 1\}$ des Intervalls $[0, 1]$, es gilt also $x_j = x_{j-1} + h$ für $j = 1, 2, \ldots, N$, mit $h = \frac{1}{N}$. Man betrachte auf diesem Intervall die Funktion $f(x) = \sin(2\pi x)$ und die dazugehörige interpolierende kubische Splinefunktion $s \in S_{\Delta, 3}$ mit natürlichen Randbedingungen. Wie groß muss die Zahl N gewählt werden, damit auf dem gesamten Intervall die Differenz zwischen s und f betragsmäßig kleiner als 10^{-12} ausfällt?

Weitere Aufgaben zu den Themen dieses Kapitels werden als Flashcards online zur Verfügung gestellt. Hinweise zum Zugang finden Sie zu Beginn von Kap. 1.

Lösung linearer Gleichungssysteme

4

In diesem Abschnitt werden Verfahren zur Lösung linearer Gleichungssysteme $Ax = b$ vorgestellt, wobei $A = (a_{jk}) \in \mathbb{R}^{N \times N}$ eine gegebene quadratische Matrix und $b = (b_j) \in \mathbb{R}^N$ ein gegebener Vektor ist. Solche Gleichungssysteme treten in zahlreichen Anwendungen auf. Zwei davon sind Ihnen in diesem Lehrbuch bereits vorgestellt worden: die Input-Output-Analyse einer Volkswirtschaft in Kap. 1 und die Berechnung interpolierender Splinefunktionen in Kap. 3. Mit der Ausgleichsrechnung wird am Ende dieses Kapitels eine weitere Anwendung präsentiert. Andere praktische Anwendungen gibt es zum Beispiel in der Mechanik oder der Medizindiagnostik. Es wird nun noch ein Beispiel aus der Elektrotechnik vorgestellt.

Beispiel. Gegenstand dieses Beispiels ist die gezeichnete Schaltung mit zwei Spannungsquellen und drei ohmschen Widerständen:

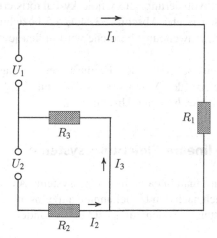

Für die drei Ströme I_1, I_2 und I_3 ergeben sich mithilfe der beiden kirchhoffschen Gesetze – das sind a) in jedem Stromkreis ist die Summe der Spannungsabnehmer gleich der Summe der Spannungsquellen, und b) in jedem Knoten ist die Summe der einfließenden Ströme gleich der Summe der ausfließenden Ströme – sowie des ohmschen Gesetzes die folgenden Gleichungen:

$$I_3 = I_1 + I_2 \qquad \text{(Knotenregel)}$$

$$U_1 = I_1 R_1 + I_3 R_3 \qquad \text{(obere Masche)}$$

$$U_2 = I_2 R_2 + I_3 R_3 \qquad \text{(untere Masche)}.$$

Dabei handelt es sich um ein lineares System von drei Gleichungen für die drei gesuchten Ströme I_1, I_2 und I_3. Man beachte, dass sich die Darstellung dieses Gleichungssystems aus den physikalischen Gegebenheiten ergibt und noch nicht von der Standardform $Ax = b$ ist.　△

In diesem Kapitel werden folgende Themen behandelt:

- Zunächst wird in Abschn. 4.1 auf die Lösung gestaffelter Gleichungssysteme eingegangen. Solche Gleichungssysteme ergeben sich bei der Lösung allgemeiner linearer Gleichungssysteme zum Beispiel nach Durchführung des Gauß-Algorithmus oder bei der Verwendung von Matrixfaktorisierungen.
- In Abschn. 4.2 wird der Gauß-Algorithmus ausführlich vorgestellt, dessen Zielsetzung bereits im vorherigen Punkt genannt wurde. Die Präsentation beinhaltet auch eine Variante mit Pivotsuche, die aus Stabilitätsgründen sinnvoll ist.
- Weitere Themen dieses Kapitels sind die ebenfalls bereits im ersten Punkt erwähnten Matrixfaktorisierungen, wobei es sich dabei um die LR-Faktorisierung mit und ohne Pivotisierung, die Cholesky-Faktorisierung sowie die QR-Faktorisierung handelt (siehe Abschn. 4.3, 4.4, 4.5 beziehungsweise 4.8). Auf die unterschiedlichen Anwendungsbereiche wird in den jeweiligen Abschnitten eingegangen.
- Ein weiterer Abschnitt behandelt den Einfluss von Störungen der Matrix $A \in \mathbb{R}^{N \times N}$ beziehungsweise des Vektors $b \in \mathbb{R}^N$ auf die Lösung des linearen Gleichungssystems $Ax = b$ (siehe Abschn. 4.7).

4.1　Gestaffelte lineare Gleichungssysteme

Typischerweise überführt man lineare Gleichungssysteme $Ax = b$ in eine gestaffelte Form, die dann einfach nach den Unbekannten aufzulösen ist. Solche gestaffelten linearen Gleichungssysteme werden zunächst kurz behandelt.

Matrizen $L, R \in \mathbb{R}^{N \times N}$ der Form

$$
L = \begin{pmatrix} \ell_{11} & 0 & \cdots & 0 \\ \ell_{21} & \ell_{22} & \ddots & \vdots \\ \vdots & & \ddots & 0 \\ \ell_{N1} & \cdots & \cdots & \ell_{NN} \end{pmatrix}, \qquad R = \begin{pmatrix} r_{11} & r_{12} & \cdots & r_{1N} \\ 0 & r_{22} & & \vdots \\ \vdots & \ddots & \ddots & \vdots \\ 0 & \cdots & 0 & r_{NN} \end{pmatrix},
$$

heißen *untere* beziehungsweise *obere Dreiecksmatrizen*.

Es sind die Matrizen L beziehungsweise R regulär genau dann, wenn $\ell_{jj} \neq 0$ für $j = 1, 2, \ldots, N$ beziehungsweise $r_{jj} \neq 0$ für $j = 1, 2, \ldots, N$ gilt.

4.1.1 Obere gestaffelte Gleichungssysteme

Für die obere Dreiecksmatrix $R = (r_{jk}) \in \mathbb{R}^{N \times N}$ mit $r_{jk} = 0$ für $j > k$ ist das entsprechende gestaffelte Gleichungssystem $Rx = z$ für einen gegebenen Vektor $z \in \mathbb{R}^N$ von der Form

$$
\begin{aligned}
r_{11}x_1 + r_{12}x_2 + \cdots + r_{1N}x_N &= z_1 \\
r_{22}x_2 + \cdots + r_{2N}x_N &= z_2 \\
\ddots \qquad \vdots \quad &\vdots \quad \vdots \\
r_{NN}x_N &= z_N
\end{aligned}
$$

dessen Lösung $x \in \mathbb{R}^N$ für reguläres R zeilenweise von unten nach oben durch jeweiliges Auflösen nach der Unbekannten auf der Diagonalen berechnet werden kann, siehe Schema 4.1.

Proposition 4.1. *Für die Auflösung eines oberen gestaffelten Gleichungssystems sind N^2 arithmetische Operationen erforderlich.*

$$
\texttt{for } j = N : -1 : 1 \qquad x_j = \left(z_j - \sum_{k=j+1}^{N} r_{jk}x_k \right) \Big/ r_{jj}; \qquad \texttt{end}
$$

Schema 4.1 Rekursive Auflösung eines oberen gestaffelten Gleichungssystems

Beweis. In den Stufen $j = N, N - 1, \ldots, 1$ der Schleife aus Schema 4.1 sind zur Berechnung der Unbekannten x_j je $N - j$ Multiplikationen und genauso viele Subtraktionen sowie eine Division durchzuführen. Insgesamt erhält man die folgende Anzahl von arithmetischen Operationen,

$$N + 2 \sum_{j=1}^{N} (N - j) = N + 2 \sum_{m=1}^{N-1} m = N + (N - 1)N = N^2. \qquad \square$$

4.1.2 Untere gestaffelte Gleichungssysteme

Für die untere Dreiecksmatrix $L = (\ell_{jk}) \in \mathbb{R}^{N \times N}$ mit $\ell_{jk} = 0$ für $j < k$ ist das entsprechende gestaffelte Gleichungssystem $Lx = b$ mit einem gegebenen Vektor $b \in \mathbb{R}^N$ von der folgenden Form,

$$
\begin{aligned}
\ell_{11}x_1 & & & = b_1 \\
\ell_{21}x_1 + \ell_{22}x_2 & & & = b_2 \\
\vdots \qquad \vdots \qquad \ddots & & \vdots \quad \vdots & \\
\ell_{N1}x_1 + \ell_{N2}x_2 + \cdots + \ell_{NN}x_N & & & = b_N
\end{aligned}
$$

Dessen Lösung $x \in \mathbb{R}^N$ kann für eine reguläre Matrix L zeilenweise von oben nach unten durch jeweiliges Auflösen nach der Unbekannten auf der Diagonalen berechnet werden, siehe Schema 4.2. Dabei sind genauso viele arithmetische Operationen durchzuführen wie im Fall des oberen gestaffelten Gleichungssystems, nämlich N^2 (vergleiche Proposition 4.1).

4.2 Der Gauß-Algorithmus

4.2.1 Einführende Bemerkungen

Seien wieder $A = (a_{jk}) \in \mathbb{R}^{N \times N}$ eine gegebene Matrix sowie $b = (b_j) \in \mathbb{R}^N$ ein gegebener Vektor. Im Folgenden wird der Gauß-Algorithmus beschrieben, der das Gleichungssystem $Ax = b$ in ein äquivalentes oberes gestaffeltes Gleichungssystem $Rx = z$ überführen soll, dessen Lösung $x \in \mathbb{R}^N$ dann leicht berechnet werden kann.

$$\texttt{for } j = 1 : N \qquad x_j = \left(b_j - \sum_{k=1}^{j-1} \ell_{jk} x_k \right) \Big/ \ell_{jj}; \qquad \texttt{end}$$

Schema 4.2 Rekursive Auflösung eines unteren gestaffelten Gleichungssystems

In der ersten Stufe des Gauß-Algorithmus wird das gegebene Gleichungssystem

$$a_{11}x_1 + a_{12}x_2 + \cdots + a_{1N}x_N = b_1$$

$$a_{21}x_1 + a_{22}x_2 + \cdots + a_{2N}x_N = b_2$$

$$\vdots \qquad \vdots \qquad \qquad \vdots \qquad \vdots$$

$$a_{N1}x_1 + a_{N2}x_2 + \cdots + a_{NN}x_N = b_N$$

durch Zeilenoperationen in ein äquivalentes Gleichungssystem der Form

$$
\left.
\begin{aligned}
a_{11}x_1 + a_{12}x_2 + \cdots + a_{1N}x_N &= b_1 \\
a_{22}^{(2)}x_2 + \cdots + a_{2N}^{(2)}x_N &= b_2^{(2)} \\
\vdots \qquad \qquad \vdots \quad \vdots \qquad & \\
a_{N2}^{(2)}x_2 + \cdots + a_{NN}^{(2)}x_N &= b_N^{(2)}
\end{aligned}
\right\}
\tag{4.1}
$$

überführt. Falls $a_{11} \neq 0$ gilt, so kann dies durch Zeilenoperationen

$$\text{neue Zeile } j := \text{alte Zeile } j - \ell_{j1} \cdot \text{alte Zeile } 1, \quad j = 2, 3, \ldots, N, \tag{4.2}$$

oder explizit

$$\underbrace{(a_{j1} - \ell_{j1}a_{11})}_{\overset{!}{=}\,0} x_1 + \underbrace{(a_{j2} - \ell_{j1}a_{12})}_{=:\,a_{j2}^{(2)}} x_2 + \cdots + \underbrace{(a_{jN} - \ell_{j1}a_{1N})}_{=:\,a_{jN}^{(2)}} x_N = \underbrace{b_j - \ell_{j1}b_1}_{=:\,b_j^{(2)}}$$

erreicht werden mit der Setzung

$$\ell_{j1} := \frac{a_{j1}}{a_{11}}, \qquad j = 2, 3, \ldots, N.$$

Nach diesem Eliminationsschritt verfährt man im nächsten Schritt ganz analog mit dem System der unteren $N - 1$ Gleichungen in (4.1). Diesen Eliminationsprozess sukzessive durchgeführt auf die jeweils entstehenden Teilsysteme liefert zu $Ax = b$ äquivalente Gleichungssysteme

$$A^{(s)}x = b^{(s)}, \qquad s = 1, 2, \ldots, N,$$

wobei sich $A^{(s)} \in \mathbb{R}^{N \times N}$ und $b^{(s)} \in \mathbb{R}^N$ in der Reihenfolge

$$A = A^{(1)} \to A^{(2)} \to \cdots \to A^{(N)} =: R$$
$$b = b^{(1)} \to b^{(2)} \to \cdots \to b^{(N)} =: z$$

ergeben mit Matrizen und Vektoren von der speziellen Form

$$A^{(s)} = \begin{pmatrix} a_{11}^{(1)} & a_{12}^{(1)} & \cdots & \cdots & \cdots & a_{1N}^{(1)} \\ & a_{22}^{(2)} & \cdots & \cdots & \cdots & a_{2N}^{(2)} \\ & & \ddots & & & \vdots \\ & & & a_{ss}^{(s)} & \cdots & a_{sN}^{(s)} \\ & & & \vdots & & \vdots \\ & & & a_{Ns}^{(s)} & \cdots & a_{NN}^{(s)} \end{pmatrix} \in \mathbb{R}^{N \times N}, \quad b^{(s)} = \begin{pmatrix} b_1^{(1)} \\ b_2^{(2)} \\ \vdots \\ b_s^{(s)} \\ \vdots \\ b_N^{(s)} \end{pmatrix} \in \mathbb{R}^N. \tag{4.3}$$

Hierbei wird vorausgesetzt, dass die auftretenden Diagonalelemente allesamt nicht verschwinden, $a_{ss}^{(s)} \neq 0$ für $s = 1, 2, \ldots, N$, da anderweitig der Gauß-Algorithmus abbricht beziehungsweise die Matrix R singulär ist.

Ein Pseudocode für den Gauß-Algorithmus ist in dem folgenden Schema 4.3 angegeben. Dabei werden zur Illustration noch die Indizes $^{(1)}$, $^{(2)}$, ... mitgeführt. In jeder Implementierung werden dann entsprechend die Einträge der ursprünglichen Matrix A sowie in dem Vektor b überschrieben.

Für den Gauß-Algorithmus in Schema 4.3 sind

$$\frac{2N^3}{3}\left(1 + \mathcal{O}\left(\frac{1}{N}\right)\right) \tag{4.4}$$

arithmetische Operationen erforderlich.

```
for  s = 1 : N - 1              (** A^(s) → A^(s+1), b^(s) → b^(s+1) **)
    for j = s + 1 : N                      (** Zeile j **)
        ℓ_js = a_js^(s) / a_ss^(s);   b_j^(s+1) = b_j^(s) - ℓ_js b_s^(s);
        (a_{j,s+1}^(s+1), ..., a_jN^(s+1)) = (a_{j,s+1}^(s), ..., a_jN^(s)) - ℓ_js(a_{s,s+1}^(s), ..., a_sN^(s));
    end
end
```

Schema 4.3 Gauß-Algorithmus

Beweis. In der s-ten Stufe des Gauß-Algorithmus sind $(N - s)^2 + (N - s)$ Multiplikationen und ebenso viele Additionen durchzuführen und außerdem sind $(N - s)$ Divisionen erforderlich, so dass insgesamt

$$2 \sum_{s=1}^{N-1} s^2 + 3 \sum_{s=1}^{N-1} s = \frac{(N-1)N(2N-1)}{3} + \frac{3N(N-1)}{2}$$

$$= \frac{2N^3}{3}\left(1 + \mathcal{O}\left(\frac{1}{N}\right)\right)$$

arithmetische Operationen anfallen. □

Die folgende Box liefert eine Klasse von Matrizen $A \in \mathbb{R}^{N \times N}$, für die der Gauß-Algorithmus durchführbar ist.

> Ist die Matrix $A = (a_{jk}) \in \mathbb{R}^{N \times N}$ strikt diagonaldominant, so ist der Gauß-Algorithmus zur Lösung von $Ax = b$ durchführbar.

4.2.2 Gauß-Algorithmus mit Pivotsuche

Zu Illustrationszwecken betrachten wir für $\varepsilon \in \mathbb{R}$ die reguläre Matrix

$$A_\varepsilon = \begin{pmatrix} \varepsilon & 1 \\ 1 & 0 \end{pmatrix}.$$

Für jeden Vektor $b \in \mathbb{R}^2$ ist der Gauß-Algorithmus zur Staffelung von $A_0 x = b$ nicht durchführbar, und für $0 \neq \varepsilon \approx 0$ erhält man in der ersten Stufe des Gauß-Algorithmus zur Staffelung von $A_\varepsilon x = b$ das Element $\ell_{21} = \frac{1}{\varepsilon}$, was bei der Berechnung der Lösung zugehöriger Gleichungssysteme zu Fehlerverstärkungen führen kann. Zur Vermeidung solcher numerischen Instabilitäten bietet sich die folgende Vorgehensweise an:

Algorithmus 4.2 (Gauß-Algorithmus mit *Pivotstrategie*). Im Folgenden wird der Übergang $A^{(s)} \rightarrow A^{(s+1)}$ um eine Pivotstrategie ergänzt.

a) Man bestimme zunächst einen Index $p \in \{s, s + 1, \ldots, N\}$ mit

$$|a_{ps}^{(s)}| \geq |a_{js}^{(s)}| \quad \text{für } j = s, s + 1, \ldots, N.$$

Das Element $a_{ps}^{(s)}$ wird als *Pivotelement* bezeichnet.

b) Transformiere $A^{(s)} \to \widehat{A}^{(s)} = (\widehat{a}_{kk}^{(s)}) \in \mathbb{R}^{N \times N}$ sowie $b^{(s)} \to \widehat{b}^{(s)} = (\widehat{b}_{j}^{(s)}) \in \mathbb{R}^{N}$
durch Vertauschung der p-ten und der s-ten Zeile von $A^{(s)}$ beziehungsweise $b^{(s)}$:

$$(\widehat{a}_{ps}^{(s)}, \ldots, \widehat{a}_{pN}^{(s)}) = (a_{ss}^{(s)}, \ldots, a_{sN}^{(s)}), \quad (\widehat{a}_{ss}^{(s)}, \ldots, \widehat{a}_{sN}^{(s)}) = (a_{ps}^{(s)}, \ldots, a_{pN}^{(s)}),$$

$$\widehat{b}_{s}^{(s)} = b_{p}^{(s)}, \qquad \widehat{b}_{p}^{(s)} = b_{s}^{(s)},$$

die anderen Einträge bleiben unverändert.

c) Der nachfolgende Eliminationsschritt $\widehat{A}^{(s)} \to A^{(s+1)}$, $\widehat{b}^{(s)} \to b^{(s+1)}$ läuft wie bisher so, dass die Matrix $A^{(s+1)}$ die Form (4.3) erhält. Für die Zeilen $j = s+1$, $s+2, \ldots, N$ fallen dabei die folgenden Operationen an:

$$\ell_{js} = \widehat{a}_{js}^{(s)} / \widehat{a}_{ss}^{(s)}; \qquad b_{j}^{(s+1)} = \widehat{b}_{j}^{(s)} - \ell_{js}\widehat{b}_{s}^{(s)}$$

$$(a_{j,s+1}^{(s+1)}, \ldots, a_{jN}^{(s+1)}) = (\widehat{a}_{j,s+1}^{(s)}, \ldots, \widehat{a}_{jN}^{(s)}) - \ell_{js}(\widehat{a}_{s,s+1}^{(s)}, \ldots, \widehat{a}_{sN}^{(s)}). \quad \triangle$$

Die in Algorithmus 4.2 vorgestellte Pivotsuche wird etwas genauer auch als *Spaltenpivotsuche* bezeichnet. Es existieren noch andere Pivotstrategien (siehe Aufgabe 4.4).

4.2.3 Variante des Gauß-Algorithmus

Anstelle des Eliminationsschrittes (4.2) in der Stufe Nr. 1 des Gauß-Algorithmus ist die allgemeinere Vorgehensweise

neue Zeile $j := \mu_{j1} \cdot$ alte Zeile $j + \lambda_{j1} \cdot$ alte Zeile 1, $\qquad j = 2, 3, \ldots, N$,

möglich, wobei die reellen Koeffizienten μ_{j1} und λ_{j1} so zu wählen sind, dass

$$\mu_{j1}a_{j1} + \lambda_{j1}a_{11} = 0$$

erfüllt ist.

Hierbei liegt dann jeweils ein Freiheitsgrad vor. Entsprechend kann man in den nachfolgenden Stufen $s = 2, 3, \ldots, N-1$ des Gauß-Algorithmus vorgehen. Auch eine Pivotsuche kann dabei problemlos integriert werden.

Beispiel. Es soll im Folgenden das lineare Gleichungssystem

$$9x_2 + 5x_3 = -1$$
$$-2x_1 + x_2 + x_3 = 1$$
$$x_1 + x_2 - x_3 = 2$$

mit dem Gauß-Algorithmus gelöst werden. Im ersten Schritt ist ein Zeilentausch erforderlich:

$$
\begin{array}{ccc|c}
x_1 & x_2 & x_3 & \\
\hline
0 & 9 & 5 & -1 \\
-2 & 1 & 1 & 1 \\
1 & 1 & -1 & 2
\end{array}
$$

Das Ergebnis ist in dem folgenden Schema angegeben.

$$
\begin{array}{ccc|c}
x_1 & x_2 & x_3 & \\
\hline
-2 & 1 & 1 & 1 \\
0 & 9 & 5 & -1 \\
1 & 1 & -1 & 2 \quad | \cdot 2
\end{array}
\tag{4.5}
$$

In (4.5) befindet sich in der zweiten Zeile der ersten Spalte der Koeffizient null, so dass hier keine Elimination erforderlich ist. Es kann mit der Elimination des Koeffizienten in der dritten Zeile der ersten Spalte fortgefahren werden. Die entsprechende Operation ist rechts in (4.5) angegeben, wobei hier und auch in den folgenden Schritten gemäß der zu Beginn des vorliegenden Abschnitts vorgestellten Vorgehensweise vorgegangen wird. Das Ergebnis sieht dann so aus:

$$
\begin{array}{ccc|c}
x_1 & x_2 & x_3 & \\
\hline
-2 & 1 & 1 & 1 \\
0 & 9 & 5 & -1 \\
0 & 3 & -1 & 5 \quad | \cdot (-3)
\end{array}
\tag{4.6}
$$

Es wird nun in (4.6) mit der Elimination des Koeffizienten in der dritten Zeile der zweiten Spalte fortgefahren. Die entsprechende Operation ist rechts in (4.6) angegeben und liefert folgendes Ergebnis:

$$
\begin{array}{ccc|c}
x_1 & x_2 & x_3 & \\
\hline
-2 & 1 & 1 & 1 \\
0 & 9 & 5 & -1 \\
0 & 0 & 8 & -16
\end{array}
$$

Damit liegt nun ein oberes gestaffeltes Gleichungssystem vor, das rekursiv nach den Unbekannten x_3, x_2 und x_1 aufgelöst werden kann:

$$8x_3 = -16 \implies x_3 = -2,$$
$$9x_2 + 5x_3 = -1 \implies 9x_2 = -1 - 5x_3 = -1 + 10 = 9$$
$$\implies x_2 = 1,$$
$$-2x_1 + x_2 + x_3 = 1 \implies -2x_1 = 1 - x_2 - x_3 = 1 - 1 + 2 = 2$$
$$\implies x_1 = -1. \quad \triangle$$

4.3   Die Faktorisierung $PA = LR$

Oftmals ist für eine gegebene reguläre Matrix $A \in \mathbb{R}^{N \times N}$ das Gleichungssystem $Ax = b$ für unterschiedliche rechte Seiten b zu lösen. Dies kann effizient mit einer Faktorisierung der Form $PA = LR$ geschehen, wobei $P \in \mathbb{R}^{N \times N}$ eine Permutationsmatrix – für deren Einführung siehe den nachfolgenden Abschn. 4.3.1 – sowie $L \in \mathbb{R}^{N \times N}$ eine untere und $R \in \mathbb{R}^{N \times N}$ eine obere Dreiecksmatrix ist: man hat für jede rechte Seite b jeweils nur nacheinander die beiden gestaffelten Gleichungssysteme

$$Lz = Pb, \quad Rx = z,$$

zu lösen.

Eine solche Faktorisierung $PA = LR$ gewinnt man mit dem Gauß-Algorithmus mit Spaltenpivotsuche, siehe Algorithmus 4.2. Man hat nur die dabei auftretenden Zeilenpermutationen und Zeilenoperationen geeignet zu verwenden. Die genaue Vorgehensweise wird am Ende dieses Abschnitts beschrieben.

4.3.1 Permutationsmatrix

Es werden nun Permutationsmatrizen betrachtet, mit denen sich Zeilen- und Spaltenvertauschungen beschreiben lassen.

Man bezeichnet $P \in \mathbb{R}^{N \times N}$ als *Permutationsmatrix*, falls für eine bijektive Abbildung $\pi : \{1, \ldots, N\} \to \{1, \ldots, N\}$ (*Permutation* genannt) Folgendes gilt,

$$P = \left(\mathbf{e}_{\pi(1)} \Big| \cdots \Big| \mathbf{e}_{\pi(N)} \right).$$ (4.7)

Dabei bezeichnet $\mathbf{e}_k \in \mathbb{R}^N$ den k-ten Einheitsvektor, das heißt der k-te Eintrag des Vektors $\mathbf{e}_k$ ist gleich eins und die anderen Einträge sind gleich null.

Beispiel. Die folgende Matrix stellt eine Permutationsmatrix dar:

$$P = \begin{pmatrix} 0 & 1 & 0 & 0 \\ 0 & 0 & 1 & 0 \\ 1 & 0 & 0 & 0 \\ 0 & 0 & 0 & 1 \end{pmatrix} \in \mathbb{R}^{4 \times 4}. \quad \triangle$$

Lemma. *Für eine Permutationsmatrix $P \in \mathbb{R}^{N \times N}$ mit zugehöriger Permutation π gilt die Darstellung*

$$P = \begin{pmatrix} \mathbf{e}_{\pi^{-1}(1)}^{\mathsf{T}} \\ \hline \vdots \\ \hline \mathbf{e}_{\pi^{-1}(N)}^{\mathsf{T}} \end{pmatrix},$$

wobei π^{-1} die Umkehrabbildung zur Permutation π bezeichnet.

Beweis. Für $k = 1, 2, \ldots, N$ gilt

$$\begin{pmatrix} \mathbf{e}_{\pi^{-1}(1)}^{\mathsf{T}} \\ \hline \vdots \\ \hline \mathbf{e}_{\pi^{-1}(N)}^{\mathsf{T}} \end{pmatrix} \mathbf{e}_k = \begin{pmatrix} \mathbf{e}_{\pi^{-1}(1)}^{\mathsf{T}} \mathbf{e}_k \\ \vdots \\ \mathbf{e}_{\pi^{-1}(N)}^{\mathsf{T}} \mathbf{e}_k \end{pmatrix} = \mathbf{e}_{\pi(k)}.$$

$\square$

Bei einer Permutationsmatrix treten also in jeder Zeile beziehungsweise jeder Spalte jeweils genau eine Eins und sonst nur Nullen auf.

Das folgende Lemma beschreibt die Wirkung der Multiplikation einer Matrix mit einer Permutationsmatrix von links beziehungsweise rechts:

Lemma 4.3. *Sei $P \in \mathbb{R}^{N \times N}$ eine Permutationsmatrix und π die zugehörige Permutation. Für Vektoren $a_1, a_2, \ldots, a_N \in \mathbb{R}^M$ mit $M \in \mathbb{N}$ gilt*

$$
P \left(\begin{array}{c} a_1^\top \\ \hline \vdots \\ \hline a_N^\top \end{array} \right) = \left(\begin{array}{c} a_{\pi^{-1}(1)}^\top \\ \hline \vdots \\ \hline a_{\pi^{-1}(N)}^\top \end{array} \right) ,
$$

$$
\left(a_1 \Big| \cdots \Big| a_N \right) P = \left(a_{\pi(1)} \Big| \cdots \Big| a_{\pi(N)} \right) .
$$

Die Aussage des Lemmas lässt sich so formulieren:

> Für eine gegebene Matrix A bewirkt eine Multiplikation mit einer Permutationsmatrix von links eine entsprechende inverse Permutation der Zeilen von A. Eine Multiplikation mit einer Permutationsmatrix von rechts bewirkt eine entsprechende Permutation der Spalten der Matrix A.

In numerischen Implementierungen erfolgt die Abspeicherung einer Permutationsmatrix mit der zugehörigen Permutation π in Form eines Vektors $(\pi^{-1}(1), \ldots, \pi^{-1}(N))^\top \in \mathbb{R}^N$ oder $(\pi(1), \ldots, \pi(N))^\top \in \mathbb{R}^N$.

Eine wichtige Rolle spielen im Folgenden elementare Permutationsmatrizen.

> Eine *elementare Permutationsmatrix* ist von der Form (4.7) mit einer *Elementarpermutation* $\pi : \{1, \ldots, N\} \to \{1, \ldots, N\}$, die zwei Zahlen vertauscht und die restlichen Zahlen unverändert lässt, das heißt es gibt Zahlen $1 \le q, r \le N$ mit
>
> $$ \pi(q) = r, \quad \pi(r) = q, \quad \pi(j) = j \quad \text{für } j \notin \{q, r\}. \tag{4.8} $$

Bemerkung 4.4. Es sei $P \in \mathbb{R}^{N \times N}$ eine elementare Permutationsmatrix mit zugehöriger Elementarpermutation π von der Form (4.8). Dann gilt

$$P = \begin{pmatrix} 1 & & & & & & & & \\ & \ddots & & & & & & & \\ & & 1 & & & & & & \\ & & & 0 & & 1 & & & \\ & & & & 1 & & & & \\ & & & & & \ddots & & & \\ & & & & & & 1 & & \\ & & & 1 & & 0 & & & \\ & & & & & & & 1 & \\ & & & & & & & & \ddots \\ & & & & & & & & & 1 \end{pmatrix} \begin{array}{l} \\ \\ \\ \leftarrow \text{Zeile } q \\ \\ \\ \\ \leftarrow \text{Zeile } r \\ \\ \\ \end{array}$$

und es gilt $\pi^{-1} = \pi$ sowie $P^{-1} = P$. △

4.3.2 Die Faktorisierung $PA = LR$

Eine Faktorisierung $PA = LR$ gewinnt man – wie bereits eingangs dieses Abschnitts erwähnt – mit dem Gauß-Algorithmus mit Spaltenpivotsuche, siehe Algorithmus 4.2. Man hat nur die dabei auftretenden Zeilenpermutationen und Zeilenoperationen geeignet zu verwenden. Die Details sind in der nachfolgenden Box angegeben. Wir benötigen dazu für $s = 1, 2, \ldots, N - 1$ folgende Permutationsmatrizen:

$$P_s = \begin{pmatrix} 1 & & & & & & & & \\ & \ddots & & & & & & & \\ & & 1 & & & & & & \\ & & & 0 & & 1 & & & \\ & & & & 1 & & & & \\ & & & & & \ddots & & & \\ & & & & & & 1 & & \\ & & & 1 & & 0 & & & \\ & & & & & & & 1 & \\ & & & & & & & & \ddots \\ & & & & & & & & & 1 \end{pmatrix} \begin{array}{l} \\ \\ \\ \leftarrow \text{Zeile } s \\ \\ \\ \\ \leftarrow \text{Zeile } p_s \\ \\ \\ \end{array}$$

$$\tag{4.9}$$

wobei $p_s \geq s$ die Position derjenigen Zeile aus der Matrix $A^{(s)}$ mit dem Pivotelement bezeichnet. Fehlende Einträge bedeuten hier und im Folgenden Nulleinträge.

Mit der Notation (4.9) und den Werten ℓ_{js} aus Algorithmus 4.2 gilt für $P = P_{N-1} \cdots P_1$, $R = A^{(N)}$ sowie

$$
L = \begin{pmatrix} 1 & & & \\ \widehat{\ell}_{21} & 1 & & \\ \vdots & \widehat{\ell}_{32} & 1 & \\ \vdots & \vdots & \ddots & \ddots \\ \widehat{\ell}_{N1} & \widehat{\ell}_{N2} & \dots & \widehat{\ell}_{N,N-1} & 1 \end{pmatrix}, \text{ mit } \begin{pmatrix} 0 \\ \vdots \\ 0 \\ 1 \\ \widehat{\ell}_{s+1,s} \\ \vdots \\ \widehat{\ell}_{Ns} \end{pmatrix} := P_{N-1} \cdots P_{s+1} \begin{pmatrix} 0 \\ \vdots \\ 0 \\ 1 \\ \ell_{s+1,s} \\ \vdots \\ \ell_{Ns} \end{pmatrix},
$$

(4.10)

die Identität $PA = LR$.

Bemerkung. In praktischen Implementierungen werden die frei werdenden Anteile des unteren Dreiecks der Matrix A sukzessive mit den Einträgen der unteren Dreiecksmatrix L überschrieben, und in dem oberen Dreieck der Matrix A ergeben sich die Einträge der Dreiecksmatrix R. Die Permutationsmatrix P lässt sich einfach in Form eines Buchhaltungsvektors $r \in \mathbb{R}^N$ berechnen: es gilt

$$
P \begin{pmatrix} b_1 \\ \vdots \\ b_N \end{pmatrix} = \begin{pmatrix} b_{r_1} \\ \vdots \\ b_{r_N} \end{pmatrix} \text{ für } \begin{pmatrix} r_1 \\ \vdots \\ r_N \end{pmatrix} := P \begin{pmatrix} 1 \\ \vdots \\ N \end{pmatrix},
$$

was man unmittelbar aus Lemma 4.3 erschließt.   △

Beispiel. Die durch (4.10) vorgegebene Vorgehensweise soll anhand der Matrix

$$
A = \begin{pmatrix} 0 & 0 & 2 & 4 \\ 6 & 4 & 2 & 0 \\ 3 & 6 & 3 & 2 \\ 6 & 6 & 4 & 5 \end{pmatrix} \in \mathbb{R}^{4 \times 4}
$$

exemplarisch vorgestellt werden. Nach Anhängen des für die Speicherung der Zeilenpermutationen zuständigen Buchhaltungsvektors geht man so vor (unterhalb der Treppe ergeben sich sukzessive die Einträge der unteren Dreiecksmatrix L aus (4.10)):

$$
\begin{pmatrix} 0 & 0 & 2 & 4 \\ ⑥ & 4 & 2 & 0 \\ 3 & 6 & 3 & 2 \\ 6 & 6 & 4 & 5 \end{pmatrix},\ \begin{pmatrix} 1 \\ 2 \\ 3 \\ 4 \end{pmatrix} \quad\xrightarrow[\text{tausch}]{\text{Zeilen-}}\quad \begin{pmatrix} 6 & 4 & 2 & 0 \\ 0 & 0 & 2 & 4 \\ 3 & 6 & 3 & 2 \\ 6 & 6 & 4 & 5 \end{pmatrix},\ \begin{pmatrix} 2 \\ 1 \\ 3 \\ 4 \end{pmatrix}
$$

$$
\xrightarrow[\text{nation}]{\text{Elimi-}}\ \begin{pmatrix} 6 & 4 & 2 & 0 \\ 0 & 0 & 2 & 4 \\ \tfrac{1}{2} & ④ & 2 & 2 \\ 1 & 2 & 2 & 5 \end{pmatrix},\ \begin{pmatrix} 2 \\ 1 \\ 3 \\ 4 \end{pmatrix} \quad\xrightarrow[\text{tausch}]{\text{Zeilen-}}\quad \begin{pmatrix} 6 & 4 & 2 & 0 \\ \tfrac{1}{2} & 4 & 2 & 2 \\ 0 & 0 & 2 & 4 \\ 1 & 2 & 2 & 5 \end{pmatrix},\ \begin{pmatrix} 2 \\ 3 \\ 1 \\ 4 \end{pmatrix}
$$

$$
\xrightarrow[\text{nation}]{\text{Elimi-}}\ \begin{pmatrix} 6 & 4 & 2 & 0 \\ \tfrac{1}{2} & 4 & 2 & 2 \\ 0 & 0 & ② & 4 \\ 1 & \tfrac{1}{2} & 1 & 4 \end{pmatrix},\ \begin{pmatrix} 2 \\ 3 \\ 1 \\ 4 \end{pmatrix} \quad\xrightarrow[\text{nation}]{\text{Elimi-}}\quad \begin{pmatrix} 6 & 4 & 2 & 0 \\ \tfrac{1}{2} & 4 & 2 & 2 \\ 0 & 0 & 2 & 4 \\ 1 & \tfrac{1}{2} & \tfrac{1}{2} & 2 \end{pmatrix},\ \begin{pmatrix} 2 \\ 3 \\ 1 \\ 4 \end{pmatrix},
$$

wobei das jeweils gewählte Pivotelement $*$ eingekreist dargestellt ist, $\circledast$. Es ergibt sich somit folgendes Resultat:

$$
L = \begin{pmatrix} 1 & & & \\ \tfrac{1}{2} & 1 & & \\ 0 & 0 & 1 & \\ 1 & \tfrac{1}{2} & \tfrac{1}{2} & 1 \end{pmatrix},\quad R = \begin{pmatrix} 6 & 4 & 2 & 0 \\ & 4 & 2 & 2 \\ & & 2 & 4 \\ & & & 2 \end{pmatrix},\quad P\begin{pmatrix} b_1 \\ b_2 \\ b_3 \\ b_4 \end{pmatrix} = \begin{pmatrix} b_2 \\ b_3 \\ b_1 \\ b_4 \end{pmatrix}.\quad \triangle
$$

4.4   LR-Faktorisierung

In gewissen Situationen ist es möglich und zwecks Erhaltung etwaiger Bandstrukturen der Matrix A auch wünschenswert, auf eine Pivotstrategie zu verzichten und eine LR-Faktorisierung von der Form

$$
A = \begin{pmatrix} 1 & & & \\ \ell_{21} & 1 & & \\ \vdots & \ddots & \ddots & \\ \ell_{N1} & \cdots & \ell_{N,N-1} & 1 \end{pmatrix}\begin{pmatrix} r_{11} & r_{12} & \cdots & r_{NN} \\ & r_{22} & & \vdots \\ & & \ddots & \vdots \\ & & & r_{NN} \end{pmatrix}
$$

$$\tag{4.11}$$

zu bestimmen. Ein direkter Ansatz zur Bestimmung einer solchen LR-Faktorisierung besteht darin, das Gleichungssystem (4.11) als N^2 Bestimmungsgleichungen für die N^2 gesuchten Größen r_{kk} $(j \leq k)$ und ℓ_{jk} $(j > k)$ aufzufassen:

$$a_{jk} = \sum_{s=1}^{\min\{j,k\}} \ell_{js} r_{sk}, \qquad j, k = 1, 2, \ldots, N. \tag{4.12}$$

Dabei gibt es verschiedene Reihenfolgen, mit denen man aus den Gleichungen in (4.12) die Einträge von L und R berechnen kann. Beispielsweise führt eine Berechnung der Zeilen von R und der Spalten von L entsprechend der *Parkettierung nach Crout*

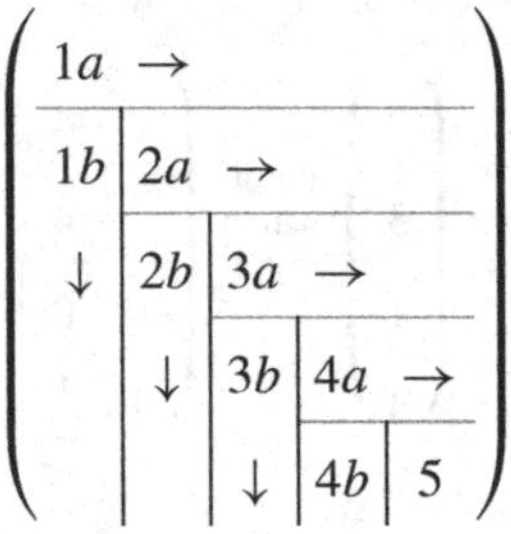

$$\begin{pmatrix} 1a & \rightarrow & & & \\ 1b & 2a & \rightarrow & & \\ \downarrow & 2b & 3a & \rightarrow & \\ & \downarrow & 3b & 4a & \rightarrow \\ & & \downarrow & 4b & 5 \end{pmatrix} \tag{4.13}$$

auf den in Schema 4.4 beschriebenen Algorithmus zur Bestimmung der LR-Faktorisierung. Wie man leicht abzählt, fallen bei diesem Algorithmus $\frac{2}{3} N^3 (1 + \mathcal{O}(\frac{1}{N}))$ arithmetische Operationen an (Aufgabe 4.6).

4.5 Cholesky-Faktorisierung symmetrischer, positiv definiter Matrizen

4.5.1 Grundbegriffe

Gegenstand des vorliegenden Abschnitts sind die in der folgenden Definition betrachteten Matrizen.

$$
\begin{aligned}
&\texttt{for } n = 1 : N \\
&\qquad \texttt{for } k = n : N \quad r_{nk} = a_{nk} - \sum_{s=1}^{n-1} \ell_{ns} r_{sk}; \quad \texttt{end} \\
&\qquad \texttt{for } j = n + 1 : N \quad \ell_{jn} = \left(a_{jn} - \sum_{s=1}^{n-1} \ell_{js} r_{sn} \right) \Big/ r_{nn}; \quad \texttt{end} \\
&\texttt{end}
\end{aligned}
$$

Schema 4.4 LR-Faktorisierung nach Crout

Eine Matrix $A \in \mathbb{R}^{N \times N}$ heißt *symmetrisch*, falls $A = A^\top$ gilt. Sie heißt *positiv definit*, falls $x^\top A x > 0$ für alle $0 \neq x \in \mathbb{R}^N$ gilt.

Dabei bezeichnet $A^\top \in \mathbb{R}^{N \times N}$ die Transponierte einer Matrix $A \in \mathbb{R}^{N \times N}$. Symmetrie von $A = (a_{jk})$ bedeutet also $a_{jk} = a_{kj}$ ($1 \leq j, k \leq N$). Positive Definitheit einer Matrix kann mithilfe der folgenden beiden Kriterien überprüft werden:

Lemma. *Die Matrix* $A \in \mathbb{R}^{N \times N}$ *sei symmetrisch. Dann gilt:*

a) *Die Matrix A ist positiv definit genau dann, wenn alle Eigenwerte von A positiv sind.*

b) *Die Matrix A ist positiv definit genau dann, wenn alle* führenden Hauptminoren *der Matrix A positiv sind, das heißt*

$$
\det \begin{pmatrix} a_{11} & \cdots & a_{1r} \\ \vdots & \ddots & \vdots \\ a_{r1} & \cdots & a_{rr} \end{pmatrix} > 0 \quad \text{für } 1 \leq r \leq N.
$$

$$(4.14)$$

Es sei hier daran erinnert, dass eine Zahl $\lambda \in \mathbb{R}$ *Eigenwert* der symmetrischen Matrix A ist, falls es einen Vektor $0 \neq x \in \mathbb{R}^n$ mit $Ax = \lambda x$ gibt. Man nennt jeden solchen Vektor x einen *Eigenvektor* zum Eigenwert λ.

Beispielsweise sind die bei der kubischen Spline-Interpolation auftretenden Systemmatrizen zur Berechnung der Momente symmetrisch und positiv definit. Einzelheiten dazu werden in Abschn. 4.5.3 nachgetragen. Für positiv definite Matrizen wird nun eine der LR-Faktorisierung ähnliche Faktorisierung mit einem geringeren Speicherplatzbedarf vorgestellt.

Die Matrix $A \in \mathbb{R}^{N \times N}$ sei symmetrisch und positiv definit. Dann gibt es genau eine untere Dreiecksmatrix $L = (\ell_{jk}) \in \mathbb{R}^{N \times N}$ mit $\ell_{jj} > 0$ für alle j und

$$
A = LL^\top.
$$

$$(4.15)$$

Die Faktorisierung (4.15) wird als *Cholesky-Faktorisierung* von A bezeichnet.

4.5.2   Die Berechnung einer Faktorisierung $A = L L^\mathsf{T}$ für positiv definite Matrizen $A \in \mathbb{R}^{N \times N}$

In einem direkten Ansatz zur Bestimmung einer solchen LL^T-Faktorisierung fasst man die Matrix-Gleichung (4.15) als $\frac{1}{2}N(N+1)$ Bestimmungsgleichungen für die $\frac{1}{2}N(N+1)$ gesuchten Einträge ℓ_{jk} $(j \geq k)$ auf:

$$a_{jk} = \sum_{s=1}^{k} \ell_{js}\ell_{ks}, \qquad 1 \leq k \leq j \leq N. \tag{4.16}$$

Spaltenweise Berechnung der Einträge der unteren Dreiecksmatrix $L \in \mathbb{R}^{N \times N}$ aus den Gleichungen in (4.16) führt auf den in Schema 4.5 beschriebenen Algorithmus.

Beispiel. Für die Matrix

$$\begin{pmatrix} 2 & -1 & 0 \\ -1 & 2 & -1 \\ 0 & -1 & 2 \end{pmatrix}$$

berechnen wir im Folgenden die zugehörige Cholesky-Faktorisierung mit dem in Schema 4.5 angegebenen Verfahren. Die Einträge der gesuchten Matrix

$$L = \begin{pmatrix} \ell_{11} & 0 & 0 \\ \ell_{21} & \ell_{22} & 0 \\ 0 & \ell_{32} & \ell_{33} \end{pmatrix}$$

berechnen sich dabei so:

$$\ell_{11} = \sqrt{2}, \quad \ell_{21} = -\sqrt{\tfrac{1}{2}}, \quad \ell_{22} = \sqrt{2 - \tfrac{1}{2}} = \sqrt{\tfrac{3}{2}},$$

$$\ell_{32} = -\sqrt{\tfrac{2}{3}}, \quad \ell_{33} = \sqrt{2 - \tfrac{2}{3}} = \sqrt{\tfrac{4}{3}}.$$

> for $n = 1 : N$
>
> $$\ell_{nn} = \left(a_{nn} - \sum_{k=1}^{n-1} \ell_{nk}^2\right)^{1/2};$$
>
> for $j = n+1 : N$ $\quad \ell_{jn} = \left(a_{jn} - \sum_{k=1}^{n-1} \ell_{jk}\ell_{nk}\right) \Big/ \ell_{nn};$ $\quad$ end
>
> end

Schema 4.5 LL^T-Faktorisierung

Die gesuchte Matrix L in der Cholesky-Faktorisierung hat somit die Form

$$
L = \begin{pmatrix} \sqrt{2} & 0 & 0 \\ -\sqrt{\frac{1}{2}} & \sqrt{\frac{3}{2}} & 0 \\ 0 & -\sqrt{\frac{2}{3}} & \sqrt{\frac{4}{3}} \end{pmatrix} . \quad \triangle
$$

Wir wenden uns nun der algorithmischen Komplexität des in Schema 4.5 angegebenen Verfahrens zur Berechnung einer Cholesky-Faktorisierung zu.

Zur Berechnung einer Cholesky-Faktorisierung hat man insgesamt $\frac{1}{3}N^3(1 + \mathcal{O}(\frac{1}{N}))$ arithmetische Operationen durchzuführen.

Für große Werte von N fallen hier also nur etwa halb so viele arithmetische Operationen an wie beim Gauß-Algorithmus, wie ein Vergleich mit (4.4) zeigt.

4.5.3 Eine Klasse positiv definiter Matrizen

Zu Beginn des vorliegenden Abschn. 4.5 wurde bereits darauf hingewiesen, dass beispielsweise die bei der kubischen Spline-Interpolation auftretenden Systemmatrizen zur Berechnung der Momente symmetrisch und positiv definit sind. Es wird nun noch ein allgemeines hinreichendes Kriterium für positive Definitheit vorgestellt.

Die Matrix $A \in \mathbb{R}^{N \times N}$ sei symmetrisch und strikt diagonaldominant, und sie besitze ausschließlich positive Diagonaleinträge. Dann ist die Matrix A positiv definit.

Beispiel. In Abschn. 3.4 sind Verfahren zur Berechnung interpolierender kubischer Splinefunktionen mit natürlichen, vollständigen beziehungsweise periodischen Randbedingungen vorgestellt worden. Die dabei jeweils entstehenden linearen Gleichungssysteme zur Berechnung der Momente beinhalten Systemmatrizen, die den Bedingungen aus obiger Box genügen und somit positiv definit sind. Diese linearen Gleichungssysteme lassen sich also jeweils mit einer Cholesky-Faktorisierung lösen. $\quad \triangle$

4.6   Bandmatrizen

Bei der Diskretisierung von gewöhnlichen oder partiellen Differenzialgleichungen oder auch der Berechnung der Momente kubischer Splinefunktionen ergeben sich lineare Gleichungssysteme $Ax = b$, bei denen $A = (a_{jk}) \in \mathbb{R}^{N \times N}$ eine *Bandmatrix* ist, das heißt es gilt $a_{jk} = 0$ für $k < j - p$ oder $k > j + q$ mit gewissen Zahlen p, q:

$$
A = \begin{pmatrix}
a_{11} & \cdots & a_{1,q+1} & & & \\
\vdots & \ddots & & \ddots & & \\
a_{p+1,1} & & \ddots & & \ddots & \\
& \ddots & & \ddots & & a_{N-q,N} \\
& & \ddots & & \ddots & \vdots \\
& & & a_{N,N-p} & \cdots & a_{NN}
\end{pmatrix} .
$$

(4.17)

Bei solchen Problemstellungen lässt sich der zu betreibende Aufwand bei allen in diesem Kapitel angesprochenen Methoden verringern. Ausgenommen sind dabei Pivotstrategien, da sich hier die Bandstruktur nicht auf die Faktorisierung überträgt.

Exemplarisch soll das Vorgehen für Bandmatrizen am Beispiel der LR-Faktorisierung demonstriert werden: der Ansatz

$$
\begin{pmatrix}
a_{11} & \cdots & a_{1,q+1} & & & \\
\vdots & \ddots & & \ddots & & \\
a_{p+1,1} & & \ddots & & \ddots & \\
& \ddots & & \ddots & & a_{N-q,N} \\
& & \ddots & & \ddots & \vdots \\
& & & a_{N,N-p} & \cdots & a_{NN}
\end{pmatrix}
$$

$$
= \begin{pmatrix}
1 & & & & \\
\ell_{21} & \ddots & & & \\
\vdots & \ddots & \ddots & & \\
\ell_{p+1,1} & & \ddots & \ddots & \\
& \ddots & & \ddots & \ddots \\
& & \ell_{N,N-p} & \cdots & \ell_{N,N-1} & 1
\end{pmatrix}
\begin{pmatrix}
r_{11} & \cdots & r_{1,q+1} & & \\
& \ddots & & \ddots & \\
& & \ddots & & r_{N-q,N} \\
& & & \ddots & \vdots \\
& & & & r_{NN}
\end{pmatrix}
$$

```
for n = 1 : N
    for k = n : min{n + q, N}
```
$$s_0 = \max\{1, n - p, k - q\}; \qquad r_{nk} = a_{nk} - \sum_{s=s_0}^{n-1} \ell_{ns} r_{sk};$$
```
    end
    for j = n + 1 : min{n + p, N}
```
$$s_0 = \max\{1, j - p, n - q\}; \qquad \ell_{jn} = \left(a_{jn} - \sum_{s=s_0}^{n-1} \ell_{js} r_{sn} \right) \Big/ r_{nn};$$
```
    end
end
```

Schema 4.6 LR-Faktorisierung für Bandmatrizen

beziehungsweise in Komponentenschreibweise

$$a_{jk} = \sum_{s=s_0}^{\min\{j,k\}} \ell_{js} r_{sk}, \quad j = 1, \ldots, N, \quad k = \max\{1, j - p\}, \ldots, \min\{j + q, N\},$$
$$s_0 := \max\{1, j - p, k - q\}$$

führt bei einer Parkettierung wie in (4.13) auf den in Schema 4.6 angegebenen Algorithmus zur Bestimmung der LR-Faktorisierung der Bandmatrix A.

4.7 Stabilität linearer Gleichungssysteme

In diesem Abschnitt soll der Einfluss von Störungen der Matrix $A \in \mathbb{R}^{N \times N}$ beziehungsweise des Vektors $b \in \mathbb{R}^N$ auf die Lösung des linearen Gleichungssystems $Ax = b$ untersucht werden; für Einzelheiten sei auf Abschn. 4.7.4 verwiesen. Solche Störungen können durch Mess- oder Rundungsfehler verursacht werden. Zuvor werden in den nun folgenden Abschn. 4.7.1, 4.7.2, 4.7.3 und 4.7.4 die nötigen Voraussetzungen geschaffen.

Dabei werden zunächst allgemeiner Vektoren aus $\mathbb{K}^N$ beziehungsweise Matrizen aus $\mathbb{K}^{N \times N}$ zugelassen, wobei entweder $\mathbb{K} = \mathbb{R}$ oder $\mathbb{K} = \mathbb{C}$ gilt. Die Wahl $\mathbb{K} = \mathbb{C}$ ermöglicht später die Herleitung von Schranken sowohl für Nullstellen von Polynomen als auch für Eigenwerte von Matrizen.

4.7.1 Normen

Im Folgenden sei $\mathbb{K} = \mathbb{R}$ oder $\mathbb{K} = \mathbb{C}$. Die folgenden Resultate sind für allgemeine Vektorräume $\mathcal{V}$ formuliert. Wir werden sie im weiteren Verlauf für die konkreten Vektorräume $\mathcal{V} = \mathbb{K}^N$ beziehungsweise $\mathcal{V} = \mathbb{K}^{N \times N}$ anwenden.

Box 4.5. Sei $\mathcal{V}$ ein beliebiger Vektorraum über $\mathbb{K}$. Eine Abbildung $\|\cdot\|$: $\mathcal{V} \to \mathbb{R}_+$ heißt *Norm*, falls Folgendes gilt:

$$\|x + y\| \leq \|x\| + \|y\| \qquad (x, y \in \mathcal{V}) \qquad (\textit{Dreiecksungleichung});$$

$$\|\alpha x\| = |\alpha| \|x\| \qquad (x \in \mathcal{V}, \ \alpha \in \mathbb{K}) \quad (\textit{positive Homogenität});$$

$$\|x\| = 0 \iff x = 0 \quad (x \in \mathcal{V}).$$

Eine Norm $\|\cdot\|$: $\mathbb{K}^N \to \mathbb{R}_+$ wird auch als *Vektornorm* bezeichnet, und entsprechend wird eine Norm $\|\cdot\|$: $\mathbb{K}^{N \times N} \to \mathbb{R}_+$ auch *Matrixnorm* genannt. Eine Veranschaulichung der Dreiecksungleichung finden Sie in Abb. 4.1.

Abb. 4.1 Illustration der Dreiecksungleichung

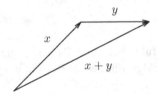

Für eine Norm $\|\cdot\|$: $\mathcal{V} \to \mathbb{R}_+$ gilt die *umgekehrte Dreiecksungleichung*

$$|\|x\| - \|y\|| \leq \|x - y\|, \qquad x, y \in \mathcal{V}. \tag{4.18}$$

Im Folgenden werden einige spezielle Vektornormen vorgestellt.

Durch

$$\|x\|_2 = \left(\sum_{k=1}^{N} |x_k|^2 \right)^{1/2} \qquad (\textit{euklidische Norm});$$

$$\|x\|_\infty = \max_{k=1..N} |x_k| \qquad (\textit{Maximumnorm}); \qquad (x \in \mathbb{K}^N);$$

$$\|x\|_1 = \sum_{k=1}^{N} |x_k| \qquad (\textit{Summennorm});$$

sind jeweils Normen auf $\mathbb{K}^N$ definiert.

Beispiel. Für den Vektor $x = (1, \ -3, \ -1, \ 4, \ 3)^\top \in \mathbb{R}^5$ gilt

$$\|x\|_2 = \sqrt{1^2 + (-3)^2 + (-1)^2 + 4^2 + 3^2} = \sqrt{1 + 9 + 1 + 16 + 9} = \sqrt{36} = 6,$$

$$\|x\|_\infty = \max\{1, 3, 1, 4, 3\} = 4, \qquad \|x\|_1 = 1 + 3 + 1 + 4 + 3 = 12. \quad \triangle$$

Man kann zeigen, dass je zwei verschiedene Normen $\|\cdot\|$, $\|\!\|\cdot\|\!\| : \mathbb{K}^N \to \mathbb{R}_+$ äquivalent in dem Sinne sind, dass es Konstanten $c_1, c_2 > 0$ gibt mit

$$c_1\|x\| \leq \|\!\|x\|\!\| \leq c_2\|x\|, \qquad x \in \mathbb{K}^N.$$

Konkret gelten für die drei oben aufgeführten Vektornormen die folgenden Abschätzungen:

$$\|x\|_\infty \leq \|x\|_2 \leq \sqrt{N}\|x\|_\infty, \tag{4.19}$$

$$\|x\|_\infty \leq \|x\|_1 \leq N\|x\|_\infty, \tag{4.20}$$

$$\|x\|_2 \leq \|x\|_1 \leq \sqrt{N}\|x\|_2. \tag{4.21}$$

Somit werden für große Zahlen $N \in \mathbb{N}$ die jeweils zweiten Abschätzungen in (4.19), (4.20) und (4.21) praktisch bedeutungslos aufgrund der Größe der auftretenden Koeffizienten. Im Folgenden werden drei spezielle Matrixnormen vorgestellt. Dabei erhält nur die letzte der drei Normen eine besondere Indizierung, für die beiden anderen werden später eigene Bezeichnungen vergeben (siehe Box 4.7).

Box 4.6. *Durch*

$$\|A\| = \max_{j=1..N} \sum_{k=1}^{N} |a_{jk}| \qquad \text{(Zeilensummennorm)};$$

$$\|A\| = \max_{k=1..N} \sum_{j=1}^{N} |a_{jk}| \qquad \text{(Spaltensummennorm)}; \qquad (A = (a_{jk}) \in \mathbb{K}^{N \times N})$$

$$\|A\|_\mathrm{F} = \left(\sum_{j,k=1}^{N} |a_{jk}|^2 \right)^{1/2} \qquad \text{(Frobeniusnorm)}$$

sind jeweils Normen auf $\mathbb{K}^{N \times N}$ *definiert.*

Wir führen nun noch zwei Begriffe für Matrixnormen ein, die gelegentlich benötigt werden.

Eine Matrixnorm $\| \cdot \| : \mathbb{K}^{N \times N} \to \mathbb{R}_+$ nennt man

a) *submultiplikativ*, falls

$$\| AB \| \le \| A \| \| B \| \qquad (A, B \in \mathbb{K}^{N \times N});$$

b) mit einer gegebenen Vektornorm $\| \cdot \| : \mathbb{K}^N \to \mathbb{R}_+$ *verträglich*, falls

$$\| Ax \| \le \| A \| \| x \| \qquad (A \in \mathbb{K}^{N \times N}, \ x \in \mathbb{K}^N).$$

Zu jeder Vektornorm lässt sich in natürlicher Weise eine Matrixnorm definieren:

Sei $\| \cdot \| : \mathbb{K}^N \to \mathbb{R}_+$ eine Vektornorm. Die *induzierte Matrixnorm* ist definiert durch

$$\| A \| = \max_{0 \ne x \in \mathbb{K}^N} \frac{\| Ax \|}{\| x \|}, \qquad A \in \mathbb{K}^{N \times N}. \tag{4.22}$$

Aufgrund der positiven Homogenität der Vektornorm gilt für jede Matrix $A \in \mathbb{K}^{N \times N}$ die Identität $\| A \| = \max_{x \in \mathbb{K}^N, \| x \| = 1} \| Ax \|$.

Die wesentlichen Eigenschaften induzierter Matrixnormen sind im Folgenden zusammengefasst:

Proposition. *Die durch eine Vektornorm induzierte Matrixnorm besitzt die in Box 4.5 angegebenen Normeigenschaften. Sie ist sowohl submultiplikativ als auch verträglich mit der zugrunde liegenden Vektornorm. Es gilt $\| I \| = 1$.*

4.7.2 Spezielle Matrixnormen

Mit dem folgenden Theorem werden für die durch die Vektornormen $\| \cdot \|_\infty$ und $\| \cdot \|_1$ jeweils induzierten Matrixnormen handliche Darstellungen geliefert.

Box 4.7. *Für $A = (a_{jk}) \in \mathbb{K}^{N \times N}$ gilt*

$$\| A \|_\infty = \max_{j=1..N} \sum_{k=1}^{N} |a_{jk}| \qquad \textit{(Zeilensummennorm, siehe Box 4.6)};$$

$$\| A \|_1 = \max_{k=1..N} \sum_{j=1}^{N} |a_{jk}| \qquad \textit{(Spaltensummennorm, —— « ——)}.$$

Aus diesen Darstellungen erhält man als unmittelbare Konsequenz die beiden Identitäten

$$\|A\|_\infty = \|A^\top\|_1, \quad \|A\|_1 = \|A^\top\|_\infty \quad \text{für } A \in \mathbb{R}^{N \times N}. \tag{4.23}$$

Für die Darstellung der durch die euklidische Vektornorm $\| \cdot \|_2$ induzierten Matrixnorm existiert ebenfalls eine alternative Darstellung. Hierfür wird der Spektralradius einer Matrix benötigt.

Für eine Matrix $B \in \mathbb{K}^{N \times N}$ bezeichnet

$$\sigma(B) = \{\lambda \in \mathbb{C} \ : \ \lambda \text{ ist Eigenwert von } B\},$$

$$r_\sigma(B) = \max_{\lambda \in \sigma(B)} |\lambda|$$

das *Spektrum* von B beziehungsweise den *Spektralradius* von B.

Das folgende Resultat liefert für die durch die euklidische Vektornorm $\| \cdot \|_2$ induzierte Matrixnorm eine alternative Darstellung.

Für $A \in \mathbb{R}^{N \times N}$ gilt

$$\|A\|_2 = r_\sigma(A^\top A)^{1/2} \quad \text{(\textit{Spektralnorm})}.$$

Im Fall symmetrischer Matrizen vereinfacht sich diese Darstellung, wie die folgende Identität (4.24) zeigt. Das rechtfertigt dann auch die Bezeichnung „Spektralnorm".

Proposition 4.8. *Sei* $A \in \mathbb{R}^{N \times N}$ *eine symmetrische Matrix, das heißt* $A = A^\top$. *Dann gilt*

$$\|A\|_2 = r_\sigma(A). \tag{4.24}$$

Für jede andere durch eine Vektornorm induzierte Matrixnorm $\| \cdot \| : \mathbb{R}^{N \times N} \to \mathbb{R}_+$ *gilt*

$$\|A\|_2 \leq \|A\|. \tag{4.25}$$

Beispiel. Die symmetrische Matrix

$$A = \begin{pmatrix} 1 & 3 \\ 3 & 2 \end{pmatrix}$$

besitzt die Eigenwerte $\lambda_{1/2} = \frac{3\pm\sqrt{37}}{2}$, so dass $\|A\|_2 = \frac{3+\sqrt{37}}{2} \approx 4{,}541$ gilt. Weiter gilt $\|A\|_1 = \|A\|_\infty = 5$. Nebenbei zeigt dieses Beispiel, dass die in (4.19) angegebene Abschätzung $\|x\|_\infty \leq \|x\|_2$, $x \in \mathbb{R}^N$, sich nicht auf die jeweils induzierten Matrixnormen überträgt. Als ein weiteres Beispiel betrachte man die nichtsymmetrische Matrix $A \in \mathbb{R}^{2\times 2}$ definiert durch

$$A = \begin{pmatrix} 0 & 1 \\ 0 & 1 \end{pmatrix} \qquad \left(\Longrightarrow A^\top A = \begin{pmatrix} 0 & 0 \\ 0 & 2 \end{pmatrix} \right).$$

Hier gilt $\|A\|_1 = 2$ und $r_\sigma(A) = 1 = \|A\|_\infty$ sowie $\|A\|_2 = \sqrt{2}$, so dass auf die Voraussetzung „$A = A^\top$" in Proposition 4.8 nicht verzichtet werden kann.   △

Die Eigenwerte einer Matrix und damit auch die Spektralnorm lassen sich nicht so ohne Weiteres angeben. Die folgende Proposition liefert zumindest einfache obere Schranken für die Spektralnorm.

Proposition. *Für jede Matrix $A \in \mathbb{R}^{N\times N}$ gelten die beiden folgenden Abschätzungen,*

$$\|A\|_2 \leq (\|A\|_\infty \|A\|_1)^{1/2}, \qquad \|A\|_2 \leq \|A\|_F.$$

4.7.3 Die Konditionszahl einer Matrix

Für Stabilitätsuntersuchungen bei linearen Gleichungssystemen spielt der nachfolgende Begriff eine besondere Rolle.

Sei $A \in \mathbb{R}^{N\times N}$ eine reguläre Matrix und $\|\cdot\| : \mathbb{R}^{N\times N} \to \mathbb{R}_+$ eine Matrixnorm. Die Zahl

$$\mathrm{cond}(A) = \|A\| \|A^{-1}\|$$

wird als *Konditionszahl* der Matrix A bezeichnet.

Für eine reguläre Matrix $A \in \mathbb{R}^{N \times N}$ und eine Vektornorm $\| \cdot \| : \mathbb{R}^N \to \mathbb{R}_+$ gilt

$$\text{cond}(A) = \left(\max_{\|x\|=1} \|Ax\| \right) \bigg/ \left(\min_{\|x\|=1} \|Ax\| \right) \tag{4.26}$$

für die induzierte Konditionszahl $\text{cond}(A)$. Sie gibt also die Bandbreite an, um die sich die Vektorlänge bei Multiplikation mit der Matrix A ändern kann. Aus der Darstellung (4.26) ergibt sich zudem die Ungleichung $\text{cond}(A) \geq 1$.

4.7.4 Fehlerabschätzungen für fehlerbehaftete Gleichungssysteme

Es können nun die zentralen Theoreme dieses Abschn. 4.7 formuliert werden. Man beachte, dass in der nachfolgenden Box die fehlerbehaftete rechte Seite $b + \Delta b$ nur als Summe bekannt ist, nicht jedoch die beiden Summanden b und Δb selbst. Die gewählte Darstellung ermöglicht eine direkte Identifikation der Abweichung Δb von der unbekannten rechten Seite b des ungestörten Problems. Eine analoge Situation liegt für die Lösung $x + \Delta x$ des fehlerbehafteten Gleichungssystems vor.

Box 4.9 (Fehlerbehaftete rechte Seiten). *Mit $\| \cdot \|$ seien gleichzeitig sowohl eine Vektornorm auf $\mathbb{R}^N$ als auch die induzierte Matrixnorm auf $\mathbb{R}^{N \times N}$ bezeichnet. Es sei $A \in \mathbb{R}^{N \times N}$ eine reguläre Matrix, und $b, x \in \mathbb{R}^N$ und $\Delta b, \Delta x \in \mathbb{R}^N$ seien Vektoren mit*

$$Ax = b, \qquad A(x + \Delta x) = b + \Delta b. \tag{4.27}$$

Dann gelten für den absoluten beziehungsweise den relativen Fehler die folgenden Abschätzungen,

$$\|\Delta x\| \leq \|A^{-1}\| \|\Delta b\|, \qquad \frac{\|\Delta x\|}{\|x\|} \leq \text{cond}(A) \frac{\|\Delta b\|}{\|b\|}, \tag{4.28}$$

wobei in der zweiten Abschätzung noch $b \neq 0$ angenommen sei.

Beweis. Aus (4.27) folgt unmittelbar $A \Delta x = \Delta b$ beziehungsweise $\Delta x = A^{-1} \Delta b$, woraus die erste Abschätzung in (4.28) resultiert. Aus dieser Abschätzung wiederum ergibt sich die zweite Abschätzung in (4.28),

$$\frac{\|\Delta x\|}{\|x\|} \stackrel{Ax=b}{\leq} \|A^{-1}\| \frac{\|\Delta b\|}{\|b\|} \frac{\|Ax\|}{\|x\|} \leq \text{cond}(A) \frac{\|\Delta b\|}{\|b\|}. \qquad \square$$

Fällt also die Konditionszahl einer Matrix A groß aus ($\text{cond}(A) \gg 1$), so tut dies auch in (4.28) die obere Schranke für den relativen Fehler in der Lösung der fehlerbehafteten Version des linearen Gleichungssystems $Ax = b$. In einem solchen Fall spricht man von *schlecht konditionierten Gleichungssystemen* $Ax = b$.

Beispiel. Wir betrachten im Folgenden die beiden Matrizen

$$A = \begin{pmatrix} 11 & -9 \\ -9 & 11 \end{pmatrix}, \qquad B = \begin{pmatrix} 11 & 9 \\ -9 & 11 \end{pmatrix}.$$

a) Zunächst sollen die Konditionszahlen $\text{cond}_\infty(A)$ und $\text{cond}_\infty(B)$ berechnet werden. Es gilt

$$A^{-1} = \frac{1}{121 - 81} \begin{pmatrix} 11 & 9 \\ 9 & 11 \end{pmatrix} = \frac{1}{40} \begin{pmatrix} 11 & 9 \\ 9 & 11 \end{pmatrix},$$

und daher $\| A \|_\infty = 20$, $\| A^{-1} \|_\infty = \frac{1}{2}$ und $\text{cond}_\infty(A) = 10$. Für die Matrix B ergibt sich

$$B^{-1} = \frac{1}{121 + 81} \begin{pmatrix} 11 & -9 \\ 9 & 11 \end{pmatrix} = \frac{1}{202} \begin{pmatrix} 11 & -9 \\ 9 & 11 \end{pmatrix},$$

und somit $\| B \|_\infty = 20$, $\| B^{-1} \|_\infty = \frac{20}{202} < \frac{1}{10}$ und $\text{cond}_\infty(B) = \frac{400}{202} < 2$.

Trotz der ähnlichen Einträge der Matrizen A und B fällt also die Konditionszahl $\text{cond}_\infty(A)$ rund fünfmal größer aus als die der Matrix B.

b) Für die schlechter konditionierte Matrix A soll nun noch die Fehleranfälligkeit zugehöriger linearer Gleichungssysteme untersucht werden. Dazu betrachten wir für Vektoren $b, \Delta b \in \mathbb{R}^2$ die folgenden Identitäten:

$$Ax = b, \quad A(x + \Delta x) = b + \Delta b. \tag{$*$}$$

Aufgrund der berechneten Konditionszahl von A und der zweiten Abschätzung aus (4.28) gilt sicher

$$\frac{\| \Delta x \|_\infty}{\| x \|_\infty} \leq 10 \frac{\| \Delta b \|_\infty}{\| b \|_\infty}. \tag{4.29}$$

Im Folgenden soll anhand der beiden Beispiele

(i) $b = \begin{pmatrix} 1 \\ -1 \end{pmatrix}, \quad \Delta b = \begin{pmatrix} \delta \\ \delta \end{pmatrix}, \qquad$ (ii) $b = \begin{pmatrix} 1 \\ -1 \end{pmatrix}, \quad \widehat{\Delta b} = \begin{pmatrix} \delta \\ -\delta \end{pmatrix},$

mit einer kleinen reellen Zahl $\delta > 0$ gezeigt werden, dass die Abschätzung (4.29) einerseits im Allgemeinen nicht verbessert werden kann und andererseits aber der tatsächliche relative Fehler unter Umständen deutlich überschätzt wird.

Der Vektor

$$x = \frac{1}{20} \begin{pmatrix} 1 \\ -1 \end{pmatrix}$$

löst das exakte lineare Gleichungssystem $Ax = b$, und die Lösungen

$$x^{\delta} = x + \Delta x, \qquad \widehat{x}^{\delta} = x + \Delta \widehat{x},$$

der fehlerbehafteten Gleichungssysteme

$$A(x + \Delta x) = b + \Delta b, \qquad A(x + \Delta \widehat{x}) = b + \Delta \widehat{b}$$

lauten

$$x^{\delta} = x + \frac{\delta}{2} \begin{pmatrix} 1 \\ 1 \end{pmatrix}, \qquad \widehat{x}^{\delta} = x + \frac{\delta}{20} \begin{pmatrix} 1 \\ -1 \end{pmatrix}.$$

Damit gilt

$$\frac{\|x - x^{\delta}\|_{\infty}}{\|x\|_{\infty}} = \frac{\delta/2}{1/20} = 10\delta \quad \text{bzw.} \quad \frac{\|x - \widehat{x}^{\delta}\|_{\infty}}{\|x\|_{\infty}} = \frac{\delta/20}{1/20} = \delta. \qquad \triangle$$

Die Aussage von Box 4.9 zu linearen Gleichungssystemen mit gestörten rechten Seiten wird nun noch um den Fall fehlerbehafteter Matrizen erweitert. Man beachte in Analogie zu Box 4.9, dass die fehlerbehaftete Matrix $A + \Delta A$ in (4.30) nur als Summe bekannt ist, nicht jedoch die beiden Matrizen A und ΔA selbst. Die gewählte Darstellung ermöglicht eine direkte Hervorhebung der Abweichung ΔA von der unbekannten Matrix A aus dem ungestörten Problem.

Box 4.10 (Fehlereinflüsse in der rechten Seite und der Matrix). *Mit $\| \cdot \|$ seien gleichzeitig sowohl eine Vektornorm als auch die induzierte Matrixnorm bezeichnet, $A \in \mathbb{R}^{N \times N}$ sei eine reguläre Matrix, und $\Delta A \in \mathbb{R}^{N \times N}$ sei eine Matrix mit $\| \Delta A \| < \| A^{-1} \|^{-1}$.*

Dann gilt für beliebige Vektoren $b, x \in \mathbb{R}^N \setminus \{0\}$ und $\Delta b, \Delta x \in \mathbb{R}^N$ mit

$$Ax = b, \qquad (A + \Delta A)(x + \Delta x) = b + \Delta b, \qquad (4.30)$$

und für $\| \Delta A \| \leq \frac{1}{2\| A^{-1} \|}$ die Abschätzung

$$\frac{\| \Delta x \|}{\| x \|} \leq C \left(\frac{\| \Delta A \|}{\| A \|} + \frac{\| \Delta b \|}{\| b \|} \right) \quad \text{mit } C = 2\text{cond}(A).$$

Die Aussage von Box 4.10 bedeutet, dass für eine hinreichend kleine Störung ΔA der Ausgangsmatrix der relative Fehler in der Lösung des fehlerbehafteten linearen Gleichungssystems bis auf eine multiplikative Konstante durch die Summe der relativen Fehler in der Ausgangsmatrix A und der ursprünglichen rechten Seite b abgeschätzt werden kann. Die Forderung „hinreichend kleine Störung ΔA" wird dabei durch die Bedingung „$\| \Delta A \| \leq \frac{1}{2} \| A^{-1} \|^{-1}$" konkretisiert. Dabei ließe sich der Faktor $\frac{1}{2}$ durch andere Werte ersetzen mit der Konsequenz, dass der Faktor 2 in der Wahl $C = 2\mathrm{cond}(A)$ durch einen anderen Faktor zu ersetzen ist.

4.8   Orthogonalisierungsverfahren

In diesem Abschnitt soll für eine gegebene Matrix $A \in \mathbb{R}^{M \times N}$, $1 \leq N \leq M$, eine Faktorisierung der Form

$$A = QS \tag{4.31}$$

bestimmt werden mit einer orthogonalen Matrix Q,

$$Q \in \mathbb{R}^{M \times M}, \quad Q^{-1} = Q^{\top}, \tag{4.32}$$

und S ist eine verallgemeinerte obere Dreiecksmatrix,

$$S = \left(\begin{array}{c} R \\ \hline \mathbf{0} \end{array} \right) \in \mathbb{R}^{M \times N}, \quad R = \left(\begin{array}{c} \diagdown \end{array} \right) \in \mathbb{R}^{N \times N}, \tag{4.33}$$

$$\mathbf{0} = (0) \in \mathbb{R}^{(M-N) \times N}. \tag{4.34}$$

Eine solche Faktorisierung (4.31) ermöglicht beispielsweise die stabile Lösung von regulären aber eventuell schlecht konditionierten linearen Gleichungssystemen $Ax = b$ (für $M = N$); mehr hierzu in Abschn. 4.8.4. Auch die stabile Lösung von Ausgleichsproblemen $\| Ax - b \|_2 \to \min$, $x \in \mathbb{R}^N$, ist mit einer solchen Faktorisierung möglich. Details hierzu finden Sie in Abschn. 4.8.5.

4.8.1   Elementare Eigenschaften orthogonaler Matrizen

Eine quadratische Matrix ist genau dann orthogonal, wenn ihre Spaltenvektoren bezüglich des Standardskalarprodukts paarweise orthonormal zueinander sind. So sind zum Beispiel die beiden folgenden Matrizen orthogonal:

$$Q_1 = \frac{1}{\sqrt{2}} \begin{pmatrix} 1 & -1 \\ 1 & 1 \end{pmatrix}, \qquad Q_2 = \begin{pmatrix} \sin\varphi & \cos\varphi \\ \cos\varphi & -\sin\varphi \end{pmatrix} \quad (\varphi \in \mathbb{R}).$$

Vorbereitend werden einige Eigenschaften orthogonaler Matrizen vorgestellt.

Lemma 4.11. *Sei* $Q \in \mathbb{R}^{M \times M}$ *eine orthogonale Matrix. Dann ist auch* $Q^\top$ *eine orthogonale Matrix, und es gilt*

$$\| Qx \|_2 = \| x \|_2 = \| Q^\top x \|_2, \qquad x \in \mathbb{R}^M,$$

das heißt Q *und* $Q^\top$ *sind* isometrisch *bezüglich der euklidischen Vektornorm.*

Bezogen auf die euklidische Vektornorm $\| \cdot \|_2$ ändert sich die Konditionszahl einer quadratischen regulären Matrix bei Multiplikation mit einer orthogonalen Matrix nicht, wie folgendes Korollar zeigt. Es ergibt sich ziemlich unmittelbar aus Lemma 4.11.

Korollar 4.12. *Sei* $A \in \mathbb{R}^{N \times N}$ *regulär, und* $Q \in \mathbb{R}^{N \times N}$ *sei eine orthogonale Matrix. Dann gilt*

$$\mathrm{cond}_2(QA) = \mathrm{cond}_2(A).$$

Das folgende Resultat wird in Abschn. 4.8.3 über die Gewinnung einer Faktorisierung $A = QS$ mittels spezieller und hintereinander auszuführender Transformationen benötigt.

Lemma 4.13. *Für orthogonale Matrizen* $Q_1, Q_2 \in \mathbb{R}^{M \times M}$ *ist auch* $Q_1 Q_2$ *eine orthogonale Matrix.*

4.8.2 Die Faktorisierung $A = QR$ mittels Gram-Schmidt-Orthogonalisierung

Für eine quadratische reguläre Matrix $A \in \mathbb{R}^{N \times N}$ nimmt der Ansatz (4.31), (4.32), (4.33) und (4.34) die folgende Form an,

$$A = QR \tag{4.35}$$

mit einer orthogonalen Matrix $Q \in \mathbb{R}^{N \times N}$ und der oberen Dreiecksmatrix $R \in \mathbb{R}^{N \times N}$. Mit den Notationen

$$A = \begin{pmatrix} \big| & & \big| \\ a_1 & \cdots & a_N \\ \big| & & \big| \end{pmatrix}, \quad Q = \begin{pmatrix} \big| & & \big| \\ q_1 & \cdots & q_N \\ \big| & & \big| \end{pmatrix}, \quad R = \begin{pmatrix} r_{11} & \cdots & r_{1N} \\ & \ddots & \vdots \\ & & r_{NN} \end{pmatrix} \quad (4.36)$$

(mit Vektoren $a_k, q_k \in \mathbb{R}^N$) führt der Ansatz (4.35) auf die folgenden Forderungen,

$$a_k = \sum_{j=1}^{k} r_{jk} q_j, \qquad k = 1, 2, \ldots, N, \qquad\qquad (4.37)$$

$$q_1, \ldots, q_N \in \mathbb{R}^N \quad \text{paarweise orthonormal.} \qquad\qquad (4.38)$$

Im Folgenden wird beschrieben, wie man mittels einer *Gram-Schmidt-Orthogonalisierung* eine solche Faktorisierung (4.37)–(4.38) gewinnt.

Algorithmus 4.14. Für eine gegebene reguläre Matrix $A \in \mathbb{R}^{N \times N}$ geht man bei der Gram-Schmidt-Orthogonalisierung schrittweise für $k = 1, 2, \ldots, N$ so vor: ausgehend von bereits gewonnenen orthonormalen Vektoren $q_1, q_2, \ldots, q_{k-1} \in \mathbb{R}^N$ mit

$$\text{span}\,\{a_1, \ldots, a_{k-1}\} = \text{span}\,\{q_1, \ldots, q_{k-1}\} =: \mathcal{M}_{k-1},$$

bestimmt man in Schritt $k \geq 1$ das Lot von a_k auf den linearen Unterraum $\mathcal{M}_{k-1} \subset \mathbb{R}^N$,

$$\widehat{q}_k := a_k - \sum_{j=1}^{k-1} (a_k^\top q_j) q_j, \qquad\qquad (4.39)$$

und nach der Normierung

$$q_k := \frac{\widehat{q}_k}{\|\widehat{q}_k\|_2} \qquad\qquad (4.40)$$

sind die Vektoren $q_1, \ldots, q_k \in \mathbb{R}^N$ paarweise orthonormal mit

$$\text{span}\,\{a_1, \ldots, a_k\} = \text{span}\,\{q_1, \ldots, q_k\}. \quad \triangle$$

Der Gl. (4.39) entnimmt man unmittelbar die Darstellung

$$a_k = \underbrace{\|\widehat{q}_k\|_2}_{=:\, r_{kk}} q_k + \sum_{j=1}^{k-1} \underbrace{(a_k^\top q_j)}_{=:\, r_{jk}} q_j, \qquad k = 1, 2, \ldots, N, \qquad\qquad (4.41)$$

und mit den Notationen aus (4.40) beziehungsweise (4.41) erhält man nach Abschluss der Gram-Schmidt-Orthogonalisierung die gesuchte Faktorisierung (4.37)–(4.38).[1]

Beispiel. Mithilfe der Gram-Schmidt-Orthogonalisierung bestimmen wir im Folgenden die QR-Faktorisierung der Matrix

$$A = \begin{pmatrix} 1 & 3 \\ 2 & 1 \end{pmatrix}.$$

Im ersten Schritt berechnet man gemäß (4.39) und (4.40) Folgendes:

$$\widehat{q}_1 := a_1 = \begin{pmatrix} 1 \\ 2 \end{pmatrix}, \qquad \|\widehat{q}_1\|_2 = \sqrt{5} =: r_{11}, \qquad q_1 := \frac{\widehat{q}_1}{\|\widehat{q}_1\|_2} = \frac{1}{\sqrt{5}} \begin{pmatrix} 1 \\ 2 \end{pmatrix}.$$

Der zweite und letzte Schritt sieht dann nach (4.39) und (4.40) so aus:

$$\widehat{q}_2 := a_2 - (a_2^\top q_j) q_j = \begin{pmatrix} 3 \\ 1 \end{pmatrix} - \underbrace{\left(\frac{1}{\sqrt{5}} \begin{pmatrix} 3 \\ 1 \end{pmatrix}^\top \begin{pmatrix} 1 \\ 2 \end{pmatrix} \right)}_{= \sqrt{5} =: r_{12}} \left(\frac{1}{\sqrt{5}} \begin{pmatrix} 1 \\ 2 \end{pmatrix} \right)$$

$$= \begin{pmatrix} 3 \\ 1 \end{pmatrix} - \begin{pmatrix} 1 \\ 2 \end{pmatrix} = \begin{pmatrix} 2 \\ -1 \end{pmatrix},$$

$$\|\widehat{q}_2\|_2 = \sqrt{5} =: r_{22}, \qquad q_2 := \frac{\widehat{q}_2}{\|\widehat{q}_2\|_2} = \frac{1}{\sqrt{5}} \begin{pmatrix} 2 \\ -1 \end{pmatrix}.$$

Die gesuchte Faktorisierung ist damit $A = QR$ mit

$$Q = \frac{1}{\sqrt{5}} \begin{pmatrix} 1 & 2 \\ 2 & -1 \end{pmatrix}, \qquad R = \sqrt{5} \begin{pmatrix} 1 & 1 \\ 0 & 1 \end{pmatrix}. \qquad \triangle$$

Bemerkung. Der in Algorithmus 4.14 beschriebene Orthogonalisierungsprozess ist jedoch unter Umständen nicht gutartig (wenn etwa $\|\widehat{q}_k\|_2$ klein ausfällt), so dass zur Bestimmung einer QR-Faktorisierung andere Methoden vorzuziehen sind; mehr hierzu im folgenden Abschn. 4.8.3. $\triangle$

---

[1] Beziehungsweise in Matrixschreibweise und mit der Notation aus (4.36) die Faktorisierung $A = QR$.

4.8.3 Die Faktorisierung $A = QS$ mittels Householder-Transformationen

Gegenstand dieses Abschn. 4.8.3 ist die Bestimmung einer Faktorisierung der Form $A = QS$ entsprechend (4.32), (4.33) und (4.34) mittels Householder-Transformationen, wobei wieder der allgemeine Fall $A \in \mathbb{R}^{M \times N}$ mit $M \geq N \geq 1$ zugelassen wird. In dem folgenden Unterabschnitt werden die nötigen Vorbereitungen getroffen.

Vorüberlegungen

Lemma 4.15. *Für eine Matrix*

$$\mathcal{H} = I - 2ww^\top \in \mathbb{R}^{s \times s} \quad \textit{mit } w \in \mathbb{R}^s, \quad w^\top w = 1 \tag{4.42}$$

mit $s \geq 1$ gilt Folgendes:

$$\mathcal{H}^\top = \mathcal{H} \qquad (\mathcal{H} \textit{ ist symmetrisch}) \tag{4.43}$$

$$\mathcal{H}^2 = I \qquad (\mathcal{H} \textit{ ist involutorisch}) \tag{4.44}$$

$$\mathcal{H}^\top \mathcal{H} = I \qquad (\mathcal{H} \textit{ ist orthogonal}). \tag{4.45}$$

Beweis. Die Identitäten (4.43)–(4.44) ergeben sich wie folgt,

$$\mathcal{H}^\top = I - 2(ww^\top)^\top = I - 2ww^\top = \mathcal{H},$$

$$\mathcal{H}^2 = (I - 2ww^\top)(I - 2ww^\top) = I - 2ww^\top - 2ww^\top + 4w \overbrace{(w^\top w)}^{= 1} w^\top = I,$$

und die Identität (4.45) folgt unmittelbar aus (4.43)–(4.44). □

Eine Abbildung

$$\mathbb{R}^s \to \mathbb{R}^s, \quad x \mapsto \mathcal{H}x$$

mit einer Matrix $\mathcal{H} \in \mathbb{R}^{s \times s}$ der Form (4.42) mit $s \geq 1$ bezeichnet man als *Householder-Transformation*.

Eine Householder-Transformation mit einer Matrix $\mathcal{H} \in \mathbb{R}^{s \times s}$ der Form (4.42) bewirkt aufgrund der Identität $x - 2(w^\top x)w = x - (w^\top x)w - (w^\top x)w$ eine Spiegelung von x an der Hyperebene $\{ z \in \mathbb{R}^s : z^\top w = 0 \}$. Für den Fall $s = 2$ ist dies in Abb. 4.2 illustriert.

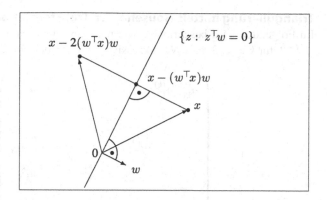

Abb. 4.2 Darstellung der Householder-Spiegelung für den zweidimensionalen Fall

Bei der sukzessiven Triangulierung einer Matrix mittels Householder-Transformationen (siehe unten) ist in jedem Teilschritt (für unterschiedliche Werte von s) ein Vektor $w \in \mathbb{R}^s$, $\|w\|_2 = 1$, so zu bestimmen, dass die zugehörige Householder-Transformation einen gegebenen Vektor $x \in \mathbb{R}^s$ in ein Vielfaches des ersten Einheitsvektors $\mathbf{e}_1 = (1, 0, \ldots, 0)^\top \in \mathbb{R}^s$ abbildet. Die folgende Box gibt einen solchen Vektor $w \in \mathbb{R}^s$ an.

Box 4.16. *Gegeben sei ein Vektor* $0 \neq x \in \mathbb{R}^s$ *mit* $x \notin \mathrm{span}\{\mathbf{e}_1\}$*. Für*

$$w = \frac{x + \sigma \mathbf{e}_1}{\|x + \sigma \mathbf{e}_1\|_2} \quad \textit{mit} \quad \sigma = \pm\|x\|_2, \tag{4.46}$$

gilt

$$\|w\|_2 = 1,$$
$$(I - 2ww^\top)x = -\sigma \mathbf{e}_1.$$

Bemerkung. Der Vektor $w \in \mathbb{R}^s$ in (4.46) entsteht also aus $x \in \mathbb{R}^s$ durch eine Modifikation des ersten Eintrags von x sowie einer anschließenden Normierung. Zur Vermeidung von Stellenauslöschungen wird in (4.46) $\sigma = \mathrm{sgn}(x_1)\|x\|_2$ gewählt. Hier bezeichnet für eine Zahl $y \in \mathbb{R}$

$$\mathrm{sgn}(y) = \begin{cases} 1, & \text{falls } y \geq 0, \\ -1, & \text{sonst.} \end{cases} \qquad \triangle$$

Triangulierung mittels Householder-Transformationen

Im Folgenden wird beschrieben, wie man ausgehend von der Matrix $A = A^{(1)} \in \mathbb{R}^{M \times N}$ für $k = 2, 3, \ldots, N_*$ sukzessive Matrizen der Form

$$A^{(k)} = \begin{pmatrix} a_{11}^{(k)} & a_{12}^{(k)} & \cdots & & \cdots & \cdots & a_{1N}^{(k)} \\ & \ddots & & & & & \vdots \\ & & a_{k-1,k-1}^{(k)} & \cdots & & \cdots & a_{k-1,N}^{(k)} \\ & & & a_{kk}^{(k)} & \cdots & & a_{kN}^{(k)} \\ & & & \vdots & & & \vdots \\ & & & a_{Mk}^{(k)} & \cdots & & a_{MN}^{(k)} \end{pmatrix} \in \mathbb{R}^{M \times N}$$

$$(4.47)$$

bestimmt, so dass dann schließlich $A^{(N_*)} = S$ gilt mit einer verallgemeinerten oberen Dreiecksmatrix $S \in \mathbb{R}^{M \times N}$ von der Form (4.34). Hierbei wird die Bezeichnung

$$N_* = \begin{cases} N, & \text{falls } M = N, \\ N + 1, & \text{falls } M > N, \end{cases}$$

verwendet. Die Matrizen in (4.47) werden dabei für $k = 1, 2, \ldots, N_* - 1$ sukzessive durch Transformationen der Form

$$A^{(k+1)} = \widehat{\mathcal{H}}_k A^{(k)}, \quad \widehat{\mathcal{H}}_k = \left(\begin{array}{c|c} I_{k-1} & 0 \\ \hline 0 & \mathcal{H}_k \end{array} \right), \quad \begin{array}{l} \mathcal{H}_k = I_{M-(k-1)} - 2 w_k w_k^\top, \\ w_k \in \mathbb{R}^{M-(k-1)}, \ \| w_k \|_2 = 1, \end{array}$$

gewonnen, wobei wieder $I_s \in \mathbb{R}^{s \times s}$ die Einheitsmatrix bezeichnet, und der Vektor $w_k \in \mathbb{R}^{M-(k-1)}$ ist so zu wählen, dass

$$\mathcal{H}_k \begin{pmatrix} a_{kk}^{(k)} \\ \vdots \\ a_{Mk}^{(k)} \end{pmatrix} = \begin{pmatrix} -\sigma_k \\ 0 \\ \vdots \\ 0 \end{pmatrix}$$

gilt; die genaue Form von $w_k \in \mathbb{R}^{M-k+1}$ und $\sigma_k \in \mathbb{R}$ entnimmt man Box 4.16. Nach Lemma 4.15 sind die Matrizen $\widehat{\mathcal{H}}_1, \ldots, \widehat{\mathcal{H}}_{N_*-1}$ orthogonal und symmetrisch, so dass man mit

$$S = \widehat{\mathcal{H}}_{N_*-1}\widehat{\mathcal{H}}_{N_*-2}\cdots\widehat{\mathcal{H}}_1 A, \qquad Q = \widehat{\mathcal{H}}_1\widehat{\mathcal{H}}_2\cdots\widehat{\mathcal{H}}_{N_*-1},$$

die gewünschte Faktorisierung $A = QS$ erhält, wobei Q nach Lemma 4.13 tatsächlich eine Orthogonalmatrix ist.

Bemerkung.

a) Praktisch geht man für $k = 1, 2, \ldots, N_* - 1$ so vor, dass man das Diagonalelement $a_{kk}^{(k+1)}$ gesondert abspeichert und in der Matrix $A^{(k+1)}$ den frei werdenden Platz in der k-ten Spalte unterhalb der Diagonalen dazu verwendet, den Vektor w_k abzuspeichern.

b) Die nötigen Matrixmultiplikationen der Form

$$(I - 2ww^\top)B = B - wv^\top, \qquad v^\top := 2w^\top B$$

führt man so aus, dass zunächst der Vektor v berechnet und anschließend die Matrix B modifiziert („aufdatiert") wird. $\triangle$

Beispiel. Es soll im Folgenden die Matrix

$$\begin{pmatrix} 0 & 1 & 0 \\ 0 & 0 & 1 \\ 1 & 0 & 1 \\ 0 & 0 & 1 \end{pmatrix}$$

mittels Householder-Transformationen trianguliert werden. Hierzu berechnet man im ersten Schritt Folgendes:

$$w_1 := \frac{1}{\sqrt{2}}\begin{pmatrix} 1 \\ 0 \\ 1 \\ 0 \end{pmatrix} \rightsquigarrow (I - 2w_1 w_1^\top)\begin{pmatrix} 0 & 1 & 0 \\ 0 & 0 & 1 \\ 1 & 0 & 1 \\ 0 & 0 & 1 \end{pmatrix} = \begin{pmatrix} -1 & 0 & -1 \\ 0 & 0 & 1 \\ 0 & -1 & 0 \\ 0 & 0 & 1 \end{pmatrix},$$

denn

$$(I - 2w_1 w_1^\top)\begin{pmatrix} 1 \\ 0 \\ 0 \\ 0 \end{pmatrix} = \begin{pmatrix} 1 \\ 0 \\ 0 \\ 0 \end{pmatrix} - \frac{2}{\sqrt{2}\sqrt{2}}\cdot 1 \cdot \begin{pmatrix} 1 \\ 0 \\ 1 \\ 0 \end{pmatrix} = \begin{pmatrix} 0 \\ 0 \\ -1 \\ 0 \end{pmatrix},$$

$$(I - 2w_1 w_1^\top)\begin{pmatrix} 0 \\ 1 \\ 1 \\ 1 \end{pmatrix} = \begin{pmatrix} 0 \\ 1 \\ 1 \\ 1 \end{pmatrix} - \frac{2}{\sqrt{2}\sqrt{2}}\cdot 1 \cdot \begin{pmatrix} 1 \\ 0 \\ 1 \\ 0 \end{pmatrix} = \begin{pmatrix} -1 \\ 1 \\ 0 \\ 1 \end{pmatrix}.$$

Man beachte bei der Setzung von w_1 die Definition $\mathrm{sgn}(0) = 1$.

Im zweiten Schritt zur Gewinnung einer Triangulierung mittels Householder-Transformationen wählt man analog zur Vorgehensweise im ersten Schritt

$$w_2 := \frac{1}{\sqrt{2}} \begin{pmatrix} -1 \\ -1 \\ 0 \end{pmatrix}$$

und berechnet

$$\left(\begin{array}{c|ccc} 1 & 0 & 0 & 0 \\ \hline 0 & & & \\ 0 & & I - 2w_2 w_2^\top & \\ 0 & & & \end{array} \right) \begin{pmatrix} -1 & 0 & -1 \\ 0 & 0 & 1 \\ 0 & -1 & 0 \\ 0 & 0 & 1 \end{pmatrix} = \begin{pmatrix} -1 & 0 & -1 \\ 0 & 1 & 0 \\ 0 & 0 & -1 \\ 0 & 0 & 1 \end{pmatrix},$$

denn

$$(I - 2w_2 w_2^\top) \begin{pmatrix} 1 \\ 0 \\ 1 \end{pmatrix} = \begin{pmatrix} 1 \\ 0 \\ 1 \end{pmatrix} - \frac{2}{\sqrt{2}\sqrt{2}} \cdot 1 \cdot \begin{pmatrix} 1 \\ 1 \\ 0 \end{pmatrix} = \begin{pmatrix} 0 \\ -1 \\ 1 \end{pmatrix}.$$

Im dritten und letzten Schritt zur Gewinnung einer Triangulierung mittels Householder-Transformationen setzt beziehungsweise berechnet man

$$w_3 := \frac{1}{\sqrt{4 + 2\sqrt{2}}} \begin{pmatrix} -1 - \sqrt{2} \\ 1 \end{pmatrix}$$

$$\rightsquigarrow \quad \left(\begin{array}{cc|cc} 1 & 0 & 0 & 0 \\ 0 & 1 & 0 & 0 \\ \hline 0 & 0 & & \\ 0 & 0 & & I - 2w_3 w_3^\top \end{array} \right) \begin{pmatrix} -1 & 0 & -1 \\ 0 & 1 & 0 \\ 0 & 0 & -1 \\ 0 & 0 & 1 \end{pmatrix} = \begin{pmatrix} -1 & 0 & -1 \\ 0 & 1 & 0 \\ 0 & 0 & \sqrt{2} \\ 0 & 0 & 0 \end{pmatrix}. \qquad \triangle$$

4.8.4 Anwendung 1: Stabile Lösung schlecht konditionierter Gleichungssysteme $Ax = b$

Für eine reguläre aber eventuell schlecht konditionierte Matrix $A \in \mathbb{R}^{N \times N}$ ermöglicht eine Faktorisierung der Form $A = QR$ mit einer orthogonalen Matrix $Q \in \mathbb{R}^{N \times N}$ und einer oberen Dreiecksmatrix $R \in \mathbb{R}^{N \times N}$ eine stabile Lösung zugehöriger linearer Gleichungssysteme. Dies liegt daran, dass für einen gegebenen Vektor $b \in \mathbb{R}^N$ das Gleichungssystem $Ax = b$ äquivalent zu dem gestaffelten Gleichungssystem

$$Rx = Q^\top b$$

ist, wobei die Matrix R bezüglich der Norm $\|\cdot\|_2$ keine schlechtere Konditionszahl als die Matrix A aufweist und die Norm des Vektors $Q^\top b$ nicht größer als die des Vektors b ist:

$$\text{cond}_2(R) = \text{cond}_2(Q^\top A) = \text{cond}_2(A), \qquad \|Q^\top b\|_2 = \|b\|_2.$$

Für Einzelheiten siehe Lemma 4.11 und Korollar 4.12.

4.8.5 Anwendung 2: Lineare Ausgleichsrechnung

Lineare (unrestringierte) Ausgleichsprobleme sind von der Form

$$\|Ax - b\|_2 \to \min \quad \text{für } x \in \mathbb{R}^N, \tag{4.48}$$

mit gegebener Matrix $A \in \mathbb{R}^{M \times N}$ und gegebenem Vektor $b \in \mathbb{R}^M$.

Zunächst soll ein konkretes lineares Ausgleichsproblem vorgestellt werden.

Beispiel. Im Folgenden ist diejenige Gerade in $\mathbb{R}^2$ gesucht, die im quadratischen Mittel den geringsten vertikalen Abstand zu vorgegebenen Stützpunkten $(y_j, f_j) \in \mathbb{R}^2$, $j = 1, 2, \ldots, M$ besitzt, mit paarweise verschiedenen reellen Zahlen y_1, $y_2, \ldots, y_M$; diese bezeichnet man als *Ausgleichsgerade*. Wegen der allgemeinen Darstellung $\{cy + d : y \in \mathbb{R}\}$ mit gewissen Koeffizienten $c, d \in \mathbb{R}$ für Geraden in $\mathbb{R}^2$ lautet das zu lösende Minimierungsproblem folglich

$$\sum_{j=1}^{M} (cy_j + d - f_j)^2 \to \min, \qquad c, d \in \mathbb{R}, \tag{4.49}$$

das man in der Form (4.48) schreiben kann,

$$\left\| \begin{pmatrix} y_1 & 1 \\ \vdots & \vdots \\ y_M & 1 \end{pmatrix} \begin{pmatrix} c \\ d \end{pmatrix} - \begin{pmatrix} f_1 \\ \vdots \\ f_M \end{pmatrix} \right\|_2 \to \min \quad \text{für } c, d \in \mathbb{R}. \tag{4.50}$$

Man beachte noch, dass es wegen des streng monotonen Wachstums der Wurzelfunktion keine Rolle spielt, ob man in dem zu minimierenden Funktional in (4.50) das Quadrat mitführt oder nicht.

Von allgemeinerer Form ist das Problem, Koeffizienten $a_0, \ldots, a_{N-1} \in \mathbb{R}$ so zu bestimmen, dass für das Polynom $p(y) = \sum_{k=0}^{N-1} a_k y^k$ der Ausdruck

$$\sum_{j=1}^{M} (p(y_j) - f_j)^2 \tag{4.51}$$

minimal wird (mit $M \geq N$). Die zugehörige Lösung bezeichnet man als *Ausgleichspolynom*. Dieses Problem kann ebenfalls in der Form (4.48) geschrieben werden:

$$\left\| \begin{pmatrix} y_1^0 & y_1^1 & \cdots & y_1^{N-1} \\ \vdots & \vdots & \vdots & \vdots \\ y_M^0 & y_M^1 & \cdots & y_M^{N-1} \end{pmatrix} \begin{pmatrix} a_0 \\ \vdots \\ a_{N-1} \end{pmatrix} - \begin{pmatrix} f_1 \\ \vdots \\ f_M \end{pmatrix} \right\|_2 \to \min$$

für $a_0, a_1, \ldots, a_{N-1} \in \mathbb{R}$. Für einen kleinen Grad $N - 1$ und eine große Stützpunkteanzahl M tritt bei dem Ausgleichspolynom üblicherweise nicht ein solches oszillierendes Verhalten auf, wie man es von dem interpolierenden Polynom (vom Grad $\leq M - 1$) zu erwarten hat. $\triangle$

Mit der nachfolgenden Box wird klar, wie mittels Faktorisierungen der Form $A = QS$ lineare Ausgleichsprobleme effizient gelöst werden können.

Für die Matrix $A \in \mathbb{R}^{M \times N}$, $1 \leq N \leq M$, mit maximalem Rang N sei eine Faktorisierung $A = QS$ gegeben mit einer orthogonalen Matrix $Q \in \mathbb{R}^{M \times M}$ und der verallgemeinerten oberen Dreiecksmatrix $S \in \mathbb{R}^{M \times N}$ entsprechend (4.34),

$$S = \left(\frac{R}{0} \right) \in \mathbb{R}^{M \times N}, \quad R = \begin{pmatrix} \diagdown \end{pmatrix} \in \mathbb{R}^{N \times N},$$

$$0 = (0) \in \mathbb{R}^{(M-N) \times N}.$$

Zu gegebenem Vektor $b \in \mathbb{R}^M$ sei $Q^\top b$ wie folgt partitioniert,

$$Q^\top b =: \left(\frac{y_1}{y_2} \right) \in \mathbb{R}^M, \quad y_1 \in \mathbb{R}^N, \quad y_2 \in \mathbb{R}^{M-N}.$$

(Fortsetzung)

Dann ist für einen Vektor $x_* \in \mathbb{R}^N$ Folgendes äquivalent: es löst x_* das lineare Ausgleichsproblem

$$\|Ax - b\|_2 \to \min \quad \text{für } x \in \mathbb{R}^N,$$

genau dann, wenn $Rx_* = y_1$ erfüllt ist.

Beweis. Für einen beliebigen Vektor $x \in \mathbb{R}^N$ gilt

$$\|Ax - b\|_2^2 = \|QSx - QQ^\top b\|_2^2 = \|Sx - Q^\top b\|_2^2$$

$$= \left\| \left(\frac{R}{0} \right) x - \left(\frac{y_1}{y_2} \right) \right\|_2^2 = \|Rx - y_1\|_2^2 + \|y_2\|_2^2,$$

woraus die Aussage der Box folgt:

$$\|Ax - b\|_2 \geq \|y_2\|_2; \qquad \|Ax - b\|_2 = \|y_2\|_2 \iff Rx = y_1.$$

$\square$

Lineare Ausgleichsprobleme lassen sich auch mithilfe der Normalgleichungen lösen:

Box 4.17. *Es seien eine Matrix $A \in \mathbb{R}^{M \times N}$, $1 \leq N \leq M$ und ein Vektor $b \in \mathbb{R}^M$ gegeben. Es löst ein Vektor $x_* \in \mathbb{R}^N$ das lineare Ausgleichsproblem $\|Ax - b\|_2 \to \min$ für $x \in \mathbb{R}^N$ genau dann, wenn x_* die* Normalgleichungen $A^\top Ax = A^\top b$ *löst.*

Bemerkung.

- Grundsätzlich ist die Anwendung von Orthogonalisierungsverfahren gegenüber der Lösung der Normalgleichungen vorzuziehen, da die Normalisierung üblicherweise die Empfindlichkeit der Lösung des Problems gegenüber Störungen in dem Vektor b oder der Matrix A vergrößert.
- Die in den Normalgleichungen auftretende Koeffizientenmatrix $A^\top A$ ist symmetrisch. Sie ist genau dann nichtsingulär, wenn die Matrix $A \in \mathbb{R}^{M \times N}$ maximalen Rang N besitzt. In diesem Fall ist sie dann auch positiv definit, so dass hier eine Cholesky-Faktorisierung existiert. $\triangle$

Beispiel. Zu den drei Stützpunkten

j	0	1	2
x_j	0	1	3
y_j	−2	2	0

soll dasjenige Polynom $p(x) = a_0 + a_1 x$ ersten Grades bestimmt werden, das die Summe der Fehlerquadrate

$$\sum_{j=0}^{2} (p(x_j) - y_j)^2$$

minimiert. In Matrixschreibweise bedeutet dies

$$\sum_{j=0}^{2} (p(x_j) - y_j)^2 = \left\| \begin{pmatrix} x_0 & 1 \\ x_1 & 1 \\ x_2 & 1 \end{pmatrix} \begin{pmatrix} a_1 \\ a_0 \end{pmatrix} - \begin{pmatrix} y_1 \\ y_1 \\ y_2 \end{pmatrix} \right\|_2^2$$

$$= \left\| \underbrace{\begin{pmatrix} 0 & 1 \\ 1 & 1 \\ 2 & 1 \end{pmatrix}}_{=: A} \underbrace{\begin{pmatrix} a_1 \\ a_0 \end{pmatrix}}_{=: x} - \underbrace{\begin{pmatrix} -2 \\ 2 \\ 0 \end{pmatrix}}_{=: b} \right\|_2^2 \to \min \quad \text{für } x \in \mathbb{R}^2.$$

Die zugehörigen Normalgleichungen sind von der Form $A^\top A x = A^\top b$, wobei der Ansatz $p(x) = a_0 + a_1 x$ lautet. Im Einzelnen ergibt sich für die Normalgleichungen Folgendes:

$$A^\top = \begin{pmatrix} 0 & 1 & 2 \\ 1 & 1 & 1 \end{pmatrix}, \qquad A^\top A = \begin{pmatrix} 0 & 1 & 2 \\ 1 & 1 & 1 \end{pmatrix} \begin{pmatrix} 0 & 1 \\ 1 & 1 \\ 2 & 1 \end{pmatrix} = \begin{pmatrix} 5 & 3 \\ 3 & 3 \end{pmatrix},$$

$$A^\top b = \begin{pmatrix} 0 & 1 & 2 \\ 1 & 1 & 1 \end{pmatrix} \begin{pmatrix} -2 \\ 2 \\ 0 \end{pmatrix} = \begin{pmatrix} 2 \\ 0 \end{pmatrix}.$$

Die Normalgleichungen lauten daher

$$\begin{pmatrix} 5 & 3 \\ 3 & 3 \end{pmatrix} \begin{pmatrix} a_1 \\ a_0 \end{pmatrix} = \begin{pmatrix} 2 \\ 0 \end{pmatrix}.$$

Dessen Lösung ist $a_1 = 1$, $a_0 = -1$ (nachrechnen!), damit ist

$$p(x) = x - 1$$

das gesuchte Ausgleichspolynom.   △

4.9 Weitere Themen und Literaturhinweise

Der Gauß-Algorithmus zur Lösung linearer Gleichungssysteme lässt sich auch mit der (numerisch allerdings aufwändigen) Totalpivotsuche durchführen (Aufgabe 4.4). Mehr Einzelheiten zu der in Abschn. 4.6 behandelten LR-Faktorisierung für Bandmatrizen werden beispielsweise in Schwarz/Köckler [56], Weller [65] und Werner [66] vorgestellt. Untersuchungen zu den Auswirkungen von Störungen symmetrischer positiv definiter Matrizen auf ihre Cholesky-Faktorisierung findet man in Higham [32]. Eine QR-Faktorisierung für Bandmatrizen wird in Oevel [45] vorgestellt. Eine Herleitung der Aussage von Box 4.17 über den Zusammenhang zwischen der Bestapproximation und den Normalgleichungen findet man zum Beispiel in Bartels [1] oder in Richter/Wick [52]. Dort werden auch zahlreiche Beispiele zum Thema Orthogonalisierungsverfahren vorgestellt. Bei der Analyse schlecht konditionierter linearer Gleichungssysteme lässt sich die Singulärwertzerlegung einer Matrix verwenden. Einzelheiten zu diesem Thema werden beispielsweise in Golub /van Loan [20], Hämmerlin/Hoffmann [29] und in Horn/Johnson [33] behandelt. Auch über *Matrixäquilibrierungen* lässt sich eine Reduktion der Konditionszahl erzielen (Aufgabe 4.13 und Schaback/Wendland [54]). Erwähnenswert ist auch der *Algorithmus von Strassen*, mit dem sich der numerische Aufwand bei der Multiplikation zweier $N \times N$-Matrizen (von normalerweise $\mathcal{O}(N^3)$ arithmetischen Operationen) auf $\mathcal{O}(N^{\log_2 7}) \approx \mathcal{O}(N^{2,807})$ arithmetische Operationen reduzieren lässt (siehe Strassen [59] beziehungsweise [29], [32] und Überhuber [63]). Mittels verfeinerter Techniken kann man den Aufwand weiter reduzieren; der aktuelle Stand ist $\mathcal{O}(N^{2,38})$ arithmetische Operationen (Pan [47]). Speziell auf *Parallel- und Vektorrechner* zugeschnittene Verfahren finden Sie in Golub/Ortega [21], Schwandt [55] und in [54, 56].

Übungsaufgaben

Aufgabe 4.1. Man zeige, dass zur Lösung eines gestaffelten linearen Gleichungssystems der Bandbreite r

$$\begin{pmatrix} a_{11} \ldots a_{rr} & 0 & \ldots & 0 \\ 0 & \ddots & \ddots & \vdots \\ \vdots & \ddots & \ddots & \ddots & 0 \\ \vdots & & \ddots & \ddots & a_{N-r,N} \\ \vdots & & & \ddots & \ddots & \vdots \\ 0 & & \ldots & 0 & a_{NN} \end{pmatrix} \begin{pmatrix} x_1 \\ \vdots \\ \vdots \\ x_N \end{pmatrix} = \begin{pmatrix} b_1 \\ \vdots \\ \vdots \\ b_N \end{pmatrix}$$

mit $r \le N$, r fest, insgesamt $(2r-1)N + \mathcal{O}(1)$ arithmetische Operationen anfallen ($N \to \infty$).

Aufgabe 4.2. Man löse das lineare Gleichungssystem

$$\begin{pmatrix} 10^{-4} & 1 \\ 1 & 1 \end{pmatrix} \begin{pmatrix} x_1 \\ x_2 \end{pmatrix} = \begin{pmatrix} 1 \\ 2 \end{pmatrix}$$

einmal mit dem Gauß-Algorithmus ohne Pivotsuche und einmal mit dem Gauß-Algorithmus inklusive Pivotsuche. Dabei verwende man jeweils eine dreistellige dezimale Gleitpunktarithmetik. (Hierbei ist nach jeder Operation das Zwischenergebnis auf drei gültige Dezimalstellen zu runden.)

Aufgabe 4.3. Zur Lösung eines linearen Gleichungssystems $Ax = b$ mit einer Tridiagonalmatrix

$$
A = \begin{pmatrix}
a_{11} & a_{12} & & & \\
a_{21} & \ddots & \ddots & & \\
 & \ddots & \ddots & \ddots & \\
 & & \ddots & \ddots & a_{N-1,N} \\
 & & & a_{N,N-1} & a_{NN}
\end{pmatrix} \in \mathbb{R}^{N \times N}
$$

(es gilt $a_{jk} = 0$ für $k \leq j - 2$ oder $k \geq j + 2$) vereinfache man den Gauß-Algorithmus in geeigneter Weise und gebe die zugehörige Anzahl der arithmetischen Operationen an.

Aufgabe 4.4. Es sei $A = (a_{jk}) \in \mathbb{R}^{N \times N}$ eine Bandmatrix von der Form (4.17). Zur Lösung von linearen Gleichungssystemen $Ax = b$ mit einer solchen Bandmatrix A gebe man einen modifizierten Gauß-Algorithmus an, der mit höchstens $p(3 + 2q)(N - 1)$ arithmetischen Operationen auskommt.

Aufgabe 4.5 (*Numerische Aufgabe*). Man schreibe einen Code, der den Gauß-Algorithmus einmal ohne Pivot-, einmal mit Spaltenpivot- und schließlich mit *Totalpivotsuche* durchführt. Bei letzterem werden – ausgehend von der Notation in Algorithmus 4.2 – beim Übergang $A^{(s)} \rightarrow A^{(s+1)}$ zunächst Indizes $p, q \in \{s, s + 1, \ldots, N\}$ mit

$$
|a_{pq}^{(s)}| \geq |a_{jk}^{(s)}|, \qquad j, k = s, s + 1, \ldots, N,
$$

bestimmt und $a_{pq}^{(s)}$ als *Pivotelement* verwendet. Man teste das Programm anhand des Beispiels $Ax = b$ mit

$$
a_{jk} = \frac{1}{j + k - 1}, \qquad j, k = 1, 2, \ldots, N,
$$

$$
b_j = \frac{1}{j + N - 1}, \qquad j = 1, 2, \ldots, N.
$$

Für $N = 50, 100, 200$ und jede Pivotstrategie gebe man die Werte x_{10j}, $j = 1, 2, 3, \ldots, \frac{N}{10}$ aus.

Aufgabe 4.6. Man rechne nach, dass bei der Berechnung einer LR-Faktorisierung einer gegebenen Matrix $A \in \mathbb{R}^{N \times N}$ gemäß der Parkettierung von Crout insgesamt $\frac{2}{3}N^3(1 + \mathcal{O}(\frac{1}{N}))$ arithmetische Operationen anfallen.

Aufgabe 4.7. Gegeben sei die Matrix

$$
\begin{pmatrix}
1 & 2 & 3 & -4 \\
2 & 8 & 6 & -14 \\
3 & 6 & a & -15 \\
-4 & -14 & -15 & 30
\end{pmatrix}
$$

mit einem reellen Parameter a. Man berechne die zugehörige LR-Faktorisierung beziehungsweise gebe an, für welchen Wert des Parameters a diese nicht existiert.

Aufgabe 4.8. Die Matrix A und der Vektor b seien von der Form

$$A = \begin{pmatrix} 4 & -2 & 0 \\ -2 & 2 & 1 \\ 0 & 1 & 10 \end{pmatrix}, \qquad b = \begin{pmatrix} -4 \\ 4 \\ 20 \end{pmatrix}.$$

Man berechne die Cholesky-Faktorisierung der Matrix A und löse damit anschließend das lineare Gleichungssystem $Ax = b$.

Aufgabe 4.9. Die Matrix $A \in \mathbb{R}^{N \times N}$ sei symmetrisch und positiv definit. Man gebe einen Algorithmus zur Gewinnung einer Faktorisierung $A = RR^\top$ an. Hierbei bezeichnet $R = (r_{jk}) \in \mathbb{R}^{N \times N}$ eine obere Dreiecksmatrix mit $r_{jj} > 0$ für alle j. Man begründe zudem die Durchführbarkeit dieses Verfahrens.

Aufgabe 4.10. Es sei $A = (a_{jk}) \in \mathbb{R}^{N \times N}$ eine symmetrische, positiv definite Bandmatrix der Bandbreite $2m - 1$, das heißt $a_{jk} = 0$ für j, k mit $|j - k| \geq m$. Man weise nach, dass in der Cholesky-Faktorisierung $A = LL^\top$ die untere Dreiecksmatrix L eine Bandmatrix der Bandbreite m ist, das heißt höchstens die Diagonale sowie die benachbarten unteren $m - 1$ Nebendiagonalen besitzen von null verschiedene Einträge.

Aufgabe 4.11. Gegeben seien die Matrizen

$$A = \begin{pmatrix} 101 & 99 \\ 99 & 101 \end{pmatrix}, \qquad B = \begin{pmatrix} 101 & 99 \\ -99 & 101 \end{pmatrix}.$$

a) Berechne die Konditionszahlen $\text{cond}_\infty(A)$ und $\text{cond}_\infty(B)$.
b) Für die Vektoren

$$b = \begin{pmatrix} 1 \\ 1 \end{pmatrix}, \qquad \Delta b = \begin{pmatrix} \delta \\ \delta \end{pmatrix}, \qquad \Delta \widehat{b} = \begin{pmatrix} \delta \\ -\delta \end{pmatrix}$$

mit einer kleinen reellen Zahl $\delta > 0$ löse man die Gleichungssysteme

$$Ax = b, \qquad A(x + \Delta x) = b + \Delta b, \qquad A(x + \Delta \widehat{x}) = b + \Delta \widehat{b}.$$

Man vergleiche die jeweiligen relativen Fehler $\|\Delta x\|_\infty / \|x\|_\infty$ und $\|\Delta \widehat{x}\|_\infty / \|x\|_\infty$ mit der allgemeinen Fehlerabschätzung $\|\Delta x\| / \|x\| \leq \text{cond}(A) \|\Delta b\| / \|b\|$.

Aufgabe 4.12. Für eine reguläre Matrix $A \in \mathbb{R}^{N \times N}$ sei $B \in \mathbb{R}^{N \times N}$ eine Näherung für A^{-1} und $\|\cdot\| : \mathbb{R}^{N \times N} \to \mathbb{R}$ eine beliebige submultiplikative Matrixnorm. Man zeige:

$$\frac{\|A^{-1} - B\|}{\|A^{-1}\|} \leq \min\{\|AB - I\|, \|BA - I\|\},$$

$$\|BA - I\| \leq \text{cond}(A) \|AB - I\| \leq \text{cond}(A)^2 \|BA - I\|.$$

Zu Testzwecken betrachte man die beiden Matrizen

$$A = \begin{pmatrix} 9999 & 9998 \\ 10000 & 9999 \end{pmatrix}, \qquad B = \begin{pmatrix} 9999,9999 & -9997,0001 \\ -10001 & 9998 \end{pmatrix},$$

und berechne die Matrizen $BA - I \in \mathbb{R}^{N \times N}$ sowie $AB - I \in \mathbb{R}^{N \times N}$.

Aufgabe 4.13.

a) Es sei $B = (b_{jk}) \in \mathbb{R}^{N \times N}$ eine reguläre Matrix, die zudem *zeilenäquilibriert* ist, das heißt

$$\sum_{k=1}^{N} |b_{jk}| = 1, \qquad j = 1, 2, \dots, N.$$

Man zeige, dass für jede reguläre Diagonalmatrix $D \in \mathbb{R}^{N \times N}$ die folgende Abschätzung gilt,

$$\operatorname{cond}_\infty(B) \le \operatorname{cond}_\infty(DB).$$

b) Sei $A \in \mathbb{R}^{N \times N}$ eine reguläre Matrix. Man zeige: es gibt eine Diagonalmatrix $D \in \mathbb{R}^{N \times N}$, so dass DA zeilenäquilibriert ist, und dann gilt

$$\operatorname{cond}_\infty(DA) \le \operatorname{cond}_\infty(A).$$

Aufgabe 4.14. Transformieren Sie die Matrix

$$A = \begin{pmatrix} 0 & 1 & 0 \\ 0 & 0 & 1 \\ 1 & 0 & 1 \\ 0 & 0 & 1 \end{pmatrix}$$

mittels Householder-Transformationen auf obere Dreiecksgestalt.

Aufgabe 4.15. Zu den drei Stützpunkten

j	0	1	2
x_j	0	1	2
y_j	-2	2	0

soll dasjenige Polynom $p(x) = a_0 + a_1 x$ ersten Grades bestimmt werden, welches die Summe der Fehlerquadrate

$$\sum_{j=0}^{2} (p(x_j) - y_j)^2$$

minimiert. Man stelle die zugehörige Normalgleichungen auf und löse diese.

Aufgabe 4.16. Zu den vier Stützpunkten

$$
\begin{array}{c|cccc}
j & 0 & 1 & 2 & 3 \\
\hline
x_j & -2 & -1 & 0 & 1 \\
y_j & 2 & 0 & 1 & 0
\end{array}
$$

soll dasjenige Polynom $p(x) = a_0 + a_1 x + a_2 x^2$ zweiten Grades bestimmt werden, welches die Summe der Fehlerquadrate

$$
\sum_{j=0}^{3} (p(x_j) - y_j)^2
$$

minimiert. Man stelle die zugehörige Normalgleichungen auf. Die Lösung dieser Normalgleichungen brauchen Sie nicht zu ermitteln.

Aufgabe 4.17 (*Numerische Aufgabe*). Man schreibe einen Code zur Lösung eines linearen Gleichungssystems mittels Householder-Transformationen. Man teste das Programm anhand des Beispiels $Ax = b$ mit

$$
A = \begin{pmatrix}
\delta & 0 & \cdots & 0 & 1 \\
-1 & \delta & \ddots & \vdots & 1 \\
-1 & \ddots & \ddots & 0 & 1 \\
\vdots & & \ddots & \delta & 1 \\
-1 & -1 & \cdots & -1 & 1
\end{pmatrix} \in \mathbb{R}^{N \times N}, \qquad
b = \begin{pmatrix}
1 + \delta \\
\delta \\
-1 + \delta \\
\vdots \\
3 - N + \delta \\
2 - N
\end{pmatrix} \in \mathbb{R}^{N},
$$

mit $N = 20$ und $\delta = 0,1$. Man gebe den Lösungsvektor $x = (x_1, x_2, \ldots, x_N)^{\top}$ aus.

Weitere Aufgaben zu den Themen dieses Kapitels werden als Flashcards online zur Verfügung gestellt. Hinweise zum Zugang finden Sie zu Beginn von Kap. 1.

Iterative Lösung nichtlinearer Gleichungssysteme

5

5.1   Vorbemerkungen

Im Folgenden sei $F : \mathbb{R}^N \to \mathbb{R}^N$ mit $N \geq 1$ eine gegebene nichtlineare Funktion und $x_* \in \mathbb{R}^N$ eine Nullstelle von F,

$$F(x_*) = 0, \tag{5.1}$$

die es zu bestimmen gilt. Anwendungen ergeben sich zum Beispiel bei der Berechnung stationärer Punkte oder der Nullstellenberechnung bei Polynomen.

Beispiel 5.1. Bekanntermaßen ist eine Zahl $\lambda \in \mathbb{C}$ genau dann Eigenwert einer Matrix $A \in \mathbb{R}^{N \times N}$, wenn $p(\lambda) = \det(A - \lambda I_N) = 0$ gilt. Handelt es sich bei A um eine symmetrische Matrix, so sind alle Eigenwerte von A reell. Das Eigenwertproblem reduziert sich in diesem Fall auf die Bestimmung der reellen Nullstellen des Polynoms $p : \mathbb{R} \to \mathbb{R}$.

Beispiel. Für die Lösung eines unrestringierten Extremwertproblems $h(x) \to \min$ beziehungsweise $h(x) \to \max$ mit einer gegebenen skalaren differenzierbaren Funktion $h : \mathbb{R}^N \to \mathbb{R}$ wird oftmals das notwendige Kriterium $\nabla h(x) = 0 \in \mathbb{R}^N$ herangezogen, wobei es sich in der Regel um ein nichtlineares Gleichungssystem handelt. Dabei bezeichnet $\nabla h(x) = (\frac{\partial h}{\partial x_1}(x), \frac{\partial h}{\partial x_2}(x), \ldots, \frac{\partial h}{\partial x_N}(x))^\top \in \mathbb{R}^N$ den Gradienten des Funktionals h im Punkt $x \in \mathbb{R}^N$.

Beispiel. Lineare Gleichungssysteme $Ax = b$ mit gegebenen $A \in \mathbb{R}^{N \times N}$ und $0 \neq b \in \mathbb{R}^N$ lassen sich nach einer einfachen Umstellung als Nullstellenproblem $F(x) = Ax - b = 0$ formulieren mit der affin-linearen Funktion $F : \mathbb{R}^N \to \mathbb{R}^N$. Der noch vorzustellende banachsche Fixpunktsatz liefert hierzu unter gewissen Umständen sinnvolle Ergebnisse. Ein konkretes Beispiel wird in Aufgabe 5.4

R. Plato, *Basiswissen Numerik*, https://doi.org/10.1007/978-3-662-66570-1_5

vorgestellt. Das ebenfalls noch vorzustellende newtonsche Verfahren ergibt hier allerdings kein sinnvolles Verfahren.   △

Typischerweise lässt sich ein nichtlineares Gleichungssystem (5.1) nur approximativ lösen, was im Folgenden mittels Iterationsverfahren der Form

$$x_{n+1} = \Phi(x_n) \quad \text{für } n = 0, 1, \ldots \tag{5.2}$$

geschehen soll mit einer geeigneten stetigen *Iterationsfunktion* $\Phi : \mathbb{R}^N \to \mathbb{R}^N$. Eine zentrale Grundvoraussetzung an die Abbildung Φ ist dabei, dass x_* genau dann Nullstelle der Funktion F ist, wenn x_* ein Fixpunkt von Φ ist, das heißt

$$\Phi(x_*) = x_*.$$

Eine Erläuterung zur Plausibilität dieser Bedingung folgt in Bemerkung 5.3 unten. Grafische Illustrationen zur Vorgehensweise bei der skalaren Fixpunktiteration finden Sie in den Abb. 5.1 und 5.2. Man beachte, dass Fixpunkte für solche Werte von x_* vorliegen, bei denen der dazugehörige Funktionswert $\Phi(x_*)$ auf der Winkelhalbierenden liegt.

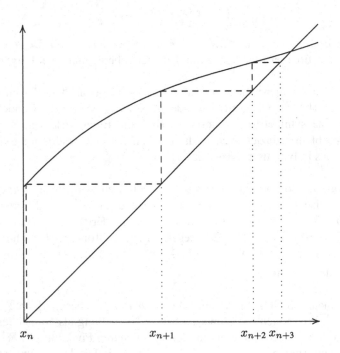

Abb. 5.1 Vorgehensweise bei der Fixpunktiteration – monotone Konvergenz

Abb. 5.2 Vorgehensweise bei der Fixpunktiteration – alternierende Konvergenz

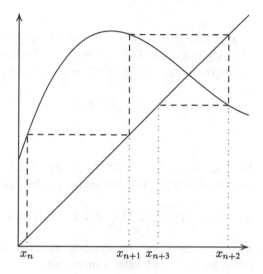

x_n x_{n+1} x_{n+3} x_{n+2}

Beispiel. Es stimmt die einzige Nullstelle der Funktion $f(x) := x - e^{-x}$, $x \in \mathbb{R}$, mit dem Fixpunkt der Funktion $\Phi(x) = e^{-x}$, $x \in \mathbb{R}$, überein, wie man sich leicht überlegt. Dieses Problem wird nochmals in Beispiel 5.6 betrachtet. △

Hier ist eine Übersicht der in diesem Kapitel behandelten Themen:

- Zunächst werden die Begriffe Konvergenz beziehungsweise Konvergenzordnung von Fixpunktiterationen eingeführt (Abschn. 5.2).
- Anschließend werden für skalare und hinreichend glatte Fixpunktiterationen Kriterien für Konvergenzordnungen vorgestellt. Mit dem Newton-Verfahren wird das bekannteste aller Verfahren zur Bestimmung von Nullstellen präsentiert (Abschn. 5.3).
- Der darauf folgende Abschnitt ist der linearen Konvergenzordnung kontraktiver Fixpunktiterationen gewidmet. Die Ergebnisse und ihre Konsequenzen für die praktische Durchführung der Verfahren werden im banachschen Fixpunktsatz gesammelt (siehe Abschn. 5.4).
- Ein weiterer Abschnitt befasst sich mit dem mehrdimensionalen Newton-Verfahren und seiner Konvergenzordnung (Abschn. 5.5).
- Ein letzter Abschnitt ist der Konvergenz des skalaren Newton-Verfahrens zur Bestimmung von Nullstellen von Polynomen gewidmet (siehe Abschn. 5.6).

5.2 Konvergenzordnung einer Fixpunktiteration

Es soll die Iterationsfunktion Φ sinnvollerweise so beschaffen sein, dass Konvergenz im folgenden Sinne vorliegt.

Box 5.2. Sei $\Phi : \mathbb{R}^N \to \mathbb{R}^N$ eine Iterationsfunktion. Das Verfahren (5.2) zur Bestimmung von Fixpunkten $x_* \in \mathbb{R}^N$ von Φ heißt *konvergent*, wenn für alle Startwerte $x_0 \in \mathbb{R}^N$ hinreichend nahe bei x_* Folgendes gilt:

$$\| x_n - x_* \| \to 0 \quad \text{für} \quad n \to \infty. \tag{5.3}$$

Hier bezeichnet $\| \cdot \| : \mathbb{R}^N \to \mathbb{R}$ eine nicht näher spezifizierte Vektornorm. Die formale Bedeutung von „hinreichend nahe" für (5.3) ist

$$x_0 \in \mathcal{B}(x_*; \delta), \quad \text{mit } \mathcal{B}(x_*; \delta) := \{ y \in \mathbb{R}^N : \| y - x_* \| < \delta \}$$

mit einer Zahl $\delta > 0$, die allerdings in der Regel nicht bekannt ist. Oft spricht man etwas genauer von lokaler Konvergenz.

Bemerkung 5.3. Da die Iterationsfunktion $\Phi : \mathbb{R}^N \to \mathbb{R}^N$ als stetig in x_* vorausgesetzt ist, handelt es sich aufgrund der Konvergenz (5.3) bei $x_* \in \mathbb{R}^N$ notwendigerweise um einen *Fixpunkt* von Φ, denn

$$x_* = \lim_{n \to \infty} x_{n+1} = \lim_{n \to \infty} \Phi(x_n) = \Phi \left(\lim_{n \to \infty} x_n \right) = \Phi(x_*).$$

Daher bezeichnet man das Verfahren (5.2) als *Fixpunktiteration.* △

Mehr noch als Konvergenz (5.3) ist wünschenswert, dass das Verfahren (5.2) eine möglichst hohe Konvergenzordnung im Sinne der folgenden Definition besitzt.

Box 5.4. Sei $\Phi : \mathbb{R}^N \to \mathbb{R}^N$ eine Iterationsfunktion mit Fixpunkt $x_* \in \mathbb{R}^N$. Das Verfahren (5.2) heißt *konvergent von mindestens der Ordnung* $p \geq 1$, wenn für alle Startwerte $x_0 \in \mathbb{R}^N$ hinreichend nahe bei x_* die Ungleichung

$$\| x_{n+1} - x_* \| \leq C \| x_n - x_* \|^p \quad \text{für } n = 0, 1, \dots \tag{5.4}$$

erfüllt ist mit einer Konstanten $0 \leq C < \infty$, wobei im Fall $p = 1$ noch $C < 1$ gefordert wird. Die Bezeichnung „mindestens " wird im Folgenden allerdings oft weggelassen. Bei Konvergenz der Ordnung $p = 1$ beziehungsweise $p = 2$ spricht man dann von *linearer* beziehungsweise *quadratischer* Konvergenz.

(Fortsetzung)

Das Verfahren (5.2) heißt *konvergent von genau* der Ordnung p, wenn es konvergent von der Ordnung p ist und keine höhere Konvergenzordnung besitzt.

Bemerkung.

a) Die formale Bedeutung von „hinreichend nahe" in der Definition der Konvergenzordnung ist die gleiche wie für (5.3). Oft spricht man dann etwas genauer von einer lokalen Konvergenzordnung.

b) Lineare Konvergenz impliziert

$$\|x_n - x_*\| \leq C^n \|x_0 - x_*\|, \qquad n = 0, 1, \ldots \qquad (5.5)$$

für Startwerte x_0 hinreichend nahe bei x_*, mit einer Konstanten $0 < C < 1$. Insbesondere ist das Verfahren also konvergent.

c) Je höher die Konvergenzordnung eines Verfahrens, desto schneller werden die Iterierten den gesuchten Wert x_* approximieren, denn für Zahlen $0 \leq q < p$ sowie Startwerte x_0 hinreichend nahe bei x_* und n hinreichend groß gilt $\|x_n - x_*\| \ll 1$ und damit $\|x_n - x_*\|^p \ll \|x_n - x_*\|^q$. △

Beispiel. Es ist so, dass lineare oder quadratische Konvergenz häufig auftreten. Diese Konvergenzordnungen sollen anhand von Beispielen noch kurz erläutert werden. Lineare Konvergenz mit $C = \frac{1}{2}$ etwa bedeutet, dass der Approximationsfehler in jedem Iterationsschritt mindestens halbiert wird. So handelt es sich zum Beispiel bei

$$1, \frac{1}{2}, \frac{1}{4}, \frac{1}{8}, \frac{1}{16}, \frac{1}{32}, \frac{1}{64}, \ldots,$$

um eine Zahlenfolge, die linear gegen die Zahl 0 konvergiert. Dagegen liegt mit

$$10^{-1} = 0{,}1, \quad 10^{-2} = 0{,}01, \quad 10^{-4} = 0{,}0001, \quad 10^{-8} = 0{,}00000001, \quad 10^{-16}, \ldots$$

eine Zahlenfolge vor, die quadratisch gegen die Zahl 0 konvergiert. Man beachte, dass sich die Zahl der Nachkommastellen, die mit denen der exakten Lösung übereinstimmen, in jedem Schritt verdoppelt. △

5.3 Skalare Fixpunktiterationen

5.3.1 Ein allgemeines Resultat

Wir befassen uns nun mit Verfahren (5.2) im skalaren Fall $N = 1$ und liefern Konvergenzresultate für hinreichend gute Startwerte x_0.

Box 5.5. Sei $\Phi : \mathbb{R} \to \mathbb{R}$ eine Iterationsfunktion mit Fixpunkt $x_* \in \mathbb{R}$, die dort p-mal differenzierbar sei mit $p \in \mathbb{N}$. Weiter sei

$$\Phi^{(k)}(x_*) = 0, \quad k = 1, 2, \ldots, p - 1, \quad \text{falls } p \geq 2$$

$$|\Phi'(x_*)| < 1, \quad \text{falls } p = 1$$

erfüllt. Dann ist das Verfahren *(5.2)* mindestens konvergent von der Ordnung p. Wenn weiterhin $\Phi^{(p)}(x_*) \neq 0$ gilt, so liegt die genaue Konvergenzordnung p vor.

Die Aussagen von Box 5.5 erhält man mit passenden Taylorentwicklungen der Funktion Φ an der Stelle x_*.

Lineare Konvergenz erhält man also im Fall $-1 < \Phi'(x_*) < 1$. Diese Situation liegt in den beiden Abb. 5.1 und 5.2 tatsächlich offenbar vor. Dabei gilt in Abb. 5.1 genauer $0 < \Phi'(x_*) < 1$, was lokal eine monotone Konvergenz nach sich zieht. In Abb. 5.2 hingegen gilt $-1 < \Phi'(x_*) < 0$, was lokal eine alternierende Konvergenz bewirkt.

Beispiel. Gegeben sei die Gleichung

$$x + \ln x = 0,$$

deren eindeutige Lösung x_* im Intervall $[0,5, 0,6]$ liegt. Zur approximativen Lösung dieser Gleichung betrachten wir im Folgenden fünf Iterationsverfahren:

$$x_{n+1} := -\ln x_n, \qquad x_{n+1} := e^{-x_n}, \qquad x_{n+1} := \frac{1}{2}(x_n + e^{-x_n}), \tag{5.6}$$

$$x_{n+1} := \frac{a x_n + e^{-x_n}}{a + 1}, \qquad x_{n+1} := \frac{a_n x_n + e^{-x_n}}{a_n + 1}. \tag{5.7}$$

Es soll untersucht werden, welche der drei in (5.6) angegebenen Verfahren brauchbar sind. Darüberhinaus bestimmen wir in (5.7) Werte $a \in \mathbb{R}$ beziehungsweise $a_0, a_1, \ldots \in \mathbb{R}$ so, dass sich jeweils ein Verfahren von mindestens zweiter Ordnung ergibt.

Bei den ersten vier in (5.6) und (5.7) angegebenen Iterationsverfahren handelt es sich jeweils um spezielle Fixpunktiterationen von der Form

$$x_{n+1} = \Phi(x_n) \quad \text{für } n = 0, 1, \ldots \tag{5.8}$$

mit einer an der Stelle x_* differenzierbaren Iterationsfunktion Φ. Man beachte noch, dass die erste der fünf Iterationsfunktionen anders als oben angegeben lediglich auf der Menge $\{x \in \mathbb{R} : x > 0\}$ definiert ist. Diese Fixpunktiterationen sind jeweils genau dann mindestens linear konvergent, wenn x_* ein Fixpunkt der Funktion Φ ist und außerdem $|\Phi'(x_*)| < 1$ gilt.

Bei dem ersten Verfahren in (5.6) ist die Fixpunktiteration von der Form $\Phi(x) = -\ln x$ für $x \in [0,5, 0,6]$. Hier gilt

$$\Phi(x_*) = x_*, \qquad |\Phi'(x)| = \frac{1}{x} \geq \frac{5}{3} \quad \text{für } x \in [0,5, 0,6],$$

so dass dieses Verfahren nicht konvergent sein kann.

Zu dem zweiten Verfahren in (5.6) gehört die Fixpunktiteration $\Phi(x) = e^{-x}$ für $x \in [0,5, 0,6]$. In diesem Fall gilt

$$\Phi(x_*) = x_*, \qquad |\Phi'(x_*)| = x_* \leq 0,6,$$

dieses Verfahren ist also mindestens linear konvergent.

Die Fixpunktiteration des dritten Verfahrens in (5.6) ist von der Form $\Phi(x) = \frac{1}{2}(x + e^{-x})$ für $x \in [0,5, 0,6]$, und dann gilt

$$\Phi(x_*) = x_*, \qquad |\Phi'(x_*)| = \frac{1 - x_*}{2} \leq \frac{1}{4},$$

dieses Verfahren ist also ebenfalls mindestens linear konvergent.

Die Fixpunktiteration des ersten Verfahrens in (5.7) lautet $\Phi(x) = \frac{1}{a+1}(ax + e^{-x})$ für $x \in [0,5, 0,6]$, und damit gilt

$$\Phi(x_*) = x_*, \qquad \Phi'(x) = \frac{a - e^{-x}}{a + 1}.$$

Die Wahl $a = x_*$ ergibt $\Phi'(x_*) = 0$, so dass das resultierende Verfahren mindestens quadratisch konvergent ist. Allerdings ist dieses Verfahren nicht brauchbar, da der Wert $a = x_*$ ja nicht bekannt ist.

Das zweite Verfahren in (5.7) ist im Allgemeinen nicht von der Form (5.8). Es soll ja $x_n \approx x_*$ gelten, eine praktikable Variante des vorhergehenden Verfahrens ist also das hier betrachtete zweite Verfahren aus (5.7) mit der speziellen Wahl $a_n = x_n$ für $n = 0, 1, \ldots$. Mit dieser Wahl von a_n ist dieses Verfahren von der Form (5.8) mit

$$\Phi(x) = \frac{x^2 + e^{-x}}{x + 1},$$

und es gilt

$$\Phi(x_*) = x_*, \qquad \Phi'(x) = \frac{(x + 2)(x - e^{-x})}{(x + 1)^2}, \qquad \Phi'(x_*) = 0.$$

Das resultierende Verfahren ist also durchführbar und mindestens quadratisch konvergent. $\triangle$

5.3.2   Das Newton-Verfahren im skalaren Fall

Zur Bestimmung einer Nullstelle $x_* \in \mathbb{R}$ einer gegebenen Funktion $f : \mathbb{R} \to \mathbb{R}$ wird im Folgenden das *Newton-Verfahren*

$$x_{n+1} = x_n - \frac{f(x_n)}{f'(x_n)} =: \Phi(x_n), \qquad n = 0, 1, \ldots \tag{5.9}$$

betrachtet.

Die geometrische Bedeutung des Newton-Verfahrens ist in Abb. 5.3 dargestellt. Im Folgenden wird unter verschiedenen Voraussetzungen jeweils die Konvergenzordnung des Verfahrens (5.9) angegeben, wobei hierzu die Konvergenzaussage aus Box 5.5 herangezogen wird.

Die Funktion $f : \mathbb{R} \to \mathbb{R}$ besitze eine Nullstelle $x_* \in \mathbb{R}$ und sei in einer Umgebung von x_* hinreichend oft differenzierbar. Im Fall $f'(x_*) \neq 0$ konvergiert das Newton-Verfahren (5.9) mindestens quadratisch.

Diese Aussage lässt sich noch etwas präzisieren:

a) Falls $f'(x_*) \neq 0$, $f''(x_*) \neq 0$, so liegt die genaue Ordnung $p = 2$, vor, und im Fall $f'(x_*) \neq 0$, $f''(x_*) = 0$, besitzt das Newton-Verfahren (5.9) mindestens die Ordnung $p = 3$.

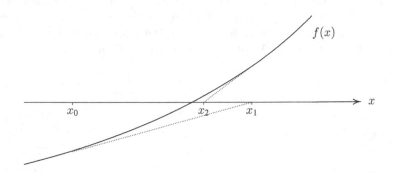

Abb. 5.3 Illustration der Vorgehensweise beim Newton-Verfahren

b) Ist hingegen x_* eine m-fache Nullstelle von f mit einer Zahl $m \geq 2$, gilt also

$$f(x) = (x - x_*)^m g(x), \qquad g(x_*) \neq 0,$$

wobei g zweimal differenzierbar in x_* sei, so ist das Newton-Verfahren (5.9) genau linear konvergent.

Bemerkung. Es ist bei den Betrachtungen zur Konvergenzordnung des Newton-Verfahrens sorgfältig darauf zu achten, ob man hierbei das Kriterium für die Funktion f oder die Verfahrensfunktion $\Phi(x) := x - \frac{f(x)}{f'(x)}$ heranzieht, wobei f die Funktion bezeichnet, deren Nullstelle x_* zu bestimmen ist. Quadratische Konvergenz erhält man, falls $f'(x_*) \neq 0$ beziehungsweise gleichbedeutend $\Phi'(x_*) = 0$ gilt!

Beispiel 5.6. Der natürliche Logarithmus $\ln x$ soll an der Stelle $x = a > 0$ näherungsweise berechnet werden. Dies kann beispielsweise mit dem Newton-Verfahren zur Bestimmung einer Nullstelle der Funktion

$$f(x) = e^x - a$$

geschehen. Es gilt $f'(x) = e^x$ und damit

$$\Phi(x) := x - \frac{f(x)}{f'(x)} = x - 1 + ae^{-x}.$$

Die Iterationsvorschrift lautet also

$$x_{n+1} = x_n - 1 + ae^{-x_n} \quad \text{für } n = 0, 1, \ldots .$$

Zur Bestimmung der Konvergenzordnung berechnet man

$$f'(x) = f''(x) = e^x \neq 0,$$

so dass also quadratische und keine kubische Konvergenz vorliegt.

Im Fall $a = 1$ und Startwert $x_0 = 1$ haben die ersten vier Iterierten die Form

$$
\begin{array}{llll}
x_1 & = & 0,3679, & \text{keine Nachkommastelle genau} \\
x_2 & = & 0,\underline{0}601, & \text{eine} \quad \underline{\qquad} \text{«} \underline{\qquad} \\
x_3 & = & 0,\underline{00}18, & \text{zwei Nachkommastellen genau} \\
x_4 & = & 0,\underline{00000}15641, & \text{fünf} \quad \underline{\qquad} \text{«} \underline{\qquad}
\end{array}
$$

wobei die mit den Ziffern der exakten Lösung $\ln 1 = 0$ übereinstimmenden Nachkommastellen unterstrichen sind. So wird verdeutlicht, dass sich mit jedem Iterationsschritt die Zahl der mit der exakten Lösung übereinstimmenden Nachkommastellen mindestens verdoppelt. △

Tab. 5.1 Numerische Ergebnisse zur Iteration (5.10); links für Startwert $x_0 = -1$, rechts für Startwert $x_0 = 2$

n	x_n	$\dfrac{|x_n|}{|x_{n-1}|^2}$	n	x_n	$\dfrac{|x_n - 1|}{|x_{n-1} - 1|^2}$
0	$-1{,}0000000$		0	$2{,}0000000$	
1	$-0{,}5000000$	$0{,}80$	1	$1{,}6000000$	$0{,}96$
2	$-0{,}2000000$	$1{,}25$	2	$1{,}3473684$	$1{,}60$
3	$-0{,}0500000$	$1{,}74$	3	$1{,}1935167$	$2{,}78$
4	$-0{,}0043478$	$1{,}97$	4	$1{,}1040143$	$5{,}02$
5	$-0{,}0000373$	$2{,}00$	5	$1{,}0543468$	$9{,}43$
6	$-0{,}0000000$	$2{,}00$	$\vdots$	$\vdots$	$\vdots$
			22	$1{,}0000004$	$1144753{,}62$
			23	$1{,}0000002$	$2297072{,}73$
			24	$1{,}0000001$	$4564942{,}61$

Beispiel. Eine Lösung der Gleichung $f(x) = x^3 - 2x^2 + x = 0$ soll mit dem Newton-Verfahren bestimmt werden, das hier

$$x_{n+1} = x_n - \frac{x_n(x_n - 1)}{3x_n - 1}, \qquad n = 0, 1, \ldots, \tag{5.10}$$

lautet, wie man leicht nachrechnet. Es soll im Folgenden noch kurz die Frage der Konvergenzordnung diskutiert werden. Es gilt $f(x) = (x - 1)^2 x$, wie man ebenfalls leicht nachrechnet, womit f die doppelte Nullstelle $x_* = 1$ und die einfache Nullstelle $\overline{x}_* = 0$ besitzt. Daher konvergiert das Newton-Verfahren zur Bestimmung der ersten Nullstelle x_* lediglich linear, während es bezüglich der zweiten Nullstelle $\overline{x}_*$ quadratisch konvergiert. Dabei hängt es von dem Startwert x_0 ab, gegen welche Nullstelle es konvergiert beziehungsweise ob es überhaupt konvergiert.

In Tab. 5.1 sind für die zwei Startwerte $x_0 = -1$ (links) beziehungsweise $x_0 = 2$ (rechts) jeweils einige Iterierte angegeben. Dabei liegt im ersten Fall offenbar Konvergenz gegen die Nullstelle $\overline{x}_* = 0$ vor, die wegen $|x_n|/|x_{n-1}|^2 = \mathcal{O}(1)$ tatsächlich quadratisch ausfällt. Im zweiten Fall erhält man offensichtlich Konvergenz gegen die Nullstelle $x_* = 1$, wobei hier die Quotienten $|x_n - 1|/|x_{n-1} - 1|^2$ stark anwachsen, was die fehlende quadratische Konvergenz belegt. △

5.4 Der banachsche Fixpunktsatz

In Abschn. 5.3.1 ist das allgemeine Verfahren (5.2) im eindimensionalen Fall $N = 1$ und für hinreichend glatte Iterationsfunktionen $\Phi : \mathbb{R} \to \mathbb{R}$ sowie hinreichend gute Startwerte x_0 betrachtet worden. In der folgenden Box nun wird lineare Konvergenz für das allgemeine Verfahren (5.2) nachgewiesen für den mehrdimensionalen Fall $N \geq 1$ und ohne Differenzierbarkeitsbedingungen an Φ. Als Startvektor werden beliebige Elemente x_0 der zugrunde gelegten Menge zugelassen, außerdem erhält man die Existenz eines eindeutigen Fixpunktes. Dafür ist allerdings die globale Kontraktionseigenschaft (5.11) eine relativ schwer wiegende Forderung an die Iterationsfunktion Φ.

Box 5.7 (Banachscher Fixpunktsatz). *Sei $\mathcal{M} \subset \mathbb{R}^N$ eine abgeschlossene Teilmenge, und die Abbildung $\Phi : \mathcal{M} \to \mathcal{M}$ sei bezüglich einer Vektornorm $\| \cdot \| : \mathbb{R}^N \to \mathbb{R}$ eine* Kontraktion, *das heißt für eine* Kontraktionskonstante *$0 < L < 1$ sei*

$$\| \Phi(x) - \Phi(y) \| \leq L \|x - y\|, \qquad x, y \in \mathcal{M}, \tag{5.11}$$

erfüllt. Dann gilt Folgendes:

- *Φ besitzt genau einen Fixpunkt $x_* \in \mathcal{M}$.*
- *Für jeden Startwert $x_0 \in \mathcal{M}$ liefert die* Fixpunktiteration

$$x_{n+1} = \Phi(x_n), \qquad n = 0, 1, \ldots \tag{5.12}$$

eine gegen x_* konvergierende Folge, und es gilt genauer

$$\|x_n - x_*\| \leq \frac{L}{1-L} \|x_n - x_{n-1}\| \leq \frac{L^n}{1-L} \|x_1 - x_0\|, \qquad n = 1, 2, \ldots. \tag{5.13}$$

Bemerkung.

a) Der Ausdruck $\frac{L^n}{1-L} \|x_1 - x_0\|$ in (5.13) kann für jedes n vor Beginn der Iteration bestimmt werden (nur x_1 wird hierzu benötigt) und ermöglicht eine *a priori-Fehlerabschätzung* für den Approximationsfehler $\|x_n - x_*\|$.

b) Der mittlere Ausdruck $\frac{L}{1-L} \|x_n - x_{n-1}\|$ in (5.13) hingegen kann im n-ten Iterationsschritt bestimmt werden und ermöglicht eine *a posteriori-Fehlerabschätzung* für den Approximationsfehler $\|x_n - x_*\|$.

c) Praktisch geht man so vor: für eine vorgegebene Fehlerschranke $\varepsilon > 0$ wird die Iteration in Schritt $n = n(\varepsilon)$ abgebrochen, falls erstmalig

$$\frac{L}{1 - L} \|x_n - x_{n-1}\| \leq \varepsilon$$

gilt, und die a posteriori-Fehlerabschätzung garantiert dann die gewünschte Fehlerabschätzung $\|x_n - x_*\| \leq \varepsilon$. Die a priori-Fehlerabschätzung ermöglicht die Abschätzung

$$n(\varepsilon) \leq \lceil a \rceil, \qquad a = \frac{\ln\left(\dfrac{\|x_1 - x_0\|}{(1 - L)\varepsilon}\right)}{\ln(1/L)} \tag{5.14}$$

für die Anzahl der nötigen Iterationsschritte, wobei $\lceil a \rceil$ die kleinste ganze Zahl $\geq a$ bezeichnet.

d) Wir nehmen nun an, dass die Fixpunktabbildung Φ in einer Umgebung der betrachteten Menge $\mathcal{M}$ stetig differenzierbar ist und die Ableitung von Φ eine auf der Menge $\mathcal{M}$ beschränkte Funktion darstellt; das ist zum Beispiel dann der Fall, falls $\mathcal{M}$ eine beschränkte Menge ist. In diesem Fall lässt sich die Ableitung von Φ unter Anwendung des Mittelwertsatzes dazu verwenden, eine solche Schranke L zu bestimmen, wie im Folgenden für den eindimensionalen Fall $N = 1$ erläutert wird. Hier lässt sich jede Schranke $L > \sup_{\xi \in \mathcal{M}} |\Phi'(\xi)|$ verwenden; im Anschluss muss dann natürlich noch die Kontraktionsbedingung $L < 1$ geprüft werden. Im mehrdimensionalen Fall $N \geq 2$ gibt es eine analoge Möglichkeit der Bestimmung solcher Kontraktionskonstanten, auf die im nachfolgenden Abschnitt noch eingegangen wird, siehe Lemma 5.8.   △

Beispiel. Für

$$f(x) := x - e^{-x}, \qquad x \in \mathbb{R},$$

$$f(x_*) = 0 \quad \text{für } x_* \approx 0{,}56714329$$

soll die Nullstelle x_* bestimmt werden unter Anwendung der Fixpunktiteration (5.2) mit der Iterationsfunktion

$$\Phi(x) := e^{-x}, \qquad x \in \mathbb{R}.$$

Auf dem Intervall $\mathcal{M} = [0{,}5, 0{,}69]$ ist die Eigenschaft $\Phi(\mathcal{M}) \subset \mathcal{M}$ ebenso erfüllt wie die Kontraktionseigenschaft (5.11) mit

$$L = \max_{x \in [0{,}5, 0{,}69]} |\Phi'(x)| = \max_{x \in [0{,}5, 0{,}69]} e^{-x} = e^{-1/2} \approx 0{,}606531.$$

In Tab. 5.2 sind einige der durch das Verfahren (5.2) gewonnenen Iterierten aufgelistet, wobei als Startwert $x_0 = 0{,}55$ gewählt ist und in der vorliegenden Situation das Verfahren von der speziellen Form $x_{n+1} = e^{-x_n}$, $n = 0, 1, \ldots$, ist. Die Situation

Tab. 5.2 Einige Iterierte zur Iteration $x_{n+1} = e^{-x_n}$, $n = 0, 1, \ldots$, für Startwert $x_0 = 0{,}55$

n	x_n	n	x_n	n	x_n
$\vdots$	$\vdots$	$\vdots$	$\vdots$	$\vdots$	$\vdots$
0	0,55000000	10	0,56708394	20	0,56714309
1	0,57694981	11	0,56717695	21	0,56714340
2	0,56160877	12	0,56712420	22	0,56714323
3	0,57029086	13	0,56715412	23	0,56714332
4	0,56536097	14	0,56713715	24	0,56714327
$\vdots$	$\vdots$	$\vdots$	$\vdots$	$\vdots$	$\vdots$

soll für $n = 12$ genauer betrachtet werden. Die Fehlerabschätzung (5.13) liefert in diesem Fall

$$1{,}91 \cdot 10^{-5} \approx |x_{12} - x_*| \leq 8{,}13 \cdot 10^{-5} \leq 1{,}70 \cdot 10^{-4},$$

so dass die a posteriori-Abschätzung den wirklichen Fehler etwa um den Faktor 4 überschätzt, und die a priori-Abschätzung überschätzt den wirklichen Fehler etwa um den Faktor 10.

Das praktische Vorgehen soll nun für die spezielle Fehlerschranke $\varepsilon = 0{,}0076$ illustriert werden. Die a posteriori-Abschätzung liefert $n(\varepsilon) = 4$ als Stoppindex, $|x_4 - x_*| \leq \varepsilon$. Die Abschätzung (5.14) liefert mit $n(\varepsilon) \leq 16$ eine Überschätzung. Schließlich ist anzumerken, dass schon in Schritt 2 der (im Allgemeinen unbekannte) Approximationsfehler die Schranke ε unterschreitet, $|x_2 - x_*| \approx 0{,}0055$ $\leq \varepsilon$. △

5.5 Das Newton-Verfahren im mehrdimensionalen Fall

Für eine gegebene Funktion $F : \mathbb{R}^N \to \mathbb{R}^N$ soll nun die Konvergenz des Newton-Verfahrens zur Lösung des Gleichungssystems $F(x) = 0$ im mehrdimensionalen Fall $N \geq 2$ untersucht werden. Für den eindimensionalen Fall ist dies bereits in Abschn. 5.3.2 geschehen.

5.5.1 Einige Begriffe aus der Analysis

In diesem Abschnitt werden einige Hilfsmittel aus der Analysis bereitgestellt. Im Folgenden wird mit $\| \cdot \|$ sowohl eine (im Allgemeinen nicht näher spezifizierte) Vektornorm auf $\mathbb{R}^N$ als auch die induzierte Matrixnorm bezeichnet.

Bekanntlich heißt eine partiell differenzierbare Funktion $F : \mathbb{R}^N \to \mathbb{R}^N$ in einem Punkt $x \in \mathbb{R}^N$ *(total) differenzierbar*, falls

$$\frac{\| F(x + h) - F(x) - \mathcal{J}(x)h \|}{\| h \|} \to 0 \quad \text{für } \mathbb{R}^N \ni h \to 0,$$

wobei $\mathcal{J}(x)$ die Jacobi-Matrix der Abbildung F an der Stelle x bezeichnet,

$$\mathcal{J}(x) := \begin{pmatrix} \dfrac{\partial F_1}{\partial x_1}(x) & \dfrac{\partial F_1}{\partial x_2}(x) & \cdots & \dfrac{\partial F_1}{\partial x_N}(x) \\[2mm] \dfrac{\partial F_2}{\partial x_1}(x) & \dfrac{\partial F_2}{\partial x_2}(x) & \cdots & \dfrac{\partial F_2}{\partial x_N}(x) \\[2mm] \vdots & \vdots & & \vdots \\[2mm] \dfrac{\partial F_N}{\partial x_1}(x) & \dfrac{\partial F_N}{\partial x_2}(x) & \cdots & \dfrac{\partial F_N}{\partial x_N}(x) \end{pmatrix} \in \mathbb{R}^{N \times N}.$$

Die Funktion $F : \mathbb{R}^N \to \mathbb{R}^N$ heißt auf einer Menge $\mathcal{M} \subset \mathbb{R}^N$ *differenzierbar*, falls sie in jedem Punkt $x \in \mathcal{M}$ differenzierbar ist. Sie heißt *stetig differenzierbar auf* $\mathcal{M}$, falls sie auf $\mathcal{M}$ differenzierbar und darüber hinaus die Abbildung $x \mapsto \mathcal{J}(x)$ stetig auf $\mathcal{M}$ ist.

Eine Menge $\mathcal{M} \subset \mathbb{R}^N$ heißt *konvex*, falls für je zwei Elemente $x, y \in \mathcal{M}$ auch die Verbindungsstrecke von x nach y zu $\mathcal{M}$ gehört, das heißt

$$\{ x + t(y - x) : 0 \leq t \leq 1 \} \subset \mathcal{M}, \qquad x, y \in \mathcal{M}.$$

Im folgenden Lemma wird als Nachtrag zu Abschn. 5.4 eine hinreichende Bedingung für die Kontraktionsbedingung (5.11) angegeben. Das Lemma ist hierfür mit $F = \Phi$ anzuwenden.

Lemma 5.8. *Eine gegebene Funktion $F : \mathbb{R}^N \to \mathbb{R}^N$ sei auf einer konvexen Menge $\mathcal{M} \subset \mathbb{R}^N$ stetig differenzierbar, und für eine Konstante $0 \leq L < \infty$ gelte*

$$\| \mathcal{J}(x) \| \leq L, \qquad x \in \mathcal{M}.$$

Dann gilt die Abschätzung

$$\| F(x) - F(y) \| \leq L \| x - y \|, \qquad x, y \in \mathcal{M}.$$

Beweis. Die Aussage des Lemmas ergibt sich unmittelbar aus dem Mittelwertsatz $F(x) - F(y) = \int_0^1 \mathcal{J}(y + t(x - y))(x - y)\, dt.$ □

5.5.2 Das Newton-Verfahren und seine Konvergenz

Im Folgenden wird das Newton-Verfahren

$$x_{n+1} = x_n - \mathcal{J}(x_n)^{-1}F(x_n), \qquad n = 0, 1, \ldots, \tag{5.15}$$

zur Bestimmung einer Nullstelle der Funktion F betrachtet.

Für die Durchführbarkeit des Verfahrens ist die Regularität der Jacobi-Matrizen $\mathcal{J}(x_n)$ erforderlich.

Bemerkung. In numerischen Implementierungen des Newton-Verfahrens geht man in den Schritten $n = 0, 1, \ldots$ jeweils so vor: Ausgehend von der bereits berechneten Iterierten $x_n \in \mathbb{R}^N$ löst man zunächst das lineare Gleichungssystem $\mathcal{J}(x_n)\Delta_n = -F(x_n)$ und erhält anschließend $x_{n+1} = x_n + \Delta_n$, so dass auf die aufwändige Matrixinversion $\mathcal{J}(x_n)^{-1}$ verzichtet werden kann. △

Beispiel 5.9. Gegeben sei das nichtlineare Gleichungssystem

$$uv + u - v - 1 = 0,$$
$$uv = 0.$$

a) Wir bestimmen zunächst die exakten Lösungen dieses nichtlinearen Gleichungssystems. Die zweite Gleichung $uv = 0$ bedeutet $u = 0$ oder $v = 0$. Im ersten Fall $u = 0$ wird die erste der zwei Gleichungen zu $-v - 1 = 0$ beziehungsweise $v = -1$, und im zweiten Fall $v = 0$ wird die erste Gleichung zu $u - 1 = 0$ beziehungsweise $u = 1$. Es stellen also

$$\begin{pmatrix} 0 \\ -1 \end{pmatrix}, \quad \begin{pmatrix} 1 \\ 0 \end{pmatrix},$$

die beiden Lösungen des betrachteten nichtlinearen Gleichungssystems dar.

b) Wir betrachten nun das Newton-Verfahren für die beiden Startwerte

$$x_0 = \begin{pmatrix} 0 \\ 0 \end{pmatrix} \quad \text{und} \quad x_0 = \begin{pmatrix} 1 \\ 1 \end{pmatrix}.$$

Zur Herleitung der Verfahrensvorschrift des zugehörigen Newton-Verfahrens ist die Jacobi-Matrix der Abbildung

$$F(x) = \begin{pmatrix} uv + u - v - 1 \\ uv \end{pmatrix} \quad \text{für } x = (u, v)^\top$$

zu berechnen. Sie hat die Form

$$\mathcal{J}(x) = \begin{pmatrix} v + 1 & u - 1 \\ v & u \end{pmatrix} \quad \text{für } x = (u, v)^\top.$$

Im Fall des ersten Startvektors $x_0 = (0, 0)^\top$ gilt also

$$\mathcal{J}(x_0) = \begin{pmatrix} 1 & -1 \\ 0 & 0 \end{pmatrix}.$$

Diese Matrix ist singulär, so dass das Newton-Verfahren hier bereits im ersten Schritt abbricht. Im Fall des zweiten Startvektors $x_0 = (1, 1)^\top$ nimmt die Jacobi-Matrix die Form

$$\mathcal{J}(x_0) = \begin{pmatrix} 2 & 0 \\ 1 & 1 \end{pmatrix}$$

an. Diese Matrix ist regulär, und zur Bestimmung der ersten Iterierten $x_1 = x_0 + \Delta_0$ ist die Lösung des linearen Gleichungssystems

$$\mathcal{J}(x_0)\Delta_0 = -F(x_0) = -\begin{pmatrix} 1 + 1 - 1 - 1 \\ 1 \end{pmatrix} = \begin{pmatrix} 0 \\ -1 \end{pmatrix}$$

zu bestimmen. Diese Lösung lautet $\Delta_0 = (0, -1)^\top$, und man erhält die erste Iterierte

$$x_1 = x_0 + \Delta_0 = \begin{pmatrix} 1 \\ 1 \end{pmatrix} + \begin{pmatrix} 0 \\ -1 \end{pmatrix} = \begin{pmatrix} 1 \\ 0 \end{pmatrix}.$$

Diese stimmt mit einer der beiden exakten Lösungen des betrachteten nichtlinearen Gleichungssystems überein.   △

Die nachfolgende Box liefert unter gewissen Voraussetzungen quadratische Konvergenz, die Existenz einer Nullstelle x_* wird dabei vorausgesetzt. Es bezeichnet weiterhin $\| \cdot \|$ sowohl eine im Allgemeinen nicht näher spezifizierte Vektornorm auf $\mathbb{R}^N$ als auch die induzierte Matrixnorm.

Box 5.10. *Eine gegebene Funktion $F : \mathbb{R}^N \to \mathbb{R}^N$ sei auf der konvexen Menge $\mathcal{M} \subset \mathbb{R}^N$ differenzierbar, mit*

$$\| \mathcal{J}(x) - \mathcal{J}(y) \| \le L \| x - y \| \quad \text{für } x, y \in \mathcal{M}, \tag{5.16}$$

(Fortsetzung)

mit einer endlichen Konstanten L > 0. Es sei x_* ∈ $\mathcal{M}$ eine Nullstelle von F, die innerer Punkt von $\mathcal{M}$ sei, das heißt $\mathcal{B}(x_*; r) \subset \mathcal{M}$ für ein r > 0. Dann ist für jeden Startwert x_0 hinreichend nahe bei x_* das Newton-Verfahren (5.15) wohldefiniert, und es liegt quadratische Konvergenz vor: für die Iterierten gilt

$$\| x_{n+1} - x_* \| \leq C \| x_n - x_* \|^2, \qquad n = 0, 1, \ldots, \qquad (5.17)$$

mit einer vom Startwert x_0 unabhängigen endlichen Konstanten C > 0.

Die Bedingungen von Box 5.10 werden im Folgenden erläutert.

- Die oben angegebene Forderung „Startwert x_0 hinreichend nahe bei x_*" ließe sich noch präzisieren. Die Formulierung ist aber eher technisch und lässt sich in der Praxis in der Regel auch nicht überprüfen, da die gesuchte Nullstelle x_* nicht bekannt ist. Daher wird hier auf diese Präzisierung verzichtet.
- Die Lipschitzbedingung (5.16) ist sicher erfüllt, falls F zweimal stetig differenzierbar und die Menge $\mathcal{M}$ zusätzlich abgeschlossen und beschränkt ist.

Beispiel. Die Funktion F aus Beispiel 5.9 erfüllt die Bedingung (5.16) für $\mathcal{M} = \mathbb{R}^2$, da es sich um eine quadratische Funktion handelt und die Jacobi-Matrix $\mathcal{J}(x)$ damit affin-linear in x ist.

Beispiel. Die in Box 5.10 angegebene quadratische Konvergenz soll anhand eines weiteren Beispiels überprüft werden. Hierzu betrachten wir das folgende System von zwei nichtlinearen Gleichungen mit zwei Unbekannten:

$$\left. \begin{array}{c} u^2 + v^2 - 10 = 0, \\ u^2 - v^2 - 8 = 0. \end{array} \right\} \qquad (5.18)$$

Es besitzt die vier Lösungen $(3, 1)$, $(3, -1)$, $(-3, 1)$ und $(-3, -1)$. Wie schon in Beispiel 5.9 handelt es sich auch hier um eine quadratische Funktion, so dass man nach Box 5.10 wieder quadratische Konvergenz erwarten kann, was durch die Ergebnisse der beiden folgenden numerischen Experimente bestätigt wird. Die Iteration wird jeweils im n-ten Iterationsschritt abgebrochen, falls $\| x_n - x_{n-1} \|_\infty \leq$ tol $= 0,00001$ zum ersten Mal erfüllt ist.

In Tab. 5.3 sind die numerischen Resultate für den Startvektor $x_0 = (-1, -1)$ angegeben, wobei sich hier Konvergenz gegen die Nullstelle $x_* = (-3, -1)$ ergibt. Dabei bezeichnet F die zum nichtlinearen Gleichungssystem gehörende Abbildung. Tab. 5.4 enthält die Resultate zum Startvektor $x_0 = (0,0001, 0,0001)$, wobei sich hier Konvergenz gegen die Nullstelle $x_* = (3, 1)$ einstellt. Wegen des jeweils sehr moderaten Wachstums der Werte in der jeweils letzten Spalte liegt bei beiden

Tab. 5.3 Numerische
Resultate zum
Newton-Verfahren
angewendet auf das
Gleichungssystem (5.18), mit
Startvektor $x_0 = (-1, -1)$

n	$\|x_n - x_*\|_\infty$	$\|F(x_n)\|_\infty$	$\dfrac{\|x_n - x_*\|_\infty}{\|x_{n-1} - x_*\|_\infty^2}$
0	$2{,}00e + 00$	$8{,}00e - 00$	
1	$2{,}00e + 00$	$1{,}60e - 01$	$0{,}5000$
2	$4{,}00e - 01$	$2{,}56e + 00$	$0{,}1000$
3	$2{,}35e - 02$	$1{,}42e - 01$	$0{,}1471$
4	$9{,}16e - 05$	$5{,}49e - 04$	$0{,}1654$
5	$1{,}40e - 09$	$8{,}38e - 09$	$0{,}1667$

Tab. 5.4 Numerische
Resultate zum
Newton-Verfahren
angewendet auf das
Gleichungssystem (5.18), mit
Startvektor
$x_0 = (0{,}0001, \ 0{,}0001)$

n	$\|x_n - x_*\|_\infty$	$\|F(x_n)\|_\infty$	$\dfrac{\|x_n - x_*\|_\infty}{\|x_{n-1} - x_*\|_\infty^2}$
0	$3{,}16e + 00$	$1{,}00e + 01$	
1	$4{,}53e + 04$	$2{,}05e + 09$	$5000{,}0000$
2	$2{,}26e + 04$	$5{,}12e + 08$	$0{,}0000$
3	$1{,}13e + 04$	$1{,}28e + 08$	$0{,}0000$
4	$5{,}66e + 03$	$3{,}20e + 07$	$0{,}0000$
5	$2{,}83e + 03$	$8{,}01e + 06$	$0{,}0001$
$\vdots$	$\vdots$	$\vdots$	$\vdots$
15	$7{,}61e - 01$	$5{,}15e + 00$	$0{,}0829$
16	$7{,}70e - 02$	$4{,}68e - 01$	$0{,}1330$
17	$9{,}62e - 04$	$5{,}77e - 03$	$0{,}1625$
18	$1{,}54e - 07$	$9{,}26e - 07$	$0{,}1666$

Experimenten quadratische Konvergenz vor. Man beachte noch, dass im zweiten Fall die Iterierten zunächst schlechte Approximationseigenschaften besitzen, was daran liegt, dass die Jacobi-Matrix zum gewählten Startvektor nahezu singulär ist. △

5.5.3 Nachtrag: Beispiel zum banachschen Fixpunktsatz

Lemma 5.8 ermöglicht im mehrdimensionalen Fall die Überprüfung der Kontraktionseigenschaft einer Fixpunktiteration. Hierzu soll in diesem Abschnitt noch ein Beispiel vorgestellt werden.

Beispiel. Es sei $\Phi : \mathbb{R}^2 \to \mathbb{R}^2$ definiert durch

$$\Phi\begin{pmatrix} u \\ v \end{pmatrix} = \frac{1}{2}\begin{pmatrix} 1 + \dfrac{\sin u}{4} + v \\ 1 + \sin v + u \end{pmatrix}.$$

a) Wir wollen zunächst die Kontraktionseigenschaft von Φ einmal bezüglich der Maximumnorm $\|\cdot\|_\infty$ untersuchen, anschließend dann bezüglich der euklidischen Norm $\|\cdot\|_2$. Dabei stellt sich heraus, dass es von der betrachteten Norm abhängen kann, ob eine Abbildung kontraktiv ist oder nicht.

(i) Die gegebene Abbildung $\Phi : \mathbb{R}^2 \to \mathbb{R}^2$ ist bezüglich der Maximumnorm nicht kontrahierend, denn für $0 < s < \frac{\pi}{2}$ gilt

$$\left\|\Phi\begin{pmatrix} s \\ s \end{pmatrix} - \Phi\begin{pmatrix} 0 \\ 0 \end{pmatrix}\right\|_\infty \bigg/ \left\|\begin{pmatrix} s \\ s \end{pmatrix} - \begin{pmatrix} 0 \\ 0 \end{pmatrix}\right\|_\infty = \frac{1}{2s}\left\|\begin{pmatrix} \dfrac{\sin s}{4} + s \\ \sin s + s \end{pmatrix}\right\|_\infty$$

$$= \frac{1}{2s}(\sin s + s)$$

$$= \frac{1}{2}\left(\frac{\sin s}{s} + 1\right) \to 1 \quad \text{für} \quad s \to 0+ \ .$$

(ii) Wir zeigen im Folgenden für die zur Abbildung Φ gehörenden Jacobi-Matrizen Folgendes,

$$\|\mathcal{J}(x)\|_2 \leq L \quad \text{für } x \in \mathbb{R}^2 \tag{5.19}$$

mit einer noch zu spezifizierenden Konstanten $0 < L < 1$. Hierzu stellt man als Erstes fest, dass die Matrix

$$\mathcal{J}(x) = \frac{1}{2}\begin{pmatrix} \dfrac{\cos u}{4} & 1 \\ 1 & \cos v \end{pmatrix} =: \tfrac{1}{2}A, \quad \text{mit } x = \begin{pmatrix} u \\ v \end{pmatrix} \tag{5.20}$$

symmetrisch ist. Bei symmetrischen Matrizen stimmt die zugehörige durch die euklidische Vektornorm induzierte Matrixnorm mit dem betragsmäßig größten Eigenwert der Matrix überein. Damit gilt also

$$\|\mathcal{J}(x)\|_2 = \tfrac{1}{2}\max\{|\lambda| \ : \ \lambda \in \sigma(A)\}, \tag{5.21}$$

wobei $\sigma(A)$ die Menge der Eigenwerte der in (5.20) definierten Matrix $A \in \mathbb{R}^{2\times 2}$ bezeichnet. Nun berechnet man

$$\det(A - \lambda I) = \left(\frac{\cos u}{4} - \lambda\right)(\cos v - \lambda) - 1$$

$$= \lambda^2 - \left(\frac{\cos u}{4} + \cos v\right)\lambda + \frac{\cos u}{4}\cos v - 1$$

und damit

$\det(A - \lambda I) = 0$

$$\Longleftrightarrow \quad \lambda = \frac{1}{2}\left(\frac{\cos u}{4} + \cos v\right) \pm \sqrt{\frac{1}{4}\left(\frac{\cos u}{4} + \cos v\right)^2 - \frac{\cos u}{4}\cos v + 1}$$

$$= \frac{1}{2}\left(\frac{}{\quad} \text{«} \frac{}{\quad} \pm \sqrt{\left(\frac{\cos u}{4} - \cos v\right)^2 + 4}\right) =: \lambda_{1/2}.$$

Die Beträge der beiden Eigenwerte $\lambda_{1/2}$ der Matrix A lassen sich folgendermaßen abschätzen:

$$|\lambda_{1/2}| \leq \frac{1}{2}\left(\left|\frac{\cos u}{4}\right| + |\cos v| + \sqrt{\left(\left|\frac{\cos u}{4}\right| + |\cos v|\right)^2 + 4}\right)$$

$$\leq \frac{1}{2}\left(\frac{1}{4} + 1 + \sqrt{\left(\frac{5}{4}\right)^2 + 4}\right) = \frac{5 + \sqrt{89}}{8}.$$

Zusammen mit der Darstellung (5.21) erhält man so folgende Abschätzung:

$$\|\mathcal{J}(x)\|_2 \leq \frac{5 + \sqrt{89}}{16} =: L < 0{,}903,$$

so dass die vorgegebene Abbildung $\Phi : \mathbb{R}^2 \to \mathbb{R}^2$ bezüglich der euklidischen Vektornorm kontrahierend ist.

b) Wir betrachten nun die Fixpunktiteration bezüglich Φ zur Bestimmung des eindeutigen Fixpunktes $x_* \in \mathbb{R}^2$, wobei $x_0 = (0, 0)^\top$ als Startvektor verwendet wird. Es soll ermittelt werden, wie oft bei Verwendung der a priori-Fehlerabschätzung zu iterieren ist, bis

$$\|x_n - x_*\|_2 \leq 10^{-2}$$

garantiert werden kann. Die entsprechende Frage stellt sich bei Anwendung der a posteriori-Fehlerabschätzung.

Mit der speziellen Wahl $x_0 = (0, 0)^\top$ erhält man $x_1 = \frac{1}{2}(1, 1)^\top$, und die a priori-Fehlerabschätzung aus dem banachschen Fixpunktsatz liefert dann

$$\|x_n - x_*\|_2 \leq \frac{L^n}{1-L}\|x_1 - x_0\|_2 = \frac{L^n}{1-L} \cdot \frac{1}{\sqrt{2}} \quad \text{für } n = 1, 2, \ldots .$$

Demnach gilt $\|x_n - x_*\|_2 \leq 0{,}01$, falls

$$\frac{L^n}{1-L} \cdot \frac{1}{\sqrt{2}} \leq 0{,}01 \Longleftrightarrow L^n \leq 0{,}01 \cdot \sqrt{2} \cdot \frac{11 - \sqrt{89}}{16} \approx 1{,}383 \cdot 10^{-3}$$

$$\Longleftrightarrow n \geq 64.$$

Schließlich zeigen numerische Berechnungen, dass man nach zwölf Iterationen die Approximationen

$$x_{11} = \begin{pmatrix} 1{,}4935 \\ 1{,}7391 \end{pmatrix}, \qquad x_{12} = \begin{pmatrix} 1{,}4942 \\ 1{,}7397 \end{pmatrix}$$

erhält, so dass mit der Iterierten x_{12} die gewünschte Genauigkeit erzielt wird:

$$\| x_{12} - x_* \|_2 \le \frac{L}{1-L} \| x_{12} - x_{11} \|_2 \approx 0{,}0081. \quad \triangle$$

5.6 Nullstellenbestimmung bei Polynomen

Häufig liegen bei eindimensionalen Nullstellenproblemen Polynome zugrunde, so zum Beispiel bei der Bestimmung von Eigenwerten einer quadratischen Matrix über das dazugehörige charakteristische Polynom, siehe Beispiel 5.1. Hier gelten für das Newton-Verfahren Besonderheiten, auf die in diesem Abschnitt kurz eingegangen werden soll. Unter günstigen Umständen liefert es die größte Nullstelle:

> **Box 5.11.** Gegeben sei ein reelles Polynom $p(x) \in \Pi_r$, das eine reelle Nullstelle λ_1 besitze, so dass $\lambda_1 \ge \mathrm{Re}\,\xi$ für jede andere Nullstelle $\xi \in \mathbb{C}$ von p gilt. Dann sind für jeden Startwert $x_0 > \lambda_1$ die Iterierten des Newton-Verfahrens
>
> $$x_{n+1} = x_n - \frac{p(x_n)}{p'(x_n)}, \qquad n = 0, 1, \ldots,$$
>
> streng monoton fallend, und
>
> $$|x_n - \lambda_1| \to 0 \quad \text{für } n \to \infty.$$

Hier bezeichnet wieder $\mathrm{Re}\,z$ den Realteil einer komplexen Zahl $z \in \mathbb{C}$.

Beispiel. Als Beispiel sei ein Polynom $p \in \Pi_{11}$ betrachtet, dessen Nullstellen in der Menge der komplexen Zahlen wie in Abb. 5.4 verteilt seien. Hier liefert das Newton-Verfahren für einen hinreichend großen Startwert näherungsweise die Nullstelle λ_1, und anschließende Anwendung des gleichen Verfahrens auf das

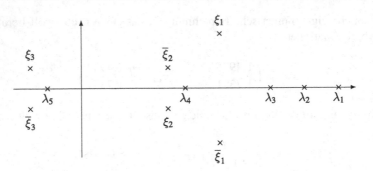

Abb. 5.4 Beispiel für die Verteilung der Nullstellen eines Polynoms elften Grades in der komplexen Zahlenebene

deflationierte Polynom $p_1(x) = \frac{p(x)}{x-\lambda_1}$ liefert eine Näherung für die Nullstelle λ_2 (wobei als Startwert $x_0 = \lambda_1$ verwendet werden kann). Ganz analog lässt sich eine Approximation für λ_3 gewinnen. Obige Aussage liefert jedoch keine Informationen darüber, wie die Nullstellen λ_4 und λ_5 numerisch bestimmt werden können.   △

Für die praktische Umsetzung der in Box 5.11 vorgestellten Aussage zum Newton-Verfahren für Polynome wird noch ein hinreichend großer Startwert benötigt. Das folgende Lemma liefert Schranken für mögliche Startwerte.

Lemma 5.12. *Gegeben sei das Polynom*

$$p(x) = a_0 + a_1 x + \cdots + a_{r-1} x^{r-1} + x^r,$$

und $\xi \in \mathbb{C}$ sei eine beliebige Nullstelle von $p(x)$.

a) Es gelten die beiden Abschätzungen

$$|\xi| \leq \max\left\{1, \sum_{k=0}^{r-1} |a_k|\right\}, \qquad |\xi| \leq \max\left\{|a_0|, 1 + \max_{1 \leq k \leq r-1} |a_k|\right\}.$$

b) Im Fall $a_k \neq 0$ für $k = 1, \ldots, r-1$ gelten die beiden Abschätzungen

$$|\xi| \leq \max\left\{\frac{|a_0|}{|a_1|}, \max_{1 \leq k \leq r-1} 2\frac{|a_k|}{|a_{k+1}|}\right\}, \qquad |\xi| \leq \sum_{k=0}^{r-1} \frac{|a_k|}{|a_{k+1}|}.$$

Eine Anwendung der vier Abschätzungen in a) und b) aus Lemma 5.12 auf einige spezielle Polynome liefert die in der folgenden Tabelle angegebenen Resultate.

$p(x)$	Schranken		Nullstellen	
$x^2 + 1 = (x - \mathrm{i})(x + \mathrm{i})$	1	1	–	–
$x^2 - 2x + 1 = (x - 1)^2$	3	3	4	2,5

Weitere Themen und Literaturhinweise

Die numerische Lösung nichtlinearer Gleichungen wird ausführlich in Deuflhard [10] behandelt. Abschnitte über die numerische Lösung solcher Gleichungen findet man außerdem in jedem der im Literaturverzeichnis aufgeführten Lehrbücher über numerische Mathematik, beispielsweise in Deuflhard/Hohmann [12], Oevel [45], Schaback/Wendland [54] und in Werner [66]. Als eine Variante des in diesem Kapitel vorgestellten Newton-Verfahrens ist das *gedämpfte Newton-Verfahren*

$$x_{n+1} = x_n - \gamma_n \mathcal{J}(x_n)^{-1} F(x_n) \quad \text{für } n = 0, 1, \dots$$

zu nennen, mit einer der Konvergenzbeschleunigung dienenden und geeignet zu wählenden variablen Schrittweite γ_n. Eine weitere Variante des Newton-Verfahrens stellen die *Quasi-Newton-Verfahren* $x_{n+1} = x_n - A_n^{-1} F(x_n)$, $n = 0, 1, \dots$ dar, wobei die (numerisch aufwändig zu berechnenden) Jacobi-Matrizen $\mathcal{J}(x_n)$ durch einfacher zu gewinnende Matrizen $A_n \approx \mathcal{J}(x_n)$ ersetzt werden. Einzelheiten zu den beiden genannten Varianten werden beispielsweise in [10] beziehungsweise in Freund/Hoppe [16], Geiger/Kanzow [17], Großmann/Terno [24], Kosmol [36], Mennicken/Wagenführer [42], Nash/Sofer [44], Schwetlick [57] sowie in Aufgabe 5.6 vorgestellt. Weitere Varianten wie das *Sekantenverfahren* beruhen auf Approximationen der Ableitungen durch Differenzenquotienten.

Übungsaufgaben

Aufgabe 5.1. Gegeben sei das Iterationsverfahren $x_{n+1} = \Phi(x_n)$ mit

$$\Phi(x) = x \frac{x^2 + 3a}{3x^2 + a}, \quad x \in \mathbb{R},$$

mit einem Parameter $a > 0$. Zeigen Sie, dass das Verfahren mindestens mit der Ordnung $p = 3$ gegen den Wert $\sqrt{a}$ konvergiert.

Aufgabe 5.2. Der Wert $\sqrt[3]{a}$ (mit einer gegebenen Zahl $a > 0$) kann näherungsweise mit dem Newton-Verfahren zur Bestimmung einer Nullstelle der Funktion

$$f(x) = x^3 - a$$

berechnet werden. Man gebe die Iterationsvorschrift für dieses konkrete Problem an und weise nach, dass das Verfahren konvergent von der Ordnung $p = 2$ ist, aber nicht die Konvergenzordnung

$p = 3$ besitzt. Schließlich berechne man für $a = 2$ und Startwert $x_0 = 1$ die ersten beiden Approximationen x_1 und x_2 für den wahren Wert $\sqrt[3]{2} \approx 1{,}2599$.

Aufgabe 5.3. Mit dem Verfahren

$$x_{n+1} = \frac{1}{4}\left(3x_n + \frac{a}{x_n^3}\right), \quad n = 0, 1, \ldots,$$

kann näherungsweise die vierte Wurzel einer reellen Zahl $a > 0$ bestimmt werden.

a) Überprüfen Sie, dass dieses Verfahren mit dem Newton-Verfahren zur Lösung der nichtlinearen Gleichung $x^4 - a = 0$ überstimmt.
b) Bestimmen Sie die Konvergenzordnung des Verfahrens.
c) Berechnen Sie für $a = 16$ und den Startwert $x_0 = 1$ die erste Iterierte x_1.

Aufgabe 5.4. Es sei $\Phi : \mathbb{R}^2 \to \mathbb{R}^2$ definiert durch

$$\Phi\begin{pmatrix} u \\ v \end{pmatrix} = \begin{pmatrix} \frac{2}{5}u + \frac{3}{5}v + 3 \\ \frac{3}{5}u + \frac{1}{5}v - 2 \end{pmatrix}.$$

a) Man untersuche die Kontraktionseigenschaft von Φ jeweils bezüglich der Normen $\|\cdot\|_\infty$ und $\|\cdot\|_2$.
b) Zur näherungsweisen Berechnung des Fixpunkts $x_* \in \mathbb{R}^2$ von Φ betrachte man die dazugehörige Fixpunktiteration mit dem Startwert $x_0 = (0, 0)^\top$. Wie viele Iterationsschritte wären bei Verwendung der a priori-Fehlerabschätzung durchzuführen, bis

$$\|x_n - x_*\|_2 \leq 0{,}01$$

garantiert werden kann?
c) Wie oft ist tatsächlich zu iterieren, bis die a posteriori-Fehlerabschätzung die in b) angegebene Schranke unterschreitet.

Aufgabe 5.5. Gegeben sei das nichtlineare Gleichungssystem

$$x - y = 0,$$
$$xy = 1.$$

a) Man bestimme die exakten Lösungen dieses nichtlinearen Gleichungssystems.
b) Für den Startvektor $(x_0, y_0)^\top = (1, 0)^\top$ führe man den ersten Iterationsschritt des Newton-Verfahrens durch.
c) Ist mit dem Startvektor $(x_0, y_0)^\top = (1, -1)^\top$ der erste Iterationsschritt des Newton-Verfahrens durchführbar?

Aufgabe 5.6. Gegeben sei das nichtlineare Gleichungssystem

$$x + y + 1 = 0,$$
$$x^2 y = 0.$$

a) Man bestimme die exakten Lösungen dieses nichtlinearen Gleichungssystems.

b) Für den Startvektor $(x_0, y_0)^\top = (1, -1)^\top$ führe man den ersten Iterationsschritt des Newton-Verfahrens durch.

Aufgabe 5.7 (*Numerische Aufgabe*). Erstellen Sie einen Programmcode, der das nichtlineare Gleichungssystem

$$F(x_1, x_2) := \begin{pmatrix} \sin(x_1)\cos(x_2) \\ x_1^2 + x_2^2 - 2 \end{pmatrix} = \begin{pmatrix} 0 \\ 0 \end{pmatrix}$$

mit dem Newton-Verfahren näherungsweise löst. Man breche das Verfahren im n-ten Schritt ab, falls $\|x^{(n)} - x^{(n-1)}\|_\infty \leq 0,0001$ oder $n = 100$ gilt. Testen Sie das Programm mit den beiden Startvektoren

$$x^{(0)} = \begin{pmatrix} 1 \\ 1 \end{pmatrix} \quad \text{und} \quad x^{(0)} = \begin{pmatrix} 1 \\ -2 \end{pmatrix}.$$

Geben Sie jeweils die letzte Näherung sowie die Anzahl der benötigten Iterationsschritte an.

Aufgabe 5.8 (*Numerische Aufgabe*). Erstellen Sie einen Code zur Lösung eines nichtlinearen Gleichungssystems mittels der folgenden Variante des Newton-Verfahrens:

$$x_{n+1} = x_n - A_n F(x_n) \quad \text{für } n = 0, 1, \ldots,$$

mit

$$A_{kp+j} = \mathcal{J}(x_{kp})^{-1} \quad \text{für } \begin{array}{l} j = 0, 1, \ldots, p - 1, \\ k = 0, 1, \ldots. \end{array}$$

Hierbei bezeichnet $\mathcal{J}(x)$ die Jacobi-Matrix der Abbildung F im Punkt x. Man breche die Iteration ab, falls die Bedingung $\|x_n - x_{n-1}\|_2 \leq \text{tol}$ erstmalig erfüllt ist oder falls $n = n_{\max}$ gilt. Hier sind $p \in \mathbb{N}$, $n_{\max} \in \mathbb{N}_0$ und $\text{tol} > 0$ frei wählbare Parameter.

Man teste das Programm anhand des Beispiels

$$F\begin{pmatrix} u \\ v \end{pmatrix} := \begin{pmatrix} \sin(u)\cos(v) \\ u^2 + v^2 - 3 \end{pmatrix} = \begin{pmatrix} 0 \\ 0 \end{pmatrix},$$

mit den Parametern $\text{tol} = 10^{-4}$ und $n_{\max} = 100$ sowie mit den folgenden Startwerten beziehungsweise den folgenden Werten von p:

a) $x_0 = \begin{pmatrix} 1 \\ 1 \end{pmatrix}$, $p = 1$; b) $x_0 = \begin{pmatrix} 1 \\ 1 \end{pmatrix}$, $p = 5$;

c) $x_0 = \begin{pmatrix} 3 \\ 3 \end{pmatrix}$, $p = 1$; d) $x_0 = \begin{pmatrix} 3 \\ 3 \end{pmatrix}$, $p = 5$.

Weitere Aufgaben zu den Themen dieses Kapitels werden als Flashcards online zur Verfügung gestellt. Hinweise zum Zugang finden Sie zu Beginn von Kap. 1.

Numerische Integration

6

Zahlreiche Anwendungen wie etwa die Bestimmung von Flächeninhalten, Volumina, Massen, Schwerpunkten oder Wahrscheinlichkeitsverteilungen führen letztlich auf das Problem der Berechnung eindimensionaler Integrale

$$\mathcal{I}(f) := \int_a^b f(x)\,dx \qquad (6.1)$$

mit gewissen Funktionen $f \in C[a, b]$. Oftmals ist jedoch die Berechnung des Integrals (6.1) nicht möglich, da beispielsweise die Stammfunktion von f nicht berechnet werden kann oder die Funktionswerte von f als Resultat von Messungen nur an endlich vielen Stellen vorliegen.

Beispiel. Die Preise von Kaufoptionen auf europäischen Finanzmärkten lassen sich unter gewissen vereinfachenden Annahmen (zum Beispiel konstanten Volatilitäten) mit der Black-Scholes-Formel explizit angeben. Für Details sei auf Günther/Jüngel [25] oder Hanke-Bourgeois [30] verwiesen. In unserem Zusammenhang ist von Interesse, dass dabei Auswertungen der Fehlerfunktion

$$\mathrm{erf}(x) = \frac{2}{\sqrt{\pi}} \int_0^x \exp(-y^2)\,dy \quad \text{für } x \geq 0$$

erforderlich sind. Deren Werte lassen sich jedoch lediglich näherungsweise bestimmen. △

Beispiel. Ein Fahrzeug bewege sich in dem Zeitintervall von t_0 bis t_1 geradlinig fort. Zum Zeitpunkt t mit $t_0 \leq t \leq t_1$ seien mit $x(t) \in \mathbb{R}$ und $v(t) = x'(t)$ Position beziehungsweise Geschwindigkeit des Fahrzeugs bezeichnet. Nach dem Hauptsatz der Differenzial- und Integralrechnung gilt dann für jedes $t_0 \leq t \leq t_1$ die Identität

Abb. 6.1 Der Inhalt der
schraffierten Fläche von t_0 bis
t ist gleich der Differenz aus
Momentan- und
Anfangsposition

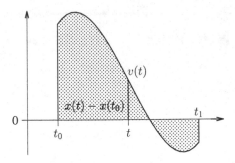

$x(t) - x(t_0) = \int_{t_0}^{t} v(\tau)\,d\tau$. Für jedes t ist also das Integral der Geschwindigkeit $v(\tau)$ über das Intervall von t_0 bis t gleich der Differenz aus Momentan- und Anfangsposition. Das bedeutet, dass sich durch Integration der Geschwindigkeit der zurückgelegte Weg bestimmen lässt. Die Situation ist in Abb. 6.1 illustriert.   △

Man ist an einfachen Methoden zur näherungsweisen Berechnung des Integrals (6.1) interessiert, und hierzu werden im Folgenden *Quadraturformeln* betrachtet.

Eine *Quadraturformel* ist von der Form

$$\mathcal{I}_n(f) = (b-a) \sum_{k=0}^{n} \sigma_k f(x_k), \tag{6.2}$$

mit paarweise verschiedenen Stützstellen $x_0, x_1, \ldots, x_n \in [a, b]$ und reellen Gewichten $\sigma_0, \sigma_1, \ldots, \sigma_n \in \mathbb{R}$.

In diesem Kapitel geht es nun so weiter:

- Zunächst werden mit den interpolatorischen Quadraturformeln eine wichtige Klasse von Quadraturformeln vorgestellt (Abschn. 6.1) und anschließend Beispiele hierzu präsentiert (Abschn. 6.2).
- Anschließend wird der für die Approximationseigenschaften von Quadraturformeln wichtige Begriff des Genauigkeitsgrads eingeführt (Abschn. 6.3).
- Abschätzungen für den bei der numerischen Integration auftretenden Fehler werden in einem allgemeinen Rahmen angegeben und anschließend auf die speziellen Quadraturmethoden angewendet (Abschn. 6.4).
- Praktisch geht man so vor, dass man den Integrationsbereich in kleine Integrationsbereiche zerlegt, hierauf jeweils eine der vorgestellten interpolatorischen Quadraturmethoden anwendet und die Ergebnisse anschließend aufaddiert. Das führt auf summierte Quadraturmethoden, die Gegenstand von Abschn. 6.5 sind.

- Der letzte Abschnitt behandelt Extrapolationsmethoden. Damit lassen sich auf Basis der zuvor vorgestellten Quadraturmethoden Verfahren höherer Ordnung entwickeln, solange die verwendete Quadraturmethode eine gewisse asymptotische Entwicklung besitzt (Abschn. 6.7). Für die summierte Trapezregel wird eine solche asymptotische Entwicklung in Abschn. 6.6 vorgestellt.

6.1 Interpolatorische Quadraturformeln

Wir betrachten im Folgenden eine spezielle und besonders relevante Klasse von Quadraturformeln.

Interpolatorische Quadraturformeln $\mathcal{I}_n(f)$ sind folgendermaßen erklärt: nach einer Festlegung von $n \in \mathbb{N}_0$ sowie $(n + 1)$ paarweise verschiedenen Stützstellen $x_0, x_1, \ldots, x_n \in [a, b]$ wird als Näherung für $\mathcal{I}(f)$ der Wert

$$\mathcal{I}_n(f) := \int_a^b \mathcal{Q}_n(x)\,dx \tag{6.3}$$

herangezogen, wobei $\mathcal{Q}_n \in \Pi_n$ das interpolierende Polynom zu den Stützpunkten $(x_0, f(x_0)), (x_1, f(x_1)), \ldots, (x_n, f(x_n)) \in \mathbb{R}^2$ bezeichnet.

Im Folgenden soll eine explizite Darstellung für interpolatorische Quadraturformeln $\mathcal{I}_n(f)$ hergeleitet werden. Daraus resultiert dann auch die Darstellung (6.2) für die Quadraturformel $\mathcal{I}_n(f)$ aus (6.3).

Eine interpolatorische Quadraturformel $\mathcal{I}_n$ besitzt die Gestalt

$$\mathcal{I}_n(f) = (b - a) \sum_{k=0}^{n} \sigma_k f(x_k) \tag{6.4}$$

$$\text{mit } \sigma_k := \int_0^1 \prod_{\substack{m=0 \\ m \neq k}}^{n} \frac{t - t_m}{t_k - t_m}\,dt, \quad t_m := \frac{x_m - a}{b - a}.$$

Beweis. Mit der lagrangeschen Interpolationsformel

$$\mathcal{Q}_n = \sum_{k=0}^{n} f(x_k) L_k \quad \text{mit } L_k(x) = \prod_{\substack{m=0 \\ m \neq k}}^{n} \frac{x - x_m}{x_k - x_m}$$

erhält man $\mathcal{I}_n(f) = \sum_{k=0}^n f(x_k) \int_a^b L_k(x)\,dx$, und aus der nachfolgenden Rechnung resultiert dann die Aussage der Box,

$$\frac{1}{b-a}\int_a^b L_k(x)\,dx = \frac{1}{b-a}\int_a^b \prod_{\substack{m=0\\m\neq k}}^n \frac{x-x_m}{x_k-x_m}\,dx \overset{(*)}{=} \int_0^1 \prod_{\substack{m=0\\m\neq k}}^n \frac{t-t_m}{t_k-t_m}\,dt = \sigma_k,$$

wobei man die Identität (∗) mit der Substitution $x = (b-a)t + a$ erhält.　　　□

Bemerkung.

a) Der Vorteil in der Darstellung (6.4) besteht in der Unabhängigkeit der Gewichte σ_k sowohl von den Intervallgrenzen a und b als auch von der Funktion f. Letztlich hängen die Gewichte nur von der relativen Verteilung der Stützstellen im Intervall $[a, b]$ ab.

b) Für jede interpolatorische Quadraturformel $\mathcal{I}_n(f) = (b-a)\sum_{k=0}^n \sigma_k f(x_k)$ gilt die Identität

$$\sum_{k=0}^n \sigma_k = 1, \tag{6.5}$$

denn $\mathcal{I}_n$ integriert sicher die konstante Funktion **1** exakt und somit gilt die Identität $(b-a)\sum_{k=0}^n \sigma_k = \mathcal{I}_n(\mathbf{1}) = \mathcal{I}(\mathbf{1}) = b - a$.　　△

6.2　Spezielle interpolatorische Quadraturformeln

6.2.1　Abgeschlossene Newton-Cotes-Formeln

Die *Newton-Cotes-Formeln* ergeben sich durch die Wahl äquidistanter Stützstellen bei interpolatorischen Quadraturformeln. Wenn zusätzlich Intervallanfang und -ende Stützstellen sind, also $x_0 = a$, $x_n = b$ gilt, so spricht man von *abgeschlossenen Newton-Cotes-Formeln*.

Speziell gilt hier also (für $n \geq 1$)

$$x_k := a + kh, \qquad k = 0, 1, \ldots, n, \quad h = \tfrac{b-a}{n}.$$

Für die Gewichte $\sigma_0, \sigma_1, \ldots, \sigma_n$ der abgeschlossenen Newton-Cotes-Formeln gilt

$$\sigma_k = \frac{1}{n} \int_0^n \prod_{\substack{m=0 \\ m \neq k}}^{n} \frac{s - m}{k - m} \, ds \quad \text{für } k = 0, 1, \ldots, n. \qquad (6.6)$$

Aus der Identität (6.4) erhält man nämlich aufgrund von $t_k = \frac{k}{n}$ für die Gewichte die in (6.6) angegebene Darstellung:

$$\sigma_k = \int_0^1 \prod_{\substack{m=0 \\ m \neq k}}^{n} \frac{t - m/n}{(k - m)/n} \, dt = \frac{1}{n} \int_0^n \prod_{\substack{m=0 \\ m \neq k}}^{n} \frac{s - m}{k - m} \, ds,$$

wobei man die zweite Gleichung aus der Substitution $t = \frac{s}{n}$ erhält.

Die Darstellung (6.6) und die folgende Symmetrieeigenschaft der Gewichte der abgeschlossenen Newton-Cotes-Formeln ermöglichen die in den nachfolgenden Beispielen angestellten einfachen Berechnungen.

Für die Gewichte $\sigma_0, \sigma_1, \ldots, \sigma_n$ der abgeschlossenen Newton-Cotes-Formeln gilt

$$\sigma_{n-j} = \sigma_j \quad \text{für } j = 0, 1, \ldots, n. \qquad (6.7)$$

Beispiel 6.1.

a) Für $n = 1$ erhält man die *Trapezregel*,

$$\mathcal{I}_1(f) = (b - a) \frac{f(a) + f(b)}{2} \approx \int_a^b f(x) \, dx,$$

denn (6.5) und (6.7) liefern $\sigma_0 + \sigma_1 = 1$ und $\sigma_0 = \sigma_1$, somit $\sigma_0 = \sigma_1 = \frac{1}{2}$.

b) Für $n = 2$ erhält man die *Simpson-Regel*

$$\mathcal{I}_2(f) = \frac{b - a}{6} \left(f(a) + 4f(\tfrac{a+b}{2}) + f(b) \right) \approx \int_a^b f(x) \, dx,$$

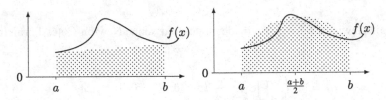

Abb. 6.2 Illustrationen zu Trapezregel (links) und Simpson-Regel (rechts)

denn die Eigenschaften (6.5), (6.6) und (6.7) ergeben Folgendes,

$$\sigma_0 = \frac{1}{2} \int_0^2 \frac{s-1}{0-1} \frac{s-2}{0-2} \, ds = \frac{1}{6}, \qquad \sigma_2 = \sigma_0, \qquad \sigma_1 = 1 - \sigma_0 - \sigma_2 = \frac{2}{3}.$$

Die geometrische Bedeutung der Trapez- und der Simpson-Regel ist in Abb. 6.2 dargestellt.

c) Der Fall $n = 3$ führt auf die *newtonsche 3/8-Regel*

$$\mathcal{I}_3(f) = \frac{b-a}{8} \left(f(a) + 3f\left(\frac{2a+b}{3}\right) + 3f\left(\frac{a+2b}{3}\right) + f(b) \right) \approx \int_a^b f(x)\,dx.$$

d) In der Situation $n = 4$ erhält man die *Milne-Regel*

$$\mathcal{I}_4(f) = \frac{b-a}{90} \left(7f(a) + 32f\left(\frac{3a+b}{4}\right) + 12f\left(\frac{2(a+b)}{4}\right) \right.$$
$$\left. + 32f\left(\frac{a+3b}{4}\right) + 7f(b) \right) \approx \int_a^b f(x)\,dx.$$

e) Der Fall $n = 8$ liefert folgende Quadraturformel,

$$\mathcal{I}_8(f) = \frac{b-a}{28350} \left(989f(x_0) + 5888f(x_1) - 928f(x_2) + 10496f(x_3) - 4540f(x_4) \right.$$
$$\left. + 10496f(x_5) - 928f(x_6) + 5888f(x_7) + 989f(x_8) \right)$$
$$\approx \int_a^b f(x)\,dx. \quad \triangle$$

Zu der zuletzt betrachteten Quadraturformel $\mathcal{I}_8(f)$ ist Folgendes anzumerken:

• Es treten negative Gewichte auf, wie überhaupt für $n \geq 8$ bei den abgeschlossenen Newton-Cotes-Formeln. Dies widerspricht der Vorstellung des Integrals als Grenzwert einer Summe von Funktionswerten mit positiven Gewichten.

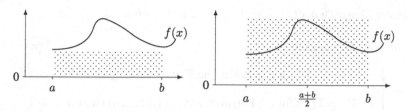

Abb. 6.3 Darstellung von Rechteckregel (links) und Mittelpunktregel (rechts)

- Die Summe der Beträge der Gewichte übersteigt den Wert eins, was zu einer Verstärkung von Rundungsfehlern führt.

Aus den beiden genannten Gründen werden abgeschlossene Newton-Cotes-Formeln nur für kleine Werte von n angewandt.

6.2.2 Andere interpolatorische Quadraturformeln

Beispiel 6.2.

- Eine Rechteckregel lautet $\mathcal{I}_0(f) = (b-a)f(a)$ (hier ist $n = 0$ und $x_0 = a$), und eine weitere Rechteckregel ist $\mathcal{I}_0(f) = (b-a)f(b)$ (hier ist $n = 0$ und $x_0 = b$).
- Die Mittelpunktregel ist von der Form $\mathcal{I}_0(f) = (b-a)f\left(\frac{a+b}{2}\right)$ (hier ist $n = 0$ und $x_0 = (a+b)/2$).

Die geometrische Bedeutung der ersten Rechteck- und der Mittelpunktregel ist in Abb. 6.3 dargestellt. △

6.3 Genauigkeitsgrad

Wir führen nun einen Begriff ein, dem bei der Bestimmung der Approximationseigenschaften von Quadraturformeln zentrale Bedeutung zukommt.

Die Zahl $r \in \mathbb{N}_0$ heißt *Genauigkeitsgrad* der Quadraturformel $\mathcal{I}_n$, wenn

$$\mathcal{I}_n(x^m) = \mathcal{I}(x^m) \quad \text{für } m = 0, 1, \ldots, r, \tag{6.8}$$

$$\mathcal{I}_n(x^{r+1}) \neq \mathcal{I}(x^{r+1})$$

erfüllt ist. Der Genauigkeitsgrad einer Quadraturformel $\mathcal{I}_n$ ist per Definition *mindestens* $r \in \mathbb{N}_0$, falls (6.8) gilt.

Wegen der Linearität der Quadraturformel $\mathcal{I}_n$ und des Integrals $\mathcal{I}$ gilt:

$\mathcal{I}_n$ besitzt den Genauigkeitsgrad r

$$\iff \begin{cases} \mathcal{I}_n(\mathcal{P}) = \mathcal{I}(\mathcal{P}) \text{ für alle Polynome } \mathcal{P} \text{ vom Grad } \leq r, \text{ und} \\ \mathcal{I}_n(\mathcal{P}) \neq \mathcal{I}(\mathcal{P}) \text{ für } ein \text{ Polynom } \mathcal{P} \text{ vom (genauen) Grad } = r+1 \end{cases}$$

$$\iff \begin{cases} \mathcal{I}_n(\mathcal{P}) = \mathcal{I}(\mathcal{P}) \text{ für alle Polynome } \mathcal{P} \text{ vom Grad } \leq r, \text{ und} \\ \mathcal{I}_n(\mathcal{P}) \neq \mathcal{I}(\mathcal{P}) \text{ für } alle \text{ Polynome } \mathcal{P} \text{ vom (genauen) Grad } = r+1 . \quad \triangle \end{cases}$$

Dabei bedeutet die verwendete Linearität der Quadraturformel $\mathcal{I}_n$ Folgendes:

$$\mathcal{I}_n(\alpha f + \beta g) = \alpha \mathcal{I}_n(f) + \beta \mathcal{I}_n(g) \quad \text{für alle } f, g \in C[a,b], \quad \alpha, \beta \in \mathbb{R},$$

was sich dann mittels Induktion leicht auf endliche Linearkombinationen und damit auf Polynome erweitern lässt. Der Genauigkeitsgrad einer interpolatorischen Quadraturformel $\mathcal{I}_n$ ist offensichtlich mindestens n. Das bedeutet Folgendes:

- Die beiden Rechteckregeln besitzen jeweils den Genauigkeitsgrad $r = 0$.
- Die Trapezregel $\mathcal{I}_1$ besitzt den Genauigkeitsgrad $r = 1$.

Wie man zeigen kann, sind diese Aussagen präzise, das heißt dort kann zu Recht jeweils auf das Adverb „mindestens" verzichtet werden.

Für abgeschlossene Newton-Cotes-Formeln $\mathcal{I}_n$ gilt im Falle gerader Werte von n mehr:

Box 6.3. Die abgeschlossenen Newton-Cotes-Formeln $\mathcal{I}_n$ besitzen für gerades $n \geq 2$ den Genauigkeitsgrad $r = n + 1$.

Das bedeutet für zwei konkrete Beispiele Folgendes:

- Die Simpson-Regel besitzt den Genauigkeitsgrad $r = 3$.
- Die Milne-Regel besitzt den Genauigkeitsgrad $r = 5$.

Man kann außerdem zeigen, dass die Mittelpunktregel (hier gilt $n = 0$) den Genauigkeitsgrad $r = 1$ besitzt (Aufgabe 6.1). Es gilt also die gleiche Aussage wie in Box 6.3. Man beachte, dass das Resultat aus Box 6.3 in diesem Fall nicht anwendbar ist, da die Mittelpunktregel keine abgeschlossene Newton-Cotes-Formel ist.

6.4 Der Fehler bei der interpolatorischen Quadratur

Im Folgenden wird eine Abschätzung für den bei der interpolatorischen Quadratur auftretenden Fehler vorgestellt. Insbesondere wird dabei deutlich, dass die interpolatorischen Quadraturformeln lediglich für kurze Intervalle $[a, b]$ (also für $b - a \ll 1$) gute Näherungen an das zu bestimmende Integral darstellen.

Vorbereitend wird noch folgende Sprechweise eingeführt: eine reellwertige Funktion ψ heißt *von einem Vorzeichen* auf dem Intervall $[c, d]$, wenn (sie dort definiert ist und) $\psi(x) \geq 0$ für alle $x \in [c, d]$ oder $\psi(x) \leq 0$ für alle $x \in [c, d]$ gilt.

Theorem 6.4. *Die interpolatorische Quadraturformel $\mathcal{I}_n(f) = (b - a) \sum_{k=0}^{n} \sigma_k f(x_k)$ besitze mindestens den Genauigkeitsgrad $r \geq n$, und die Funktion $f : [a, b] \to \mathbb{R}$ sei $(r + 1)$-mal stetig differenzierbar. Dann gilt die folgende Fehlerabschätzung,*

$$|\mathcal{I}(f) - \mathcal{I}_n(f)| \leq c_r \frac{(b - a)^{r+2}}{(r + 1)!} \max_{\xi \in [a,b]} |f^{(r+1)}(\xi)| \tag{6.9}$$

mit einer Konstanten $c_r > 0$.

Man beachte, dass ein höherer Genauigkeitsgrad in Theorem 6.4 auch eine höhere Glattheit der zu integrierenden Funktion voraussetzt.

Wie bereits oben angemerkt kommt die Fehlerabschätzung (6.9) aus Theorem 6.4 in erster Linie bei den summierten Quadraturformeln zum Einsatz. Dabei reduziert sich die betrachtete Intervalllänge auf die kleine Schrittweite $h = b - a \ll 1$. Damit fällt dem Term $(b - a)^{r+2}$ in der Fehlerabschätzung (6.9) die zentrale Bedeutung zu und der Genauigkeitsgrad r ergibt bei summierten Quadraturformeln die Konvergenzordnung h^{r+1}, wie sich noch zeigen wird. Summierte Quadraturformeln sind Gegenstand des nachfolgenden Abschn. 6.5.

Die Aussage aus Theorem 6.4 lässt sich in gewissen Fällen noch präzisieren:

Theorem 6.5. *Wenn in der Situation von Theorem 6.4 mit den Werten*

$$t_k := \frac{x_k - a}{b - a}, \qquad k = 0, 1, \ldots, n,$$

für eine bestimmte Wahl von $t_{n+1}, \ldots, t_r \in [0, 1]$ das Produkt $\prod_{k=0}^{r}(t - t_k)$ von einem Vorzeichen in $[0, 1]$ ist, so gilt mit einer Zwischenstelle $\xi \in [a, b]$ die folgende Fehlerdarstellung,

$$\mathcal{I}(f) - \mathcal{I}_n(f) = c_r' \frac{(b - a)^{r+2}}{(r + 1)!} f^{(r+1)}(\xi) \tag{6.10}$$

$$\text{mit} \quad c_r' := \int_0^1 \prod_{k=0}^{r}(t - t_k)\, dt.$$

Die Fehlerdarstellung (6.10) aus Theorem 6.5 zeigt unter den genannten zusätzlichen Voraussetzungen, dass sich die Fehlerabschätzung (6.9) aus Theorem 6.4 im Prinzip nicht verbessern lässt, falls die in (6.10) auftretenden Ableitungen des Integranden von null wegbeschränkt sind.

Man beachte noch, dass in Theorem 6.5 lediglich im Fall $r > n$ eine Freiheit bei der Wahl der zusätzlichen Stellen $t_{n+1}, \ldots, t_r$ besteht. Im Fall $r = n$ gibt es wegen $n + 1 > r$ solche frei wählbaren Stellen nicht.

Beispiel (Rechteckregeln). Für $f \in C^1[a, b]$ gelten die Fehlerdarstellungen

$$\int_a^b f(x)\, dx - (b - a) f(a) = \frac{(b - a)^2}{2} f'(\xi_0), \tag{6.11}$$

$$\int_a^b f(x)\, dx - (b - a) f(b) = -\frac{(b - a)^2}{2} f'(\xi_1) \tag{6.12}$$

mit gewissen Zwischenstellen $\xi_0, \xi_1 \in [a, b]$. Die Darstellung (6.11) beispielsweise erhält man aus Theorem 6.5 angewandt mit $n = r = 0$ und $x_0 = a$ beziehungsweise $t_0 = 0$ unter Berücksichtigung von

$$\prod_{k=0}^{0} (t - t_k) = t \geq 0 \quad \text{für } 0 \leq t \leq 1, \qquad c_0' = \int_0^1 t\, dt = \frac{t^2}{2}\Big|_{t=0}^{t=1} = \frac{1}{2}.$$

Analog leitet man die Darstellung (6.12) her.

Beispiel (Trapezregel). Im Fall der Trapezregel gilt für $f \in C^2[a, b]$

$$\mathcal{I}(f) - \mathcal{I}_1(f) = -\frac{(b - a)^3}{12} f''(\xi) \tag{6.13}$$

mit einer Zwischenstelle $\xi \in [a, b]$. Dies folgt aus Theorem 6.5 angewandt mit $n = r = 1$, $x_0 = a$, $x_1 = b$ beziehungsweise $t_0 = 0$, $t_1 = 1$ unter Berücksichtigung von

$$\prod_{k=0}^{1} (t - t_k) = t(t - 1) \leq 0 \quad \text{für } 0 \leq t \leq 1,$$

$$c_1' = \int_0^1 t(t - 1)\, dt = \frac{t^3}{3} - \frac{t^2}{2}\Big|_{t=0}^{t=1} = -\frac{1}{6}. \quad \triangle$$

In dem vorangegangenen Beispiel wurde für $n = 0$ sowie für $n = 1$ verwendet, dass $\mathcal{I}_n$ jeweils mindestens den Genauigkeitsgrad $r = n$ besitzt. Analog kann man natürlich bei der Simpson-Regel (hier ist $n = 2$) vorgehen. Dort kann man sich jedoch zunutze machen, dass in diesem Fall der Genauigkeitsgrad $r = 3$ vorliegt, siehe Box 6.3.

Beispiel (Simpson-Regel). Im Fall der Simpson-Regel gilt für $f \in C^4[a, b]$ die Fehlerdarstellung

$$\int_a^b f(x)\,dx - \frac{b-a}{6}\Big(f(a) + 4f(\tfrac{a+b}{2}) + f(b)\Big) = -\frac{(b-a)^5}{2880} f^{(4)}(\xi) \qquad (6.14)$$

mit einer Zwischenstelle $\xi \in [a, b]$, was aus Theorem 6.5 angewandt mit $r = 3$, $n = 2$, $x_0 = a$, $x_1 = \frac{1}{2}(a + b)$, $x_2 = b$ beziehungsweise $t_0 = 0$, $t_1 = \frac{1}{2}$, $t_2 = 1$ resultiert. Für die Wahl $t_3 = \frac{1}{2}$ erhält man nämlich (bezüglich der Notation siehe wieder Theorem 6.5)

$$\prod_{k=0}^3 (t - t_k) = t(t - \tfrac{1}{2})^2(t - 1) \le 0 \quad \text{für } t \in [0, 1],$$

$$c_3' = \int_0^1 t(t - \tfrac{1}{2})^2(t - 1)\,dt = -\frac{1}{120},$$

und mit Theorem 6.5 ergibt sich die in (6.14) angegebene Fehlerdarstellung,

$$\mathcal{I}(f) - \mathcal{I}_2(f) = -\frac{(b-a)^5}{4!}\frac{1}{120} f^{(4)}(\xi) = -\frac{(b-a)^5}{2880} f^{(4)}(\xi). \quad \triangle$$

6.5 Summierte Quadraturformeln

Die zuvor vorgestellten Quadraturformeln werden meist in summierter Form verwendet. Details dazu werden in dem vorliegenden Abschnitt vorgestellt.

Zur numerischen Berechnung des Integrals $\mathcal{I}(f) = \int_a^b f(x)\,dx$ kann man das Intervall $[a, b]$ zum Beispiel mit äquidistant verteilten Stützstellen

$$x_k = a + kh \quad \text{für } k = 0, 1, \dots, N \qquad \left(h = \frac{b-a}{N}\right) \qquad (6.15)$$

versehen und die bisher betrachteten Quadraturformeln zur numerischen Berechnung der Integrale

$$\int_{x_{k-1}}^{x_k} f(x)\,dx, \qquad k = 1, 2, \dots, N$$

verwenden. Die Resultate werden schließlich aufsummiert, und die so gewonnenen Formeln bezeichnet man als *summierte Quadraturformeln*.

Man beachte den Notationswechsel: die Stützstellen $x_0, x_1, \dots, x_N$ dienen nun der Zerlegung des gesamten Integrationsbereichs in kleine Integrationsintervalle und sind nicht zu verwechseln mit den Stützstellen aus den vorherigen Abschnitten zur Festlegung der verschiedenen Quadraturformeln.

Im Folgenden werden einige Beispiele und die jeweils zugehörigen Fehlerdarstellungen vorgestellt.

6.5.1 Summierte Rechteckregeln

Zwei Rechteckregeln sind in Beispiel 6.2 vorgestellt worden. Die *summierten Rechteckregeln* mit den äquidistanten Stützstellen aus (6.15) lauten dann entsprechend

$$
\mathcal{T}_0(h) = h \sum_{k=0}^{N-1} f(x_k) \approx \int_a^b f(x)\, dx, \tag{6.16}
$$

$$
\widehat{\mathcal{T}}_0(h) = h \sum_{k=1}^{N} f(x_k) \; \text{———«———}. \tag{6.17}
$$

Die geometrische Bedeutung der summierten Rechteckregel (6.16) ist in Abb. 6.4 dargestellt. In dem nachfolgenden Theorem werden für die beiden Rechteckregeln Fehlerdarstellungen angegeben.

Theorem 6.6. *Die Funktion $f : [a, b] \to \mathbb{R}$ sei einmal stetig differenzierbar. Dann gibt es Zwischenstellen $\xi, \widehat{\xi} \in [a, b]$ mit*

$$
\int_a^b f(x)\, dx - \mathcal{T}_0(h) = \frac{b-a}{2} h f'(\xi),
$$

$$
\text{———«———} - \widehat{\mathcal{T}}_0(h) = -\frac{b-a}{2} h f'(\widehat{\xi}),
$$

mit $h = \frac{b-a}{N}$, und mit $\mathcal{T}_0(h)$ und $\widehat{\mathcal{T}}_0(h)$ wie in (6.16) beziehungsweise (6.17).

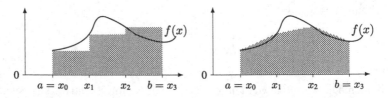

Abb. 6.4 Summierte Rechteckregel (links), summierte Trapezregel (rechts)

6.5.2 Summierte Trapezregel

Die von der (in Beispiel 6.1 definierten) Trapezregel abgeleitete *summierte Trapezregel* mit den Stützstellen aus (6.15) lautet

$$T_1(h) = \frac{h}{2}\left(f(a) + 2\sum_{k=1}^{N-1} f(x_k) + f(b) \right) \approx \int_a^b f(x)\, dx. \qquad (6.18)$$

Die geometrische Bedeutung der summierten Trapezregel (6.18) ist in Abb. 6.4 veranschaulicht. Das nachfolgende Theorem liefert eine Fehlerdarstellung für die summierte Trapezregel.

Theorem 6.7. *Die Funktion* $f : [a, b] \to \mathbb{R}$ *sei zweimal stetig differenzierbar. Dann gibt es eine Zwischenstelle* $\xi \in [a, b]$ *mit*

$$\int_a^b f(x)\, dx - T_1(h) = -\frac{b-a}{12} h^2 f''(\xi),$$

mit $h = \frac{b-a}{N}$ *und* $T_1(h)$ *wie in* (6.18).

Beispiel. Die in Theorem 6.7 vorgestellte Fehlerformel zur summierten Trapezregel impliziert $\int_a^b f(x)\, dx - T_1(h) = \mathcal{O}(h^2)$ beziehungsweise nach Umskalierung $(\int_a^b f(x)\, dx - T_1(h))/h^2 = \mathcal{O}(1)$ für $h \to 0$.

Das soll nun anhand der Funktion $f(x) = 5x^4 + 4x$, $0 \le x \le 1$, numerisch überprüft werden. Dazu wird dieses Quadraturverfahren für die Werte $N = 2^j$, $j = 0, 1, \ldots, 10$ angewandt. Die zugehörigen numerischen Resultate sind in Tab. 6.1 zusammengefasst.

Tab. 6.1 Numerische Ergebnisse zur summierten Trapezregel angewandt auf $f(x) = 5x^4 + 4x$, $0 \le x \le 1$

N	$T_1(h)$	$|\mathcal{I} - T_1(h)|/h^2$
1	4,500000000	1,50
2	3,406250000	1,62
4	3,103515625	1,66
8	3,026000977	1,66
16	3,006507874	1,67
32	3,001627445	1,67
64	3,000406891	1,67
128	3,000101725	1,67
256	3,000025431	1,67
512	3,000006358	1,67
1024	3,000001589	1,67

Die Werte in der dritten Spalte bestätigen die angegebene Konvergenzrate, da die Werte $|\mathcal{I} - \mathcal{T}_1(h)|/h^2$ für die betrachteten Werte $h = \frac{1}{N}$ nicht anwachsen, wobei die Notation $\mathcal{I} = \int_0^1 f(x)\,dx = 3$ verwendet wird. △

6.5.3 Summierte Simpson-Regel

Die von der (in Beispiel 6.1 vorgestellten) Simpson-Regel abgeleitete *summierte Simpson-Regel* lautet

$$\mathcal{T}_2(h) = \frac{h}{6}\left(f(a) + 4\sum_{k=1}^{N} f(x_{k-1/2}) + 2\sum_{k=1}^{N-1} f(x_k) + f(b) \right) \approx \int_a^b f(x)\,dx,$$

$$(6.19)$$

mit den äquidistanten Stützstellen $x_k = a + kh$, $k \geq 0$, und mit $h = \frac{b-a}{N}$.

Das nachfolgende Theorem liefert eine Fehlerdarstellung für die summierte Simpson-Regel.

Theorem 6.8. *Die Funktion* $f : [a, b] \to \mathbb{R}$ *sei viermal stetig differenzierbar. Dann gibt es eine Zwischenstelle* $\xi \in [a, b]$ *mit*

$$\int_a^b f(x)\,dx - \mathcal{T}_2(h) = -\frac{b-a}{2880}h^4 f^{(4)}(\xi),$$

mit $h = \frac{b-a}{N}$ *und* $\mathcal{T}_2(h)$ *wie in* (6.19).

Bemerkung.

a) Zwar ist die Zahl der erforderlichen Funktionsaufrufe bei der summierten Simpson-Regel doppelt so hoch wie bei den summierten Rechteckregeln oder der summierten Trapezregel. Für hinreichend glatte Funktionen f ist die Anwendung der summierten Simpson-Regel dennoch vorzuziehen, da sich beispielsweise gegenüber der summierten Trapezregel die Genauigkeit quadriert.

b) Es soll hier noch einmal kurz auf die in den Theoremen 6.6, 6.7 und 6.8 angegebenen Fehlerdarstellungen für die summierten Quadraturformeln $\mathcal{T}_0(h)$, $\widehat{\mathcal{T}}_0(h)$, $\mathcal{T}_1(h)$ sowie $\mathcal{T}_2(h)$ (das sind summierte Versionen der beiden Rechteckregeln, der Trapezregel sowie der Simpson-Regel) eingegangen werden.

Wegen der fehlenden Kenntnis der Zwischenstellen lassen sich die angegebenen Fehlerdarstellungen nicht direkt verwenden. Unter den jeweils getroffenen Annahmen an den Integranden ist aber gesichert, dass die auftretenden Ableitungen des Integranden jeweils beschränkte Funktionen darstellen. Wir können damit die folgenden Schlussfolgerungen ziehen:

$$\int_a^b f(x)\,dx - \mathcal{T}_0(h) = \mathcal{O}(h), \qquad \int_a^b f(x)\,dx - \widehat{\mathcal{T}_0}(h) = \mathcal{O}(h),$$

$$\tag{6.20}$$

$$\int_a^b f(x)\,dx - \mathcal{T}_1(h) = \mathcal{O}(h^2), \qquad \int_a^b f(x)\,dx - \mathcal{T}_2(h) = \mathcal{O}(h^4),$$

$$\tag{6.21}$$

jeweils für $h \to 0$.

Falls darüber hinaus die in den genannten Fehlertheoremen auftretenden Ableitungen des Integranden von null wegbeschränkt sind, lassen sich die in (6.20) und (6.21) angegebenen Konvergenzordnungen nicht verbessern.   △

6.6   Asymptotik der summierten Trapezregel

In dem vorliegenden kurzen Abschnitt wird für die summierte Trapezregel $\mathcal{T}_1$ aus (6.18) eine asymptotische Entwicklung vorgestellt, die beim Einsatz von Extrapolationsverfahren (siehe nachfolgender Abschn. 6.7) Gewinn bringend eingesetzt werden kann. Diese asymptotische Entwicklung weist gewisse Ähnlichkeiten mit einer Taylorentwicklung von $\mathcal{T}_1$ im Punkt $h = 0$ auf. Man beachte jedoch, dass $\mathcal{T}_1(h)$ nur für ausgewählte positive Werte von h definiert ist.

Sei $f \in C^{2r+2}[a,b]$, $r \geq 0$. Für die summierte Trapezregel

$$\mathcal{T}_1(h) = \frac{h}{2}\Big(f(a) + 2\sum_{k=1}^{N-1} f(x_k) + f(b)\Big) \approx \int_a^b f(x)\,dx \qquad \Big(h = \frac{b-a}{N}\Big)$$

(vergleiche (6.18)) gilt folgende Darstellung:

$$\mathcal{T}_1(h) = \tau_0 + \tau_1 h^2 + \cdots + \tau_r h^{2r} + R_{r+1}(h), \tag{6.22}$$

mit

$$\tau_0 = \int_a^b f(x)\,dx, \qquad R_{r+1}(h) = \mathcal{O}(h^{2r+2}) \quad \text{für } h \to 0,$$

und gewissen Koeffizienten $\tau_1, \tau_2, \ldots, \tau_r \in \mathbb{R}$.

Es fällt auf, dass auf der rechten Seite von (6.22) ausschließlich Terme mit geraden Potenzen von h auftreten, was man sich zunutze machen kann. Mehr hierzu finden Sie in dem nachfolgenden Abschn. 6.7 über Extrapolationsmethoden.

6.7   Extrapolationsverfahren

6.7.1   Grundidee

Der vorliegende Abschnitt über Extrapolationsverfahren lässt sich inhaltlich Abschn. 2 über Polynominterpolation zuordnen. Er wird erst hier präsentiert, da mit der in Abschn. 6.6 vorgestellten Asymptotik der summierten Trapezregel nun eine spezielle Anwendung vorliegt.

Wir betrachten im Folgenden eine Funktion $\mathcal{T}(h)$, die für eine Nullfolge positiver Schrittweiten h definiert ist. Typischerweise repräsentiert eine solche Funktion ein numerisches Verfahren, das zu zulässigen Diskretisierungsparametern h jeweils eine Approximation $\mathcal{T}(h)$ für eine gesuchte Größe $\tau_0 \in \mathbb{R}$ liefert. Es liege mit gewissen Koeffizienten $\tau_0, \tau_1, \ldots, \tau_r \in \mathbb{R}$ folgendes asymptotische Verhalten vor,

$$\mathcal{T}(h) = \tau_0 + \tau_1 h^\gamma + \tau_2 h^{2\gamma} + \cdots + \tau_r h^{r\gamma} + \mathcal{O}(h^{(r+1)\gamma}) \quad \text{für } h \to 0, \qquad (6.23)$$

mit einer Zahl $\gamma > 0$ und dem gesuchten Wert $\tau_0 = \lim_{h \to 0+} \mathcal{T}(h)$.

Wegen (6.23) gilt zunächst nur

$$\mathcal{T}(h) = \tau_0 + \mathcal{O}(h^\gamma) \quad \text{für } h \to 0.$$

Mithilfe des im Folgenden vorzustellenden Extrapolationsverfahrens erhält man ohne großen Mehraufwand genauere Approximationen an die gesuchte Größe τ_0 (siehe Theorem 6.9 unten). Der Ansatz des Extrapolationsverfahrens ist folgender: zu ausgewählten paarweise verschiedenen, positiven Stützstellen $h_0, h_1, \ldots, h_n$ wird das eindeutig bestimmte Polynom $\mathcal{P}_{0,\ldots,n} \in \Pi_n$ mit

$$\mathcal{P}_{0,\ldots,n}(h_j^\gamma) = \mathcal{T}(h_j), \qquad j = 0, 1, \ldots, n, \qquad (6.24)$$

herangezogen, wobei die Werte $\mathcal{T}(h_j)$ alle berechenbar seien. Der Wert

$$\mathcal{P}_{0,\ldots,n}(0) \approx \mathcal{T}(0)$$

wird dann als Approximation für $\mathcal{T}(0)$ verwendet. Im Zusammenhang mit der summierten Trapezregel wird diese Vorgehensweise als *Romberg-Integration* bezeichnet und geht auf Romberg [53] zurück. Die prinzipielle Vorgehensweise bei der Extrapolation ist für $n = 3$ in Abb. 6.5 dargestellt. Die zur linken Seite von (6.24) gehörende Funktion $h \mapsto \mathcal{P}_{0,\ldots,n}(h^\gamma)$ wird als *Polynom in h^γ* bezeichnet.

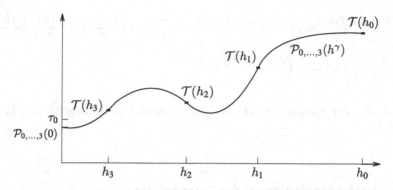

Abb. 6.5 Vorgehensweise bei der Extrapolation; es ist $\mathcal{P}_{0,\ldots,3} \in \Pi_3$

6.7.2 Neville-Schema

Der Wert $\mathcal{P}_{0,\ldots,n}(0) \approx \mathcal{T}(0)$ lässt sich mit dem Neville-Schema berechnen. Für positive, paarweise verschiedene Schrittweiten $h_0, h_1, \ldots$ sei hierzu $\mathcal{P}_{k,\ldots,k+m} \in \Pi_m$ dasjenige Polynom mit

$$\mathcal{P}_{k,\ldots,k+m}(h_j^\gamma) = \mathcal{T}(h_j), \qquad j = k, k+1, \ldots, k+m, \tag{6.25}$$

und es bezeichne

$$T_{k,\ldots,k+m} := \mathcal{P}_{k,\ldots,k+m}(0). \tag{6.26}$$

Dabei sei wieder angenommen, dass die Werte $\mathcal{T}(h_j)$ für $j = 0, 1, \ldots$ alle berechenbar seien.

Die Werte $T_{k,\ldots,k+m}$ lassen sich mit dem Neville-Schema (2.8) rekursiv berechnen:

Theorem. *Für die Werte $T_{k,\ldots,k+m}$ aus (6.26) gilt $T_k = \mathcal{T}(h_k)$ und*

$$T_{k,\ldots,k+m} = T_{k+1,\ldots,k+m} + \frac{T_{k+1,\ldots,k+m} - T_{k,\ldots,k+m-1}}{\left(\frac{h_k}{h_{k+m}}\right)^\gamma - 1} \qquad (m \geq 1, \ k \geq 0).$$

Beispiel. Die zur summierten Trapezregel $\mathcal{T}_1(h)$ (hier gilt $\gamma = 2$) gehörenden Werte T_0, T_1 und T_{01} lauten für die Schrittweiten $h_0 = b - a$ und $h_1 = \frac{b-a}{2}$ folgendermaßen,

$$T_0 = \frac{b-a}{2}\Big(f(a) + f(b)\Big), \qquad T_1 = \frac{b-a}{2}\left(\frac{f(a)}{2} + f\Big(\frac{a+b}{2}\Big) + \frac{f(b)}{2}\right),$$

$$T_{01} = T_1 + \frac{T_1 - T_0}{4 - 1}$$

$$= \frac{b-a}{2}\left(\frac{f(a)}{2} + f\left(\frac{a+b}{2}\right) + \frac{f(b)}{2}\right) + \frac{b-a}{6}\left(f\left(\frac{a+b}{2}\right) - \frac{f(b)}{2} - \frac{f(a)}{2}\right)$$

$$= \frac{b-a}{6}\left(f(a) + 4f\left(\frac{a+b}{2}\right) + f(b)\right),$$

so dass T_{01} der Simpson-Regel zur Approximation des Integrals $\int_a^b f(x)\,dx$ entspricht.   △

6.7.3   Verfahrensfehler bei der Extrapolation

Die betrachteten Schrittweiten $h_0, h_1, \ldots$ seien nun so gewählt, dass bezüglich einer Grundschrittweite $\widehat{h} > 0$ Folgendes gilt,

$$h_j = \frac{\widehat{h}}{n_j} \quad \text{für } j = 0, 1, \ldots, \quad \text{mit } 1 \le n_0 < n_1 < \ldots . \tag{6.27}$$

Mit dem folgenden Theorem, das einen Spezialfall der in Bulirsch [7] betrachteten Situation darstellt, wird beschrieben, wie gut die Werte $T_{k,\ldots,k+m} = \mathcal{P}_{k,\ldots,k+m}(0)$ den gesuchten Wert $\tau_0 = \lim_{h\to 0+} \mathcal{T}(h)$ approximieren.

Theorem 6.9. *Sei $\mathcal{T}(h)$, $h > 0$, eine Funktion mit der asymptotischen Entwicklung (6.23), mit gewissen Zahlen $\gamma > 0$ und $r \in \mathbb{N}$. Für eine Folge $h_0, h_1, \ldots$ von Schrittweiten mit der Eigenschaft (6.27) erfülle das Polynom $\mathcal{P}_{k,\ldots,k+m} \in \Pi_m$ die Interpolationsbedingung (6.25), und $T_{k,\ldots,k+m}$ sei wie in (6.26). Dann gilt im Fall $0 \le m \le r - 1$ die asymptotische Entwicklung*

$$T_{k,\ldots,k+m} = \tau_0 + \mathcal{O}(\widehat{h}^{(m+1)\gamma}) \quad \text{für } \widehat{h} \to 0.$$

Bemerkung. Prominente Unterteilungen sind:

- $h_j = \frac{h_{j-1}}{2}$ für $j = 1, 2, \ldots$ mit $h_0 = \widehat{h}$ (*Romberg-Folge*)

- $h_0 = \widehat{h}$, $h_1 = \frac{\widehat{h}}{2}$, $h_2 = \frac{\widehat{h}}{3}$, $h_3 = \frac{\widehat{h}}{4}$, $h_4 = \frac{\widehat{h}}{6}$, $h_5 = \frac{\widehat{h}}{8}$, $h_6 = \frac{\widehat{h}}{12}$, $h_7 = \frac{\widehat{h}}{16}$,

  $h_8 = \frac{\widehat{h}}{24}, \ldots,$

  mit der Notation aus (6.27) allgemein $n_j = 2n_{j-2}$ für $j \ge 4$ (*Bulirsch-Folge*)

- $h_{j-1} = \frac{\widehat{h}}{j}$ für $j = 1, 2, \ldots$ (*harmonische Folge*)   △

Schema 6.1
Neville-Schema zu
Beispiel 6.10

$$\mathcal{T}_1(h_0) = T_0$$
$$\searrow$$
$$\mathcal{T}_1(h_1) = T_1 \to T_{01}$$
$$\searrow \quad \searrow$$
$$\mathcal{T}_1(h_2) = T_2 \to T_{12} \to T_{012}$$

Beispiel 6.10. Speziell soll ausgehend von der Basisunterteilung $\widehat{h} = (b-a)/N$ noch die Romberg-Folge $h_j = \widehat{h}/2^j$ für $j = 0, 1, \ldots$ genauer betrachtet werden. Hier ist die Bedingung (6.27) mit $n_j = 2^j$ erfüllt, und unter den Bedingungen von Theorem 6.9 erhält man für $n \leq r - 1$

$$T_{0,\ldots,n} = \tau_0 + \mathcal{O}(\widehat{h}^{(n+1)\gamma}).$$

Zur Veranschaulichung soll das Resultat noch speziell für die summierte Trapezregel

$$\mathcal{T}_1(\widehat{h}) = \int_a^b f(x)\,dx + \mathcal{O}(\widehat{h}^2)$$

betrachtet werden, mit $n = 2$. Mit der in Schema 6.1 angedeuteten Vorgehensweise erhält man so mit wenig Aufwand die sehr viel genauere Approximation

$$T_{012} = \int_a^b f(x)\,dx + \mathcal{O}(\widehat{h}^6).$$ $\triangle$

Weitere Themen und Literaturhinweise
Eine Auswahl existierender Lehrbücher mit Abschnitten über numerische Integration bildet Freund/Hoppe [16], Hämmerlin/Hoffmann [29], Kress [37], Krommer/Überhuber [38], Oevel [45] und Werner [66]. Insbesondere in [38] werden viele weitere Themen wie die numerische Berechnung uneigentlicher und mehrdimensionaler Integrale beziehungsweise die symbolische Integration behandelt.

Übungsaufgaben

Aufgabe 6.1. Man zeige, dass die Mittelpunktregel den Genauigkeitsgrad $r = 1$ besitzt. Geben Sie eine Fehlerdarstellung an.

Aufgabe 6.2. Man bestimme eine Stützstelle x_1 und Gewichte σ_0, σ_1, so dass die Quadraturformel

$$\mathcal{I}_1(f) := \sigma_0 f(0) + \sigma_1 f(x_1) \approx \int_0^1 f(x)\,dx$$

einen möglichst hohen Genauigkeitsgrad r besitzt. Handelt es sich um eine interpolatorische Quadraturformel? Geben Sie eine Fehlerdarstellung an.

Aufgabe 6.3. Zeigen Sie, dass die abgeschlossene Newton-Cotes-Formel für $n = 3$ auf die newtonsche $\frac{3}{8}$-Regel führt.

Aufgabe 6.4. Man bestimme die Koeffizienten a_0, a_1, $a_2 \in \mathbb{R}$ durch Taylorabgleich so, dass die Quadraturformel $Qf = a_0 f(a) + a_1 f(\frac{a+b}{2}) + a_2 f(b)$ zur näherungsweisen Berechnung des Integrals $\int_a^b f(x)\,dx$ einen möglichst hohen Genauigkeitsgrad besitzt.

Aufgabe 6.5. Gegeben sei die Quadraturformel

$$I_1(f) := f(\tfrac{1}{2}) \approx \int_0^1 f(x)\,dx.$$

Bestimmen Sie die dazugehörige summierte Quadraturformel zur Approximation des Integrals $I(f) = \int_a^b f(x)\,dx$ mit $a, b \in \mathbb{R}$, $a < b$. Für welches q gilt $I_1(f) = I(f) + \mathcal{O}(h^q)$? Hinreichende Glattheit der Funktion f sei vorausgesetzt.

Aufgabe 6.6. Gegenstand dieser Aufgabe ist die näherungsweise Berechnung des Integrals

$$\mathcal{I} = \int_0^1 \frac{1}{1+x}\,dx$$

mit Hilfe der summierten Trapezregel $\mathcal{T}_1(h)$ mit $h = \frac{1}{N}$. Wie groß ist N mindestens zu wählen, damit sicher $|\mathcal{T}_1(h) - \mathcal{I}| \le 10^{-6}$ gilt?

Aufgabe 6.7. Gegenstand dieser Aufgabe ist die näherungsweise Berechnung des Integrals

$$\mathcal{I} = \int_0^2 x^4\,dx.$$

a) Berechnen Sie mit Hilfe der Simpsonregel eine Näherung für $\mathcal{I}$.
b) Berechnen Sie mit Hilfe der summierten Trapezregel $\mathcal{T}_1(h)$ mit $h = 1$ eine Näherung für $\mathcal{I}$.

Aufgabe 6.8 (*Numerische Aufgabe*). Man berechne die vier bestimmten Integrale

$$\int_0^{0,5} \frac{1}{16x^2+1}\,dx, \quad \int_0^2 e^{-x^2}\,dx, \quad \int_0^{\pi/2} \left(\cos\frac{x}{2}\right)^2 \sin 3x\,dx, \quad \int_0^{\pi/2} \sqrt{|\cos 2x|}\,dx,$$

numerisch durch Extrapolation der Trapezsummen $\mathcal{T}_1(h_j)$ unter Anwendung der Romberg-Schrittweite $h_0 = b - a$ und $h_j = h_{j-1}/2$ für $j = 1, 2, \ldots$. Genauer: mit den Bezeichnungen aus (6.25)–(6.26) mit $\mathcal{T} = \mathcal{T}_1$ und $\gamma = 2$ berechne man für $k = 0, 1, \ldots$ die Werte

$$T_{k-m,\ldots,k} \quad \text{für } m = 0, 1, \ldots, \min\{k, m_*\}. \tag{6.28}$$

Man breche mit $k =: k_*$ ab, falls

$$m_* + 1 \leq k \leq 12, \qquad |T_{k-m_*,\ldots,k} - T_{k-m_*+1,\ldots,k}| \leq \varepsilon$$

oder aber

$$k = 13$$

erfüllt ist (mit $m_* = 4$ und $\varepsilon = 10^{-8}$). Man gebe für jedes der vier zu berechnenden Integrale die Werte (6.28) für $k = 0, 1, \ldots, k_*$ in einem Tableau aus, jeweils auf acht Nachkommastellen genau.

Weitere Aufgaben zu den Themen dieses Kapitels werden als Flashcards online zur Verfügung gestellt. Hinweise zum Zugang finden Sie zu Beginn von Kap. 1.

Explizite Einschrittverfahren für Anfangswertprobleme

Viele Anwendungen wie beispielsweise die Berechnung der Flugbahn eines Raumfahrzeugs beim Wiedereintritt in die Erdatmosphäre oder Räuber-Beute-Modelle führen auf Anfangswertprobleme für Systeme von gewöhnlichen Differenzialgleichungen erster Ordnung. Mit dem mathematischen Pendel ist in Kap. 1 bereits ein konkretes Beispiel vorgestellt worden. Es handelt sich dabei zwar um ein Anfangswertproblem für eine gewöhnliche Differenzialgleichung zweiter Ordnung, das aber in ein Anfangswertproblem für ein System von zwei gewöhnliche Differenzialgleichung erster Ordnung überführt werden kann, wie wir noch sehen werden (siehe Beispiel 7.3). Ein weiteres Beispiel aus dem Bereich Stromnetzwerke wird unten präsentiert (siehe Beispiel 7.1). Ebenso resultieren gewisse Diskretisierungen von Anfangswertproblemen für partielle Differenzialgleichungen in Anfangswertproblemen für Systeme von gewöhnlichen Differenzialgleichungen. Auch hierzu wird in diesem Abschnitt noch ein Beispiel vorgestellt werden (siehe Beispiel 7.2).

Wir stellen nun die allgemeine Form eines Anfangswertproblems für ein System von m gewöhnlichen Differenzialgleichungen 1. Ordnung vor.

Ein *Anfangswertproblem für ein System von m gewöhnlichen Differenzialgleichungen 1. Ordnung* ist von der Form

$$y' = f(t, y), \qquad t \in [a, b], \tag{7.1}$$

$$y(a) = y_0, \tag{7.2}$$

mit einem gegebenen endlichen Intervall $[a, b]$, einem Vektor $y_0 \in \mathbb{R}^m$ und einer Funktion

(Fortsetzung)

R. Plato, *Basiswissen Numerik*, https://doi.org/10.1007/978-3-662-66570-1_7

$$f : [a, b] \times \mathbb{R}^m \to \mathbb{R}^m, \tag{7.3}$$

und eine differenzierbare Funktion $y : [a, b] \to \mathbb{R}^m$ mit den Eigenschaften (7.1)–(7.2) ist zu bestimmen.

Das Differenzialgleichungssystem (7.1) ist in expliziter Form, da die erste Ableitung der gesuchten Funktion für sich auf der linken Seite der Gleichung auftritt. Die Notation in (7.1) ist eine übliche Kurzform für $y'(t) = f(t, y(t))$, $t \in [a, b]$. Differenzierbarkeit bedeutet hier komponentenweise Differenzierbarkeit, und es ist $y'(t) = (y_1'(t), \ldots, y_m'(t))^\top \in \mathbb{R}^m$.

Wir stellen nun zwei Beispiele für Anfangswertprobleme der Form (7.1)–(7.2) vor.

Beispiel 7.1. Wir betrachten hier das in Abb. 7.1 gezeigte Stromnetzwerk mit drei ohmschen und zwei induktiven Widerständen verteilt auf zwei Maschen sowie einer Wechselstromquelle. Anwendung der beiden kirchhoffschen Regeln führt auf folgende Beziehungen:

$$I_3(t) = I_1(t) + I_2(t), \tag{7.4}$$

$$U_e(t) = L_2 I_2'(t) + R_3 I(t) + R_2 I_2(t), \tag{7.5}$$

$$0 = -L_2 I_2'(t) - R_2 I_2(t) + L_1 I_1'(t) + R_1 I_1(t), \tag{7.6}$$

jeweils für $t \geq 0$. Dabei ergibt sich die erste Gleichung aus der Knotenregel (Summe der ein- ist gleich der Summe der ausfließenden Ströme). Die beiden anderen Gleichungen resultieren aus der auf den oberen beziehungsweise den unteren Stromkreis angewandten Maschenregel. Dabei gehen noch Gesetzmäßigkeiten für die zeitabhängigen Spannungsabfälle $U_1(t), U_2(t), \ldots, U_5(t)$ an den ohmschen und den induktiven Widerständen R_1, R_2, R_3, L_1 und L_2 ein, die der Reihe nach so aussehen (wobei die entsprechenden Konstanten ebenfalls so bezeichnet sind):

Abb. 7.1 Zweimaschiger Wechselstromkreis mit ohmschen Widerständen und Spulen

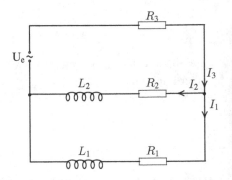

$$U_1(t) = R_1 I_1(t), \quad U_2(t) = R_2 I_2(t), \quad U_3(t) = R_3 I_3(t),$$

$$U_4(t) = L_1 I_1'(t), \quad U_5(t) = L_2 I_2'(t).$$

Löst man Gl. (7.5) nach $L_2 I_2'(t)$ auf und verwendet dabei zur Elimination von $I(t)$ die Identität (7.4), so ergibt dies

$$L_2 I_2'(t) = -R_3(I_1(t) + I_2(t)) - R_2 I_2(t) + U_e(t)$$

$$= -R_3 I_1(t) - (R_2 + R_3)I_2(t) + U_e(t). \tag{7.7}$$

Auflösen der Identität (7.6) nach $L_1 I_1'(t)$ und Ersetzen von $L_2 I_2'(t)$ durch den Ausdruck auf der rechten Seite von (7.7) führt auf

$$L_1 I_1'(t) = L_2 I_2'(t) + R_2 I_2(t) - R_1 I_1(t)$$

$$= -R_3 I_1(t) - (R_2 + R_3)I_2(t) + U_e(t) + R_2 I_2(t) - R_1 I_1(t)$$

$$= -(R_1 + R_3)I_1(t) - R_3 I_2(t) + U_e(t). \tag{7.8}$$

Es stellt (7.7)–(7.8) ein inhomogenes lineares System von zwei Differenzialgleichungen für die beiden Ströme I_1 und I_2 dar. Die formale Form (7.1) erhält man nach Division mit L_1 beziehungsweise L_2.   △

Beispiel 7.2 (Linienmethode bei der Wärmeleitungsgleichung). Ein Anfangsrandwertproblem für die räumlich eindimensionale Wärmeleitungsgleichung ist gegeben durch

$$\frac{\partial u}{\partial t} = \frac{\partial^2 u}{\partial x^2}, \qquad 0 < x < L, \quad 0 < t < T,$$

$$u(0, t) = u(L, t) = 0, \quad 0 \le t \le T,$$

$$u(x, 0) = u_0(x), \qquad 0 \le x \le L,$$

wobei $u_0 : [0, L] \to \mathbb{R}$ eine gegebene Funktion ist. Die gesuchte Lösung $u : [0, L] \times [0, T] \to \mathbb{R}$ soll numerisch bestimmt werden. Für äquidistante Gitterpunkte

$$x_j = j\Delta x, \quad j = 0, 1, \dots, m \qquad (\Delta x = \tfrac{L}{m}),$$

und eine hinreichend glatte Lösung u ergibt eine Approximation von $\frac{\partial^2 u}{\partial x^2}(x_j, t)$, $1 \le j \le m - 1$, durch zentrale Differenzenquotienten 2. Ordnung Folgendes (für Details siehe Lemma 3.4):

$$\frac{\partial^2 u}{\partial x^2}(x_j, t) = \frac{u(x_{j+1}, t) - 2u(x_j, t) + u(x_{j-1}, t)}{(\Delta x)^2} + \mathcal{O}((\Delta x)^2).$$

Vernachlässigung des Terms $\mathcal{O}((\Delta x)^2)$ führt auf das folgende gekoppelte System von $m-1$ gewöhnlichen Differenzialgleichungen für $y_j(t) \approx u(x_j, t)$,

$$\left.\begin{aligned}y_j'(t) &= \frac{1}{(\Delta x)^2}\Big(y_{j+1}(t) - 2y_j(t) + y_{j-1}(t)\Big), \quad 0 < t < T, \\ y_j(0) &= u_0(x_j), \hspace{5.5cm} j = 1, 2, \ldots, m-1,\end{aligned}\right\} \quad (7.9)$$

(mit $y_0(t) := y_m(t) := 0$) beziehungsweise in kompakter Form

$$y'(t) = -Ay(t), \quad 0 < t < T, \qquad y(0) = w_0,$$

mit

$$y(t) = \Big(y_1(t), \ldots, y_{m-1}(t)\Big)^\top, \qquad w_0 = \Big(u_0(x_1), \ldots, u_0(x_{m-1})\Big)^\top,$$

$$A = \frac{1}{(\Delta x)^2}\begin{pmatrix} 2 & -1 & & \\ -1 & \ddots & \ddots & \\ & \ddots & \ddots & -1 \\ & & -1 & 2 \end{pmatrix} \in \mathbb{R}^{(m-1)\times(m-1)}.$$

Die vorgestellte Vorgehensweise, die Wärmeleitungsgleichung mittels Diskretisierung in Ortsrichtung x durch ein System gewöhnlicher Differenzialgleichungen bezüglich der Zeit t zu approximieren, wird als *Linienmethode* bezeichnet. △

Beispiel 7.3. Jedes Anfangswertproblem für eine Differenzialgleichung m-ter Ordnung von der Form

$$y^{(m)} = f(t, y, y', \ldots, y^{(m-1)}), \quad t \in [a, b], \tag{7.10}$$

$$y(a) = y_0, \ y'(a) = y_0', \ \ldots, \ y^{(m-1)}(a) = y_0^{(m-1)}, \tag{7.11}$$

mit einer gegebenen skalaren Funktion $f : [a, b] \times \mathbb{R}^m \to \mathbb{R}$ und gegebenen reellen Zahlen $y_0, y_0', \ldots, y_0^{(m-1)} \in \mathbb{R}$ lässt sich in ein System von m gewöhnlichen Differenzialgleichungen erster Ordnung überführen. Wir verwenden hierfür im Folgenden die m Funktionen

$$z_k = y^{(k-1)}, \quad k = 1, 2, \ldots, m.$$

Für diese m Funktionen erhält man das folgende System von m gekoppelten Differenzialgleichungen:

$$z_1' = (y^{(0)})' = y' = z_2,$$
$$z_2' = (y')' = y'' = z_3,$$

$$\vdots \quad \vdots \qquad\qquad \vdots$$

$$z_{m-1}' = (y^{(m-2)})' = y^{(m-1)} = z_m,$$
$$z_m' = (y^{(m-1)})' = y^{(m)} = f(t, y, y', \ldots, y^{(m-1)}) = f(t, z_1, \ldots, z_m),$$

mit den Anfangsbedingungen

$$z_1(a) = y_0, \quad z_2(a) = y_0', \quad \ldots, \quad z_m(a) = y_0^{(m-1)}.$$

Dabei ergeben sich die ersten $m - 1$ Differenzialgleichungen direkt durch die Definition der Funktionen $z_1, z_2, \ldots, z_m$ und stehen in keinem Bezug zur ursprünglichen Differenzialgleichung (7.10). Diese geht erst in der letzten der m Differenzialgleichungen ein.   △

Der in Beispiel 7.3 vorgestellte Weg zur Transformation eines Anfangswertproblems für eine skalare gewöhnliche Differenzialgleichung m-ter Ordnung in ein Anfangswertproblem für ein System von m gekoppelten gewöhnlichen Differenzialgleichungen wird in der Praxis auch so verwendet, da numerische Löser eher für die letztere Klasse von Problemen existieren.

Die in Beispiel 7.3 vorgestellte Transformation mittels geeigneter Hilfsfunktionen lässt sich auf Systeme von gewöhnlichen Differenzialgleichungen höherer Ordnung übertragen, was an dem folgenden Beispiel erläutert werden soll. Ein weiteres Beispiel finden Sie in Aufgabe 7.1.

Beispiel 7.4. Wir betrachten zwei Körper mit den Massen m_1 und m_2, die sowohl miteinander als auch jeweils mit der benachbarten Wand über Federn verbunden sind. Die Situation ist in Abb. 7.2 dargestellt. Es sollen mathematische Darstellungen für die zeitabhängigen seitlichen Auslenkungen $x_1(t)$ und $x_2(t)$ der beiden

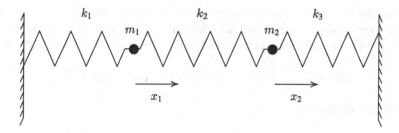

Abb. 7.2 Gekoppelter Massenschwinger

Körper aus ihren jeweiligen Ruhelagen angegeben werden. Eine Anwendung der newtonschen Bewegungsgesetze führt auf ein gekoppeltes System von zwei gewöhnlichen Differenzialgleichungen zweiter Ordnung für die gesuchten Funktionen $x_1(t)$ und $x_2(t)$,

$$m_1 x_1'' = -k_1 x_1 + k_2 (x_2 - x_1),$$
$$m_2 x_2'' = -k_3 x_2 - k_2 (x_2 - x_1).$$

Die Zahlen k_1, k_2 und k_3 sind dabei positive Federkonstanten. Man beachte, dass die Schreibweisen auf den jeweils rechten Seiten einen physikalischen Hintergrund haben; die sich überlagernden wirkenden Kräfte werden so besser dargestellt.

Eine Vorgabe an die Auslenkungen und Geschwindigkeiten der Massenpunkte zur Startzeit $t = 0$ ergibt dann noch die vier Anfangsbedingungen

$$x_1(0) = \overline{x}_1, \quad x_1'(0) = \overline{x}_1', \quad x_2(0) = \overline{x}_2, \quad x_2'(0) = \overline{x}_2',$$

mit gegebenen Werten $\overline{x}_1, \overline{x}_1', \overline{x}_2, \overline{x}_2' \in \mathbb{R}$. Dieses Anfangswertproblem für ein System von zwei gewöhnlichen Differenzialgleichungen zweiter Ordnung lässt sich in ein Anfangswertproblem für ein System von vier gewöhnlichen Differenzialgleichungen erster Ordnung überführen. Hierzu betrachten wir die Hilfsfunktionen

$$y_1 = x_1, \quad y_2 = x_2, \quad y_3 = x_1', \quad y_4 = x_2'.$$

Für diese vier Funktionen erhält man das folgende lineare homogene System von vier gekoppelten gewöhnlichen Differenzialgleichungen erster Ordnung mit konstanten Koeffizienten:

$$y_1' = x_1' = y_3,$$
$$y_2' = x_2' = y_4,$$
$$y_3' = x_1'' = -\frac{k_1}{m_1} x_1 + \frac{k_2}{m_1}(x_2 - x_1) = -\frac{k_1}{m_1} y_1 + \frac{k_2}{m_1}(y_2 - y_1),$$
$$y_4' = x_2'' = -\frac{k_3}{m_2} x_2 - \frac{k_2}{m_2}(x_2 - x_1) = -\frac{k_3}{m_2} y_2 + \frac{k_2}{m_2}(y_2 - y_1).$$

Die Schreibweise auf den rechten Seiten der letzten beiden Differenzialgleichungen ist wie bereits oben der physikalischen Herleitung geschuldet. Die Anfangsbedingungen für das so transformierte Differenzialgleichungssystem ergeben sich zu

$$y_1(0) = \overline{x}_1, \quad y_2(0) = \overline{x}_2, \quad y_3(0) = \overline{x}_1', \quad y_4(0) = \overline{x}_2',$$

wie man unmittelbar sieht.   △

In weiterem Verlauf dieses Kapitels werden folgende Themen behandelt:

- Zunächst wird die Existenz- und Eindeutigkeitsfrage bei Anfangswertproblemen für Systeme von gewöhnlichen Differenzialgleichungen erster Ordnung kurz abgehandelt.
- Anschließend wenden wir uns den Einschrittverfahren zu, die an Gitterpunkten mit möglicherweise variablen Schrittweiten sukzessive Näherungen berechnen. Diese Verfahren werden zunächst allgemein eingeführt und die dazugehörige Konvergenztheorie umfassend vorgestellt (Abschn. 7.2), gefolgt von einigen Beispielen für Einschrittverfahren.
- In einem weiteren Abschnitt wird der Frage nachgegangen, inwieweit sich Daten- oder Rundungsfehler auf die Konvergenzeigenschaften von Einschrittverfahren auswirken (Abschn. 7.4).
- Ein letzter Abschnitt (Abschn. 7.5) ist dem Thema Schrittweitensteuerung gewidmet. Hierbei geht es darum, bei Einschrittverfahren die Schrittweiten so zu wählen, dass die Fehler in einem gewissen Rahmen bleiben. Dies soll eine zu kleine und eine zu große Wahl der Schrittweiten vermeiden, was aus Effizienzgründen wünschenswert ist.

7.1 Ein Existenz- und Eindeutigkeitssatz

Die Existenz und Eindeutigkeit der Lösung ist auch bei Anfangswertproblemen für Systeme von gewöhnlichen Differenzialgleichungen eine grundlegende Fragestellung. Diese ist Gegenstand des nächsten Theorems, wobei die folgende Lipschitzbedingung für Funktionen f von der Form (7.3) eine wesentliche Rolle spielt,

$$\| f(t, u) - f(t, v) \| \leq L \| u - v \|, \qquad t \in [a, b], \quad u, v \in \mathbb{R}^m, \qquad (7.12)$$

mit einer Konstanten $L > 0$, wobei hier und im Folgenden $\| \cdot \| : \mathbb{R}^m \to \mathbb{R}$ eine beliebige Vektornorm bezeichnet. Solche Lipschitzbedingung sind in ähnlicher Form bereits bei der Lösung nichtlinearer Gleichungssysteme aufgetreten.

Neben der angesprochenen Existenz- und Eindeutigkeitsaussage für Anfangswertprobleme von der Form (7.1)–(7.2) liefert das folgende Theorem ein ebenso wichtiges Resultat zur stetigen Abhängigkeit von den Anfangswerten.

Box 7.5. *Es sei $f : [a, b] \times \mathbb{R}^m \to \mathbb{R}^m$ eine stetige Funktion, die die Lipschitzbedingung (7.12) erfülle. Dann gelten die beiden folgenden Aussagen:*

a) *(Picard/Lindelöf) Das Anfangswertproblem (7.1)–(7.2) besitzt genau eine stetig differenzierbare Lösung $y : [a, b] \to \mathbb{R}^m$.*

(Fortsetzung)

b) Für differenzierbare Funktionen y, $\widehat{y} : [a, b] \to \mathbb{R}^m$ mit

$$y' = f(t, y), \quad t \in [a, b]; \qquad y(a) = y_0$$
$$\widehat{y}' = f(t, \widehat{y}), \qquad \text{—}\,\text{«}\,\text{—} \qquad \widehat{y}(a) = \widehat{y}_0$$

gilt die Abschätzung

$$\| y(t) - \widehat{y}(t) \| \leq e^{L(t-a)} \| y_0 - \widehat{y}_0 \|, \qquad t \in [a, b]. \tag{7.13}$$

Einen Beweis hierzu finden Sie beispielsweise in Heuser [31], Abschnitt 12. Das folgende Beispiel zeigt, dass in Box 7.5 nicht auf die Lipschitzbedingung (7.12) verzichtet werden kann.

Beispiel. Das Anfangswertproblem

$$y' = \sqrt{y}, \; t \geq 0, \quad y(0) = 0, \tag{7.14}$$

besitzt offenbar die triviale Lösung $y \equiv 0$. Eine weitere Lösung liefert die Methode der Trennung der Veränderlichen:

$$\frac{dy}{dt} = \sqrt{y} \iff \frac{dy}{\sqrt{y}} = dt \iff \int \frac{dy}{\sqrt{y}} = \int 1 \, dt$$

$$\iff 2\sqrt{y} = t + c \iff y(t) = (\tfrac{t}{2} + c)^2.$$

Die Anfangsbedingung ergibt $c = 0$; damit ist $y(t) = \frac{1}{4}t^2$, $t \geq 0$, neben der trivialen Lösung eine weitere Lösung. Das Anfangswertproblem (7.14) besitzt daher sicher mehr als eine Lösung.

Man beachte, dass die Lipschitz-Bedingung (7.12) hier nicht erfüllt ist, denn es gibt keine Konstante $L \geq 0$ mit der Eigenschaft $|\sqrt{u} - \sqrt{v}| \leq L|u - v|$ für $u, v \geq 0$. Man betrachte dazu zum Beispiel $v = 0$ und kleine positive Werte u.

Das Anfangswertproblem (7.14) besitzt sogar unendlich viele Lösungen. Für jedes $t_0 \geq 0$ ist

$$y(t) = \begin{cases} 0, \, 0 \leq t \leq t_0, \\ \frac{1}{4}(t - t_0)^2, \, t > t_0, \end{cases}$$

eine stetig differenzierbare Lösung.   △

Die Lipschitzbedingung (7.12) stellt eine relativ starke Forderung dar. Auch unter anderen Voraussetzungen an die Funktion f sind Existenz- und Eindeutigkeitsaussagen für das Anfangswertproblem (7.1)–(7.2) möglich. Zur Vereinfachung der Notation wird nun Folgendes angenommen:

In diesem Kapitel wird ohne weitere Spezifikation an die Funktion f angenommen, dass jedes der im Folgenden betrachteten Anfangswertprobleme von der Form (7.1)–(7.2) jeweils eine eindeutig bestimmte Lösung y : $[a, b] \to \mathbb{R}^m$ besitzt.

An einigen Stellen erweist sich das folgende Resultat über die Glattheit der Lösung des Anfangswertproblems (7.1)–(7.2) als nützlich, das man mit der Kettenregel erhält.

Box 7.6. *Für eine p-mal stetig partiell differenzierbare Funktion f mit $p \geq 1$ ist die Lösung des Anfangswertproblems (7.1)–(7.2) mindestens (p+1)-mal stetig partiell differenzierbar.*

Bemerkung. Unter den genannten Glattheitsannahmen lassen sich die höheren Ableitungen der Lösung angeben. Beispielsweise berechnet man im eindimensionalen Fall $m = 1$ sowie für $p = 1$ sofort Folgendes:

$$y''(t) = \frac{\partial f}{\partial t}(t, y(t)) + \frac{\partial f}{\partial y}(t, y(t))y'(t) = \left(\frac{\partial f}{\partial t} + \frac{\partial f}{\partial y}f\right)(t, y(t)). \quad \triangle \quad (7.15)$$

In den meisten Fällen lässt sich die Lösung des Anfangswertproblems (7.1)–(7.2) nicht exakt berechnen, so dass man auf numerische Verfahren zurückgreift. Solche Verfahren werden im Folgenden vorgestellt, wobei es die Zielsetzung der meisten dieser Verfahren ist, zu der Lösung y : $[a, b] \to \mathbb{R}^m$ des Anfangswertproblems (7.1)–(7.2) schrittweise für $j = 0, 1, \ldots$ Approximationen

$$u_j \approx y(t_j), \qquad j = 0, 1, \ldots, N,$$

zu gewinnen auf einem noch nicht näher spezifizierten Gitter

$$\Delta = \{a = t_0 < t_1 < \cdots < t_N \leq b\}. \tag{7.16}$$

Die Abstände zwischen den Gitterpunkten, die auch als *Schrittweiten* bezeichnet werden, spielen eine wichtige Rolle und erhalten eigene Bezeichnungen:

$$h_j := t_{j+1} - t_j \quad \text{für} \quad j = 0, 1, \ldots, N-1. \tag{7.17}$$

In der Regel wird man eine konstante Schrittweite $h_j = h$ für $j = 0, 1, \ldots, N-1$ verwenden mit $h = (b - a)/N$. Möglich ist aber auch eine Schrittweitensteuerung, die auf variable Schrittweiten führt. Darauf wird in Abschn. 7.5 näher eingegangen.

7.2   Theorie der Einschrittverfahren

Im Folgenden werden Einschrittverfahren einführend behandelt.

Ein (explizites) *Einschrittverfahren* zur approximativen Bestimmung einer Lösung des Anfangswertproblems (7.1)–(7.2) ist allgemein von der Form

$$u_{j+1} = u_j + h_j \varphi(t_j, u_j; h_j), \quad j = 0, 1, \ldots, N-1; \quad u_0 := y_0 \tag{7.18}$$

mit einer *Verfahrensfunktion* $\varphi : [a, b] \times \mathbb{R}^m \times \mathbb{R}_+ \to \mathbb{R}^m$ und einem noch nicht näher spezifizierten Gitter der Form (7.16).

Konkrete Einschrittverfahren werden in Abschn. 7.3 vorgestellt.

Bemerkung.

a) Die Approximation u_j hängt von u_{j-1}, nicht jedoch (unmittelbar) von $u_{j-2}, u_{j-3}, \ldots$ ab, was die Bezeichnung „Einschrittverfahren" rechtfertigt. Daneben gibt es noch Mehrschrittverfahren, die aber in diesem Lehrbuch nicht behandelt werden.

b) Ein Einschrittverfahren ist durch seine Verfahrensfunktion φ festgelegt, die Schrittweiten hingegen sind noch frei wählbar. Zur Vereinfachung der Notation wird dennoch im Folgenden bei Einschrittverfahren auf die Verfahrensvorschrift (7.18) verwiesen, obwohl Eigenschaften von φ behandelt werden.

c) Ebenfalls zwecks einer vereinfachten Notation wird als Definitionsbereich einer Verfahrensfunktion φ immer $[a, b] \times \mathbb{R}^m \times \mathbb{R}_+$ angegeben, obwohl bei den meisten noch vorzustellenden speziellen Einschrittverfahren der Ausdruck $\varphi(t, u; h)$ lediglich für Schrittweiten $h \leq b - t$ wohldefiniert ist.

d) Eine gewisse Rolle spielen in der Praxis auch *implizite* Einschrittverfahren, die durch die Definition (7.18) nicht direkt erfasst sind und in diesem Lehrbuch auch nicht behandelt werden.   △

Die wichtigste Kennzahl eines Einschrittverfahrens ist seine Konvergenzordnung:

Ein Einschrittverfahren (7.18) zur Lösung des Anfangswertproblems $y' = f(t, y)$, $y(a) = y_0$ besitzt die *Konvergenzordnung* $p \geq 1$, falls sich der *globale Verfahrensfehler* in der Form

$$\max_{j=0,\dots,N} \| u_j - y(t_j) \| \leq Ch^p, \qquad h := \max_{j=0,\dots,N-1} \{t_{j+1} - t_j\},$$

abschätzen lässt mit einer vom gewählten Gitter Δ unabhängigen Konstanten $C \geq 0$.

Die Konvergenzordnung eines Einschrittverfahrens lässt sich in der Regel nicht direkt bestimmen. Vielmehr wird hierfür der Begriff der Konsistenzordnung benötigend. Vorbereitend stellen wir hierfür den Begriff des lokalen Verfahrensfehlers vor.

Für ein Einschrittverfahren (7.18) zur Lösung des Anfangswertproblems $y' = f(t, y)$, $y(a) = y_0$ bezeichnet

$$\eta(t, h) := \underbrace{y(t) + h\varphi(t, y(t); h)}_{\text{Verfahrensvorschrift}} - y(t + h) \quad \text{für } t \in [a, b], \quad 0 \leq h \leq b - t,$$

den *lokalen Verfahrensfehler im Punkt* $(t + h, y(t + h))$ bezüglich der Schrittweite h.

Mithilfe des lokalen Verfahrensfehlers lässt sich die Konsistenzordnung definieren:

Ein Einschrittverfahren (7.18) zur Lösung des Anfangswertproblems $y' = f(t, y)$, $y(a) = y_0$ besitzt die *Konsistenzordnung* $p \geq 1$, falls für den lokalen Verfahrensfehler die Ungleichung

$$\| \eta(t, h) \| \leq Ch^{p+1} \quad \text{für } t \in [a, b], \qquad 0 \leq h \leq b - t, \qquad (7.19)$$

erfüllt ist mit einer (von t und h unabhängigen) Konstanten $C \geq 0$.

Die Konsistenzordnung bezeichnet man oft nur kurz als *Ordnung* eines Einschrittverfahrens. Es wird nun die wesentliche Abschätzung für den bei Einschrittverfahren auftretenden globalen Verfahrensfehler vorgestellt, wofür die folgende Lipschitzbedingung an die Verfahrensfunktion benötigt wird,

$$\| \varphi(t,u;h) - \varphi(t,v;h) \| \le L_\varphi \| u - v \| \ \text{für} \ t \in [a,b], \ 0 < h \le b - t, \\ u, \ v \in \mathbb{R}^m. \right\} \quad (7.20)$$

Bei allen in diesem Kapitel vorzustellenden speziellen Einschrittverfahren ist eine solche Lipschitzbedingung (7.20) erfüllt, falls die Funktion f aus der Differenzialgleichung der Lipschitzbedingung (7.12) genügt.

Es wird nun das zentrale Konvergenzresultat dieses Kapitels formuliert.

Box 7.7. *Ein Einschrittverfahren* (7.18) *zur Lösung des Anfangswertproblems* $y' = f(t,y)$, $y(a) = y_0$ *besitze die Konsistenzordnung* $p \ge 1$ *und erfülle die Lipschitzbedingung* (7.20). *Dann liegt die Konvergenzordnung* p *vor. Genauer gilt*

$$\max_{j=0,\dots,N} \| u_j - y(t_j) \| \le K h^p, \qquad h := \max_{j=0,\dots,N-1} \{ t_{j+1} - t_j \}, \quad (7.21)$$

mit der Konstanten $K = \frac{C}{L_\varphi}(e^{L_\varphi(b-a)} - 1)$, *wobei* C *der Abschätzung* (7.19) *entnommen ist.*

Lipschitzbedingung (7.20) und Konsistenzordnung p zusammen gewährleisten also die Konvergenzordnung p des Einschrittverfahrens (7.18).

7.3   Spezielle Einschrittverfahren

Wir betrachten nun Beispiele für Einschrittverfahren zur Lösung des Anfangswertproblems $y' = f(t,y)$, $y(a) = y_0$.

7.3.1   Das Euler-Verfahren

Das *Euler-Verfahren* ist von der Form

$$u_{j+1} = u_j + h_j f(t_j, u_j), \qquad j = 0, 1, \dots, N-1; \qquad u_0 := y_0. \quad (7.22)$$

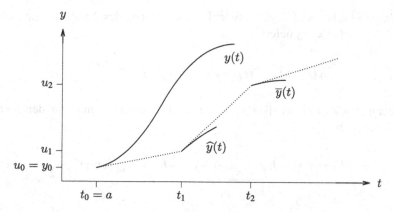

Abb. 7.3 Vorgehensweise beim Euler-Verfahren

Andere übliche Bezeichnungen für das Verfahren (7.22) sind *eulersches Polygon-zugverfahren* oder *vorwärtsgerichtete Euler-Formel*.

In Abb. 7.3 ist die Vorgehensweise des Euler-Verfahrens veranschaulicht. Dabei stellen die Funktionen y, $\widehat{y}$ beziehungsweise $\overline{y}$ Lösungen der Differenzialgleichung $y' = f(t, y)$ dar mit den Anfangswerten $y(t_0) = y_0$, $\widehat{y}(t_1) = u_1$ beziehungsweise $\overline{y}(t_2) = u_2$. Die gestrichelten Linien stellen Tangenten dar und illustrieren die Bestimmung der jeweils nächsten Approximation. △

Beispiel 7.8. Gegeben sei das Anfangswertproblem

$$y' = 1 + y, \quad t \geq 0, \qquad y(0) = 0.$$

Zu der Schrittweite $h > 0$ berechnen wir mit dem Euler-Verfahren für $j = 0, 1, 2, 3$ die jeweiligen Näherungen u_j für den Wert der Lösung y an der Stelle $t_j = jh$. Das Euler-Verfahren hat hier die Form

$$u_{j+1} = u_j + h(1 + u_j) = (1 + h)u_j + h \quad \text{für} \quad j = 0, 1, \dots,$$

Damit erhält man die Näherungen

$$u_0 = 0, \quad u_1 = h, \quad u_2 = h^2 + 2h, \quad u_3 = h^3 + 3h^2 + 3h,$$

wie eine leichte Rechnung zeigt. △

Wir befassen uns nun mit der Frage der Ordnung des Euler-Verfahrens.

Für eine stetig partiell differenzierbare Funktion $f : [a, b] \times \mathbb{R}^m \to \mathbb{R}^m$ besitzt das Euler-Verfahren die Konsistenzordnung $p = 1$.

Beweis. Eine vektorielle Taylorentwicklung der Lösung des Anfangswertproblems $y' = f(t, y), y(a) = y_0$ liefert

$$y(t + h) = y(t) + y'(t)h + (y_j''(\tau_j))_{j=1}^m \frac{h^2}{2}$$

mit geeigneten Zwischenstellen $\tau_j \in [a, b]$. Daraus erhält man für den lokalen Verfahrensfehler

$$\eta(t, h) = y(t) + h \underbrace{f(t, y(t))}_{= y'(t)} - y(t + h) = -(y_j''(\tau_j))_{j=1}^m \frac{h^2}{2}$$

beziehungsweise

$$\| \eta(t, h) \|_\infty \leq Ch^2, \quad \text{mit } C = \frac{1}{2} \max_{\tau \in [a,b]} \| y''(\tau) \|_\infty,$$

wobei die zweimalige stetige Differenzierbarkeit der Lösung y aus Box 7.6 folgt. $\square$

7.3.2 Zwei Beispiele für Einschrittverfahren der Ordnung $p = 2$

Es werden nun zwei Beispiele für Einschrittverfahren der Ordnung $p = 2$ vorgestellt.

Beispiel. Die Verfahrensfunktion für das *modifizierte Euler-Verfahren* lautet

$$\varphi(t, u; h) = f(t + \tfrac{h}{2}, u + \tfrac{h}{2} f(t, u)), \qquad t \in [a, b], \quad 0 \leq h \leq b - t, \quad u \in \mathbb{R}^m.$$

Das zugehörige Einschrittverfahren (7.18) besitzt für eine zweimal stetig differenzierbare Funktion f die Konsistenzordnung $p = 2$, wie sich mithilfe von Taylorentwicklungen sowohl von $\varphi(t, y(t); \cdot)$ im Punkt $h = 0$ als auch von der Lösung y in t zeigen lässt.

Das Verfahren selbst lässt sich folgendermaßen realisieren,

$$u_{j+1/2} = u_j + \tfrac{h_j}{2} f(t_j, u_j), \qquad t_{j+1/2} := t_j + \tfrac{h_j}{2},$$

$$u_{j+1} = u_j + h_j f(t_{j+1/2}, u_{j+1/2}), \qquad j = 0, 1, \ldots, N - 1.$$

Hierbei stellt $u_{j+1/2}$ eine Hilfsnäherung an der Mitte $t_{j+1/2}$ des Intervalls $[t_j, t_{j+1}]$ dar, die für die Berechnung der eigentlichen Approximation u_{j+1} benötigt wird.

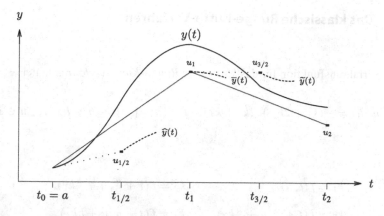

Abb. 7.4 Vorgehensweise beim modifizierten Euler-Verfahren

Die Hilfsgröße wird dabei mit dem Euler-Verfahren bestimmt, die eigentliche Approximation mithilfe des zentralen Differenzenquotienten.

Die Wirkungsweise des modifizierten Euler-Verfahrens ist in Abb. 7.4 veranschaulicht. Dabei stellen die Funktionen y, $\widehat{y}$, $\overline{y}$ beziehungsweise $\widetilde{y}$ Lösungen der Differenzialgleichung $y' = f(t, y)$ dar mit den Anfangswerten $y(t_0) = y_0$, $\widehat{y}(t_{1/2}) = u_{1/2}$, $\overline{y}(t_1) = u_1$ beziehungsweise $\widetilde{y}(t_{3/2}) = u_{3/2}$. Die Näherung u_1 erhält man von u_0 ausgehend auf einer Geraden der Steigung $\widehat{y}'(t_{1/2})$. △

Beispiel. Die Verfahrensfunktion für das *Verfahren von Heun* lautet

$$\varphi(t, u; h) = \frac{1}{2}\Big[f(t, u) + f(t + h, u + hf(t, u)) \Big], \quad t \in [a, b], \quad 0 \le h \le b - t,$$
$$u \in \mathbb{R}^m.$$

Das zugehörige Einschrittverfahren (7.18) besitzt für eine zweimal stetig differenzierbare Funktion f die Konsistenzordnung $p = 2$, was man ganz ähnlich wie für das modifizierte Euler-Verfahren nachweisen kann. Das Verfahren selbst lässt sich folgendermaßen praktisch umsetzen,

$$v_{j+1} = u_j + h_j f(t_j, u_j), \qquad w_{j+1} = u_j + h_j f(t_{j+1}, v_{j+1}),$$
$$u_{j+1} = \frac{1}{2}(v_{j+1} + w_{j+1}), \qquad j = 0, 1, \dots, N - 1.$$

Die Näherung u_{j+1} berechnet sich hier als Mittelwert zweier Hilfsgrößen v_{j+1} und w_{j+1}, wobei sich der erste dieser beiden Werte durch das Euler-Verfahren ergibt.

7.3.3 Das klassische Runge-Kutta-Verfahren

Die Verfahrensfunktion für das *klassische Runge-Kutta-Verfahren* lautet

$$\varphi(t, u; h) = \frac{1}{6}(k_1 + 2k_2 + 2k_3 + k_4), \quad t \in [a, b], \quad 0 \leq h \leq b - t, \quad u \in \mathbb{R}^m$$

mit

$$k_1 := f(t, u), \qquad\qquad k_2 := f(t + \tfrac{h}{2}, u + \tfrac{h}{2}k_1),$$

$$k_3 := f(t + \tfrac{h}{2}, u + \tfrac{h}{2}k_2), \qquad k_4 := f(t + h, u + hk_3).$$

Durch Taylorentwicklung lässt sich nachweisen, dass das klassische Runge-Kutta-Verfahren für eine hinreichend oft differenzierbare Funktion f die Ordnung $p = 4$ besitzt. Es erfordert allerdings für jeden Schritt des Verfahrens insgesamt vier Funktionsauswertungen.

7.3.4 Abschließende Bemerkungen

Bei jedem der vorgestellten speziellen expliziten Einschrittverfahren ist für die Anwendbarkeit des Konvergenzresultats (7.21) jeweils noch die Lipschitzeigenschaft (7.20) nachzuprüfen. Hier stellt man leicht fest, dass diese Lipschitzbedingung jeweils genau dann erfüllt ist, wenn die Funktion f der Lipschitzbedingung (7.12) genügt.

Bemerkung. Zur Konstruktion von Einschrittverfahren kann man alternativ zu Differenzenverfahren die gegebene Differenzialgleichung $y' = f(t, y(t))$ für jeden Index $j \in \{0, 1, \ldots, N - 1\}$ von t_j bis t_{j+1} integrieren. Man erhält so unter Anwendung des Hauptsatzes der Differenzial- und Integralrechnung für die Lösung $y : [a, b] \to \mathbb{R}^m$ des Anfangswertproblems $y' = f(t, y)$, $y(a) = y_0$ die Identität

$$y(t_{j+1}) - y(t_j) = \int_{t_j}^{t_{j+1}} y'(t)\, dt = \int_{t_j}^{t_{j+1}} f(t, y(t))\, dt. \tag{7.23}$$

Für eine zu dem Gitterpunkt t_j bereits berechnete Näherung $u_j \approx y(t_j)$ erhält man nun unter Anwendung eines interpolatorischen Quadraturverfahrens auf die rechte Seite von (7.23) an dem nachfolgenden Gitterpunkt t_{j+1} durch

$$u_{j+1} = u_j + \int_{t_j}^{t_{j+1}} \mathcal{Q}(t)\, dt,$$

eine Näherung $u_{j+1} \approx y(t_{j+1})$, wobei das Polynom $\mathcal{Q}$ zur gewählten interpolatorischen Quadraturformel gehört. Dabei hat man allerdings noch Näherungen für $f(t, y(t))$ an den zur Quadraturformel gehörenden und in dem halboffenen Intervall $(t_j, t_{j+1}]$ liegenden Gitterpunkten zu bestimmen.

Wegen dieses Quadraturzugangs bezeichnet man allgemein den Übergang von u_j zu u_{j+1} als *Integrationsschritt* eines Einschrittverfahrens. Man erkennt für die betrachteten konkreten Einschrittverfahren leicht folgende Zusammenhänge:

Einschrittverfahren	zugehöriges Quadraturverfahren
Euler-Verfahren	Rechteckregel
modifiziertes Euler-Verfahren	Mittelpunktregel
Verfahren von Heun	Trapezformel
Runge-Kutta-Verfahren	Simpsonformel

7.4 Rundungsfehleranalyse

In diesem Abschnitt werden die Auswirkungen von fehlerbehafteten Anfangswerten und Rundungsfehlern bei Einschrittverfahren (7.18) untersucht. Hierzu sei im Folgenden angenommen, dass eine fehlerbehaftete Verfahrensvorschrift von der folgenden Form

$$v_{j+1} = v_j + h_j \varphi(t_j, v_j; h_j) + \rho_j, \quad j = 0, \ldots, N-1; \quad v_0 := y_0 + e_0, \left.\begin{array}{r} \\ \\ \end{array}\right\} \quad (7.24)$$
$$\|\rho_j\| \leq \delta, \qquad \text{——«——} \qquad \|e_0\| \leq \varepsilon,$$

vorliegt. Dabei bezeichnen $e_0, \rho_j \in \mathbb{R}^m$ gewisse Vektoren, und $\| \cdot \|$ ist eine nicht weiter spezifizierte Vektornorm.

Unter diesen Bedingungen erhält man folgende Fehlerabschätzung, die eine Erweiterung des Resultats in Box 7.7 darstellt.

Proposition 7.9. *Zur Lösung des Anfangswertproblems $y' = f(t, y)$, $y(a) = y_0$ sei durch (7.18) ein Einschrittverfahren mit der Konsistenzordnung $p \geq 1$ gegeben, das die Lipschitzbedingung (7.20) erfülle. Dann gelten für die durch die fehlerbehaftete Verfahrensvorschrift von der Form (7.24) gewonnenen Approximationen die folgenden Abschätzungen,*

$$\max_{j=0,\ldots,n} \|v_j - y(t_j)\| \leq K\left(h_{\max}^p + \frac{\delta}{h_{\min}}\right) + e^{L_\varphi(b-a)}\varepsilon \qquad (7.25)$$

$$\text{mit } h_{\max} = \max_{j=0,\ldots,N-1} h_j, \qquad h_{\min} = \min_{j=0,\ldots,N-1} h_j,$$

mit der Konstanten $K := \frac{\max\{C,1\}}{L_\varphi}(e^{L_\varphi(b-a)} - 1)$, *für C aus (7.19).*

Die rechte Seite in der Abschätzung (7.25) setzt sich aus drei Termen zusammen: der erste Term Kh^p resultiert aus dem globalen Verfahrensfehler des Einschrittverfahrens, und der zweite Term $\delta/h_{\min}$ korrespondiert zu den akkumulierten Rundungsfehlern. Der Term $e^{L_\varphi(b-a)}\varepsilon$ schließlich rührt von einem fehlerbehafteten Anfangswert her. Bemerkenswert ist, dass aufgrund des zweiten Terms eine zu kleine Wahl der Schrittweiten sogar schädlich ist. Das ist ein gravierender Unterschied zu den Einschrittverfahren ohne Fehlereinflüsse.

Als unmittelbare Folgerung aus Proposition 7.9 erhält man im Fall eines exakt gegebenen Anfangswerts ($\varepsilon = 0$) und konstanter Schrittweite:

Korollar 7.10. *Es liege die Situation aus Proposition 7.9 vor mit $v_0 = y_0$ und $h_j = h$ für $j = 0, 1, \ldots, N - 1$. Dann gilt mit der Konstanten $K :=$ $\max\{C, 1\}(e^{L_\varphi(b-a)} - 1)/L_\varphi$ die Fehlerabschätzung*

$$\max_{j=0,\ldots,N} \| v_j - y(t_j) \| \le K\left(h^p + \frac{\delta}{h}\right). \tag{7.26}$$

Mit der Wahl $h = h_{\mathrm{opt}} = (\frac{\delta}{p})^{1/(p+1)}$ erhält man

$$\max_{j=0,\ldots,n} \| v_j - y(t_j) \| \le c\delta^{p/(p+1)} \quad \textit{mit } c := \frac{2K}{p^{p/(p+1)}}.$$

Die zentrale Aussage von Korollar 7.10 ist $\max_j \| v_j - y(t_j) \| = \mathcal{O}(\delta^{p/(p+1)})$ für $\delta \to 0$. Die spezielle Form der Konstanten c ist demgegenüber zweitrangig. Die Situation in Abschätzung (7.26) ist in Abb. 7.5 illustriert.

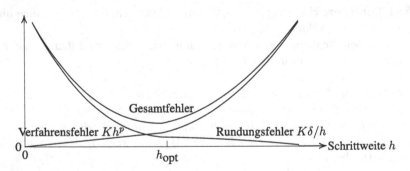

Abb. 7.5 Einfluss des Rundungsfehlers in Abhängigkeit von der Schrittweite h (vergleiche Korollar 7.10)

7.5 Schrittweitensteuerung

7.5.1 Verfahrensvorschrift

Zur Lösung des Anfangswertproblems $y' = f(t, y)$, $y(a) = y_0$ wird für eine gegebene Verfahrensfunktion $\varphi : [a, b] \times \mathbb{R}^m \times \mathbb{R}_+ \to \mathbb{R}^m$ mit der Konsistenzordnung $p \geq 1$ die folgende Vorschrift herangezogen,

$$\left. \begin{aligned} w &= u_j + \tfrac{h_j}{2}\varphi(t_j, u_j; \tfrac{h_j}{2}), \\ u_{j+1} &= w + \tfrac{h_j}{2}\varphi(t_j + \tfrac{h_j}{2}, w; \tfrac{h_j}{2}), \quad t_{j+1} := t_j + h_j, \quad j = 0, 1, \dots . \end{aligned} \right\} \tag{7.27}$$

Im Folgenden wird eine *adaptive* Wahl der Schrittweiten h_j vorgestellt mit dem Ziel einer effizienten Fehlerkontrolle. Einführende Erläuterungen hierzu findet man im folgenden Abschn. 7.5.2, und in den nachfolgenden Abschn. 7.5.3 und 7.5.4 wird die genaue Vorgehensweise zur Wahl der Schrittweiten h_j beschrieben.

Bemerkung. Der Schritt $(t_j, u_j) \to (t_{j+1}, u_{j+1})$ in der Verfahrensvorschrift (7.27) entspricht zwei Schritten $(t_j, u_j) \to (t_{j+1/2}, u_{j+1/2}) \to (t_{j+1}, u_{j+1})$ des allgemeinen Einschrittverfahrens (7.18) mit halber Schrittweite $h_j/2$. Diese Approximation $u_{j+1} \approx y(t_{j+1}) \in \mathbb{R}^m$ wird für eine Fehlerschätzung benötigt, daher kann man auch gleich die Verfahrensvorschrift (7.27) anstelle des ursprünglichen Einschrittverfahrens (7.18) verwenden. △

7.5.2 Problemstellung

Im Folgenden soll ausgehend von einer gegebenen Stelle $t_j \in [a, b]$ und einer gegebenen Approximation $u_j \approx y(t_j) \in \mathbb{R}^m$ eine Schrittweite $h_j > 0$ bestimmt werden, für die

$$\| u_{j+1} - z(t_j + h_j) \| \approx \varepsilon \tag{7.28}$$

erfüllt ist, wobei $u_{j+1} \in \mathbb{R}^m$ aus einem Schritt des gegenwärtig betrachteten Verfahrens (7.27) hervorgeht und $\varepsilon > 0$ eine vorgegebene Fehlerschranke darstellt, und $z : [t_j, b] \to \mathbb{R}^m$ bezeichnet die Lösung des Anfangswertproblems

$$z' = f(t, z), \quad t \in [t_j, b]; \qquad z(t_j) = u_j. \tag{7.29}$$

Weiter bezeichnet $\| \cdot \|$ in (7.28) eine nicht näher spezifizierte Vektornorm.

Bemerkung.

a) Die Forderung (7.28) zeigt, dass die noch zu beschreibende Schrittweitensteue-rung auf einer Vorgabe des *lokalen* Verfahrensfehlers beruht. Damit erhofft man sich ein vernünftiges Verhalten des *globalen* Verfahrensfehlers.

b) Die Forderung (7.28) stellt man aus den folgenden Gründen:

- Der lokale Verfahrensfehler $\| u_{j+1} - z(t_j + h_j) \|$ soll die vorgegebene Schranke ε nicht übersteigen. Dies wird durch die Wahl einer hinreichend kleinen Schrittweite h_j erreicht.

- Aus Effizienzgründen und zur Vermeidung der Akkumulation von Rundungs-fehlern wird man die Schrittweite h_j jedoch nicht so klein wählen wollen, dass $\| u_{j+1} - z(t_j + h_j) \| \ll \varepsilon$ gilt, das heißt $\| u_{j+1} - z(t_j + h_j) \|$ sehr viel kleiner als ε ausfällt.

c) Zu beachten ist zudem, dass die Lösung des Anfangswertproblems (7.29) nicht bekannt ist und erst noch numerisch zu bestimmen ist.   △

Zur Vereinfachung der Notation führen wir die folgende Bezeichnung für einen von dem Punkt (t_j, u_j) ausgehenden Schritt der Verfahrensvorschrift (7.27) mit Länge h ein,

$$u_{2\times h/2} := w + \tfrac{h}{2}\varphi(t_j + \tfrac{h}{2}, w; \tfrac{h}{2}) \quad \text{mit} \quad w = u_j + \tfrac{h}{2}\varphi(t_j, u_j; \tfrac{h}{2}). \quad (7.30)$$

Zur Bestimmung einer Schrittweite h_j, für die die Forderung (7.28) ungefähr erfüllt ist, wird ausgehend von einer nicht zu kleinen Startschrittweite $h^{(0)}$ für $k = 0, 1 \ldots$, so vorgegangen:

- Zunächst berechnet man $u_{2 \times h^{(k)}/2}$.
- Anschließend ermittelt man eine Schätzung für den Fehler $\| u_{2 \times h^{(k)}/2} - z(t_j + h^{(k)}) \|$ und bricht den Iterationsprozess mit $k_\varepsilon := k$ ab, falls diese Schätzung kleiner gleich ε ausfällt.
- Andernfalls, falls diese Schätzung größer als ε ist, wird eine neue Testschrittweite $h^{(k+1)} < h^{(k)}$ bestimmt.

Abschließend verfährt man mit $h_j = h^{(k_\varepsilon)}$ und $t_{j+1} = t_j + h^{(k_\varepsilon)}$ fort. Einzelheiten zu der genannten Fehlerschätzung und der Bestimmung einer neuen Testschrittweite werden in den nachfolgenden Abschn. 7.5.3–7.5.4 beschrieben.

7.5.3 Vorgehensweise bei gegebener Testschrittweite $h^{(k)}$

Für eine Testschrittweite $h^{(k)} > 0$, $k \in \mathbb{N}_0$, bestimmt man entsprechend einem Schritt der Verfahrensvorschrift (7.30) den Vektor $u_{2 \times h^{(k)}/2} \in \mathbb{R}^m$. Anschließend wird zur Überprüfung der Eigenschaft $\| u_{2 \times h^{(k)}/2} - z(t_j + h^{(k)}) \| \approx \varepsilon$ der Wert $z(t_j + h^{(k)})$ durch $z_{h^{(k)}} \in \mathbb{R}^m$ geschätzt, wobei

$$z_h := u_{2 \times h/2} - \frac{v_h - u_{2 \times h/2}}{2^p - 1} \quad \text{mit } v_h := u_j + h\varphi(t_j, u_j; h), \quad h > 0. \quad (7.31)$$

Dabei erhält man die Approximation (7.31) mittels einer lokalen Extrapolation, wobei die Details hier entfallen. Der Fehler $\| u_{2 \times h^{(k)}/2} - z(t_j + h^{(k)}) \|$ berechnet sich dann näherungsweise zu

$$\delta^{(k)} := \| u_{2 \times h^{(k)}/2} - z_{h^{(k)}} \| = \frac{\| v_{h^{(k)}} - u_{2 \times h^{(k)}/2} \|}{2^p - 1}. \quad (7.32)$$

Ist dann die Abschätzung $\delta^{(k)} \leq \varepsilon$ erfüllt, so gibt man sich (vergleiche (7.28) mit $t_{j+1} = t_j + h^{(k)}$) mit der Schrittweite $h_j = h^{(k)}$ zufrieden und verfährt wie in Abschn. 7.5.2 beschrieben fort (mit j um eins erhöht). Die vorliegende Situation ist in Abb. 7.6 veranschaulicht.

7.5.4 Bestimmung einer neuen Testschrittweite $h^{(k+1)}$ im Fall $\delta^{(k)} > \varepsilon$

Gilt mit der Notation aus (7.32) jedoch $\delta^{(k)} > \varepsilon$, so wiederholt man die in Abschn. 7.5.3 vorgestellte Vorgehensweise mit k um eins erhöht, mit einer neuen Testschrittweite $h^{(k+1)} < h^{(k)}$. Bei der Festlegung einer solchen neuen Testschrittweite $h^{(k+1)}$ bedient man sich einer näherungsweisen Darstellung des Fehlers $u_{2 \times h/2} - z(t_j + h)$:

Lemma. *Bezüglich des Anfangswertproblems $y' = f(t, y)$, $y(a) = y_0$ besitze eine gegebene Verfahrensfunktion $\varphi : [a, b] \times \mathbb{R}^m \times \mathbb{R}_+ \to \mathbb{R}^m$ die Konsistenzordnung $p \geq 1$ und genüge der Stabilitätsbedingung (7.20). Weiter seien die Funktionen f und φ jeweils hinreichend glatt. Mit den Notationen (7.29), (7.30), (7.31) und (7.32) gilt dann*

$$\| u_{2 \times h/2} - z(t_j + h) \| = \left(\frac{h}{h^{(k)}} \right)^{p+1} \delta^{(k)} + \mathcal{O}((h^{(k)})^{p+2}), \quad 0 < h \leq h^{(k)}. \quad (7.33)$$

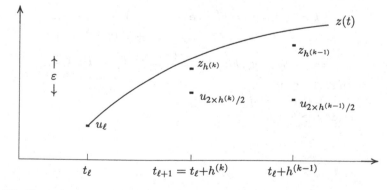

Abb. 7.6 Illustration zur Schrittweitensteuerung

Gilt also $h^{(k)} \ll \varepsilon^{1/(p+2)}$, so gewinnt man aus der Darstellung (7.33) unter Vernachlässigung des Restglieds die neue Testschrittweite

$$h^{(k+1)} := \left(\frac{\varepsilon}{\delta^{(k)}}\right)^{1/(p+1)} h^{(k)} \tag{7.34}$$

und wiederholt damit die Vorgehensweise in Abschn. 7.5.3, mit k um eins erhöht.

Bemerkung 7.11.

a) Für den Startschritt empfiehlt sich eine Wahl $h^{(0)} = \varepsilon^q$ mit einer Konstanten $1 < q < \frac{1}{p+2}$.

b) Zur der in diesem Abschn. 7.5 vorgestellten Schrittweitenstrategie existieren Alternativen. Ebenfalls sinnvoll ist zum Beispiel ein Abbruchkriterium der Form $c_1\varepsilon \leq \delta^{(k_\varepsilon)} \leq c_2\varepsilon$. Ist diese Bedingung etwa für ein k noch nicht erfüllt, so setzt man $h^{(k+1)}$ entsprechend (7.34), wobei hier eine Schrittweitenvergrößerung $h^{(k+1)} > h^{(k)}$ eintreten kann.

c) Nicht behandelt wird hier die Frage, ob das in diesem Abschn. 7.5 beschriebene Abbruchkriterium nach einer endlichen Wahl von Versuchsschrittweiten abbricht oder nicht (beziehungsweise ob $k_\varepsilon < \infty$ gilt).   △

7.5.5   Pseudocode zur Schrittweitensteuerung

Die in Abschn. 7.5 beschriebene Vorgehensweise wird abschließend in Form eines Pseudocodes zusammengefasst, wobei wieder $\varphi : [a, b] \times \mathbb{R}^m \times \mathbb{R}_+ \rightarrow \mathbb{R}^m$ eine Verfahrensfunktion der Konsistenzordnung $p \geq 1$ zur Lösung des Anfangswertproblems (7.1)–(7.2) sei.

Algorithmus Seien $t_0 = a$, $u_0 = y_0$, $j = 0$, $h^{(0)} > 0$, $\varepsilon > 0$.

```
repeat   k = 0;
  repeat
    if k = 0   then h = h⁽⁰⁾   else h = (ε/δ)^(1/(p+1)) h   end;
    w = uⱼ + (h/2)φ(tⱼ, uⱼ; h/2);      u_{j+1} = w + (h/2)φ(tⱼ + h/2, w; h/2);
    v = uⱼ + hφ(tⱼ, uⱼ; h);      δ = ‖v − u_{j+1}‖ / (2ᵖ − 1);      k = k + 1;
  until δ ≤ ε;
  t_{j+1} = tⱼ + h;      j = j + 1;
  until tⱼ ≥ b;   △
```

Weitere Themen und Literaturhinweise

Die Theorie der Anfangswertprobleme für gewöhnliche Differenzialgleichungssysteme wird beispielsweise in Heuser [31] und in Dallmann/Elster [9] einführend behandelt, und eine Auswahl existierender Literatur über Einschrittverfahren zur numerischen Lösung solcher Probleme bildet Bartels [1], Deuflhard/Bornemann [11], Freund/Hoppe [16], Grigorieff [22], Hairer/Nørsett/Wanner [28], Kress [37], Meister/Sonar [41], Reinhardt [51], Strehmel/Weiner [60] und Weller [65]. Insbesondere in [11, 28, 60] findet man auch weitergehende Ausführungen über die hier nur am Rande behandelten Runge-Kutta-Verfahren. In März [39] und in [60] findet man Einführungen über die hier nicht behandelten *Algebro-Differenzialgleichungssysteme*, bei denen es sich um spezielle implizite Differenzialgleichungssysteme von der Form $f(t, y(t), y'(t)) = 0$ handelt.

Übungsaufgaben

Aufgabe 7.1. Man forme das Anfangswertproblem

$$y_1'' = t^2 - y_1' - y_2^2,$$

$$y_2'' = t + y_2' + y_1^3,$$

$$y_1(0) = 0, \qquad y_2(0) = 1, \qquad y_1'(0) = 1, \qquad y_2'(0) = 0$$

in ein Anfangswertproblem für ein System erster Ordnung um.

Aufgabe 7.2.

a) Für das Anfangswertproblem

$$y' = \frac{1}{1 + |y|} \quad \text{auf } [0, b], \qquad y(0) = y_0, \tag{7.35}$$

weise man Existenz und Eindeutigkeit der Lösung nach.

b) Seien y und v Lösungen der Differenzialgleichung in (7.35) mit den Anfangswerten $y(0) = y_0$ beziehungsweise $v(0) = v_0$. Man weise Folgendes nach,

$$|y(t) - v(t)| \leq e^t |y_0 - v_0| \quad \text{für } t \in [0, b].$$

Aufgabe 7.3. Gegeben sei das Anfangswertproblem

$$y'(t) = ty(t), \quad t \geq 0, \qquad y(0) = 1.$$

Zu der Schrittweite $h = 1$ berechne man mit dem Euler-Verfahren für $j = 0, 1, 2, 3$ die jeweiligen Näherungen u_j für den Wert der Lösung y an der Stelle $t_j = j$.

Aufgabe 7.4. Gegeben sei das Anfangswertproblem

$$y' = t + y, \quad t \geq 0, \qquad y(0) = 0.$$

Zu der festen Schrittweite $h = 0,1$ berechne man mit dem modifizierten Euler-Verfahren für $j = 0, 1, 2$ die jeweiligen Näherungen u_j für den Wert der Lösung y an der Stelle $t_j = jh$.

Aufgabe 7.5. Man betrachte das Anfangswertproblem

$$y' = g(t), \qquad t \in [a, b], \tag{7.36}$$

$$y(a) = 0, \tag{7.37}$$

mit einer gegebenen hinreichend glatten Funktion $g : [a, b] \to \mathbb{R}$. Wendet man das Euler-Verfahren mit konstanter Schrittweite $h = (b - a)/N$ auf das Anfangswertproblem (7.36)–(7.37) an, so erhält man eine Näherungsformel für das Integral $\int_a^b g(t)\,dt$. Gleiches gilt für das Verfahren von Heun. Man gebe beide Näherungsformeln für das Integral sowie jeweils obere Schranken für den von der Zahl h abhängenden Integrationsfehler an.

Aufgabe 7.6. Gegeben sei das Anfangswertproblem

$$y' = t - t^3, \qquad y(0) = 0.$$

Zur Schrittweite h sollen mit dem Euler-Verfahren Näherungswerte u_j für $y(t_j)$, $t_j = jh$, berechnet werden. Man gebe $y(t_j)$ und u_j explizit an und zeige, dass an jeder Stelle t der Fehler $e_h(t) = u_h(t) - y(t)$ für $h = \frac{t}{N} \to 0$ gegen null konvergiert.

Aufgabe 7.7 (*Numerische Aufgabe*). Man löse die van der Pol'sche Differenzialgleichung

$$y'' - \lambda(1 - y^2)y' + y = 0, \qquad y(0) = 2, \quad y'(0) = 0$$

für $\lambda = 0$ und $\lambda = 12$ numerisch jeweils mit dem Euler-Verfahren, dem modifizierten Euler-Verfahren sowie dem klassischen Runge-Kutta-Verfahren. Dabei verwende man jeweils einmal die konstante Schrittweite $h = 0,025$ und einmal die konstante Schrittweite $h = 0,0025$ und gebe tabellarisch die Näherungswerte an den Gitterpunkten $t = 0,5, 1,0, 1,5, \ldots, 15$, an.

Aufgabe 7.8. Man zeige, dass das durch die Verfahrensfunktion

$$\varphi(t, y; h) = \frac{1}{6}(k_1 + 4k_2 + k_3),$$

$$k_1 = f(t, y), \qquad k_2 = f(t + \tfrac{h}{2}, y + \tfrac{h}{2}k_1), \qquad k_3 = f(t + h, y + h(-k_1 + 2k_2)),$$

gegebene Einschrittverfahren (*einfache Kutta-Regel*) die Konvergenzordnung $p = 3$ besitzt.

Aufgabe 7.9. Zur Lösung des Anfangswertproblems

$$y'(t) = \frac{t}{y(t)} \quad \text{für } t > 0, \quad y(0) = 1,$$

führe man mit dem klassischen Runge-Kutta-Verfahren vierter Ordnung einen Schritt mit der Schrittweite $h = 2$ durch, das heißt es ist die Näherung u_1 an der Stelle $t_1 = 2$ zu berechnen.

Aufgabe 7.10. Für eine p-fach stetig differenzierbare Funktion $f : [a, b] \times \mathbb{R} \to \mathbb{R}$ mit $p \in \mathbb{N}$ sei $f^{[0]} := f$ und

$$f^{[k]} := \frac{\partial f^{[k-1]}}{\partial t} + \frac{\partial f^{[k-1]}}{\partial y} f \quad \text{für } k = 1, 2, \ldots, p - 1.$$

Zur Lösung des Anfangswertproblems $y' = f(t, y)$, $a \leq t \leq b$, $y(a) = y_0$ ist dann über die Verfahrensfunktion

$$\varphi(t, y; h) := \sum_{k=0}^{p-1} \frac{h^k}{(k+1)!} f^{[k]}(t, y) \qquad (*)$$

ein Einschrittverfahren $u_{j+1} = u_j + h\varphi(t_j, u_j; h)$ definiert.

a) Weisen Sie für die Lösung y des gegebenen Anfangswertproblems die folgende Identität nach:

$$y^{(k+1)} = f^{[k]}(t, y), \quad a \leq t \leq b \qquad (k = 0, 1, \ldots, p).$$

b) Weisen Sie nach, dass das betrachtete Einschrittverfahren die Ordnung p besitzt.

Aufgabe 7.11 Zur Lösung des Anfangswertproblems $y' = f(t, y)$, $y(a) = y_0$ sei für jedes $p > 0$ ein Einschrittverfahren p-ter Ordnung gegeben, welches für jeden Schritt die Rechenzeit pT_0 benötigt und in $t = b$ den Wert der gesuchten Funktion mit einem Fehler Kh^p approximiert. Die Konstanten K und T_0 sollen vom jeweiligen Verfahren unabhängig sein. Man bestimme für p und einen vorgeschriebenen Fehler $\varepsilon \leq K$ an der Stelle $t = b$ die größtmögliche Schrittweite $h = h(p, \varepsilon)$ und die zugehörige Gesamtrechenzeit $T = T(p, \varepsilon)$. Wie verhält sich T in Abhängigkeit von p und welches ist die optimale Konsistenzordnung $p_{\text{opt}} = p_{\text{opt}}(\varepsilon)$? Wie verhält sich p_{opt} in Abhängigkeit von ε? Der Einfachheit halber sei angenommen, dass die Zahlen p und m (wobei der Zusammenhang $h = \frac{b-a}{N}$ besteht) reell gewählt werden dürfen.

Aufgabe 7.12 (*Numerische Aufgabe*). Man löse numerisch die Differenzialgleichung

$$y' = -200t\,y^2, \quad t \geq -3, \quad y(-3) = \frac{1}{901},$$

mit dem Standard-Runge-Kutta-Verfahren der Ordnung $p = 4$ unter Verwendung der in Abschn. 7.5 beschriebenen Schrittweitensteuerung. Zur Berechnung jeder neuen Schrittweite h_j starte man mit $h^{(0)} = h_{j-1}$ (beziehungsweise im Fall $k = 0$ mit $h^{(0)} := 0,02$) und korrigiere gemäß Abschn. 7.5 solange, bis (siehe Bemerkung 7.11) $\frac{\varepsilon}{3} \leq \delta^{(k)} \leq 3\varepsilon$ oder $k = 20$ erfüllt ist, wobei $\varepsilon = 10^{-7}$ gilt. Für $j = 1, 2, \ldots, 50$ gebe man jeweils die Näherungswerte in t_j sowie $y(t_j)$, h_{j-1} und die Anzahl der Versuche k zur Bestimmung der Schrittweite h_j an.

Weitere Aufgaben zu den Themen dieses Kapitels werden als Flashcards online zur Verfügung gestellt. Hinweise zum Zugang finden Sie zu Beginn von Kap. 1.

Randwertprobleme bei gewöhnlichen Differenzialgleichungen

8

8.1 Problemstellung, Existenz, Eindeutigkeit

8.1.1 Problemstellung

Viele praxisrelevante Fragestellungen führen auf Randwertprobleme für gewöhnliche Differenzialgleichungen.

Beispiel. Die zeitlich stationäre Temperaturverteilung in einem dünnen Metallstab wird beschrieben durch folgendes Randwertproblem:

$$cu''(x) = f(x), \qquad a < x < b,$$
$$u(a) = \alpha, \qquad u(b) = \beta,$$

wobei $f : [a, b] \to \mathbb{R}$ eine gegebene Funktion ist, die vorhandene, zeitlich unabhängige Wärmequellen und -senken darstellt. Die Funktion $u : [a, b] \to \mathbb{R}$ beschreibt die zeitlich unabhängige Temperaturverteilung in dem Stab und ist gesucht. Die Temperaturen (hier mit α beziehungsweise β bezeichnet) an den beiden Rändern sind vorgegeben, und $c > 0$ stellt eine Materialkonstante dar. △

Beispiel. In Kap. 1 ist mit der Kettenlinie ein Beispiel vorgestellt worden, dessen mathematische Modellierung auf das folgende Randwertproblem für eine nichtlineare Differenzialgleichung zweiter Ordnung führt:

$$u''(x) = \frac{1}{c}\sqrt{1 + u'(x)^2}, \qquad -L \le x \le L, \qquad u(-L) = H, \, u(L) = H. \quad △$$

Die numerische Lösung von Randwertproblemen für gewöhnliche Differenzialgleichungen sind Gegenstand des vorliegenden Kapitels. Dabei betrachten wir die folgende allgemeine Klasse von Problemen.

© Der/die Autor(en), exklusiv lizenziert an Springer-Verlag GmbH, DE, ein Teil von Springer Nature 2023
R. Plato, *Basiswissen Numerik*, https://doi.org/10.1007/978-3-662-66570-1_8

Ein *Randwertproblem für eine gewöhnliche Differenzialgleichung zweiter Ordnung* mit separierten Randbedingungen ist von der Form

$$u'' = f(x, u, u'), \qquad x \in [a, b], \tag{8.1}$$

$$u(a) = \alpha, \qquad u(b) = \beta, \tag{8.2}$$

auf einem endlichen Intervall $[a, b]$ und mit gegebenen Zahlen $\alpha, \beta \in \mathbb{R}$ sowie einer Funktion $f : [a, b] \times \mathbb{R}^2 \to \mathbb{R}$. Gesucht ist eine zweimal stetig differenzierbare Funktion $u : [a, b] \to \mathbb{R}$ mit den Eigenschaften (8.1)–(8.2).

Die Notation in (8.1) ist eine übliche Kurzform für $u''(x) = f(x, u(x), u'(x))$, $x \in [a, b]$.

In den Anwendungen treten auch Randwertprobleme für gewöhnliche Differenzialgleichungen höherer Ordnung und für Systeme von gewöhnlichen Differenzialgleichungen auf. Die folgenden Betrachtungen beschränken sich auf die in (8.1)–(8.2) betrachteten Randwertprobleme für gewöhnliche Differenzialgleichungen zweiter Ordnung und Spezialfälle davon.

8.1.2 Existenz und Eindeutigkeit der Lösung

Wie schon bei Anfangswertproblemen für gewöhnliche Differenzialgleichungen behandeln wir auch bei Randwertproblemen zunächst die Frage der Existenz und Eindeutigkeit der Lösung.

Beispiel. Die homogene lineare gewöhnliche Differenzialgleichung zweiter Ordnung

$$u''(x) + u(x) = 0, \qquad a < x < b,$$

besitzt die allgemeine Lösung $u(x) = c_1 \sin x + c_2 \cos x$ für $x \in [a, b]$, mit Koeffizienten $c_1, c_2 \in \mathbb{R}$, wobei aus der Theorie der gewöhnlichen Differenzialgleichungen bekannt ist, dass hierfür keine weiteren Lösungen existieren. Im Folgenden sollen verschiedene Randbedingungen und unterschiedliche Grundintervalle betrachtet werden.

a) Das Randwertproblem

$$u'' + u = 0 \quad \text{auf } [0, \tfrac{\pi}{2}], \qquad u(0) = 0, \quad u(\tfrac{\pi}{2}) = 1,$$

besitzt die eindeutige Lösung $u(x) = \sin x$, $x \in [0, \tfrac{\pi}{2}]$.

b) Bei dem Randwertproblem

$$u'' + u = 0 \quad \text{auf } [0, \pi], \qquad u(0) = 0, \quad u(\pi) = 0,$$

stellt jede Funktion der Form $u(x) = c_1 \sin x$, $x \in [0, \pi]$ mit $c_1 \in \mathbb{R}$ eine Lösung dar.

c) Schließlich existiert für das Randwertproblem

$$u'' + u = 0 \quad \text{auf } [0, \pi], \qquad u(0) = 0, \quad u(\pi) = 1,$$

keine Lösung. △

Durch das vorangegangene Beispiel wird deutlich, dass es bei Randwertproblemen für gewöhnliche Differenzialgleichungen keine so allgemein gültige Existenz- und Eindeutigkeitsaussage wie bei Anfangswertproblemen gibt. Unter gewissen Zusatzbedingungen lassen sich jedoch Existenz und Eindeutigkeit nachweisen. Es wird hierfür ein Spezialfall des Randwertproblems (8.1)–(8.2) bei gewöhnlichen Differenzialgleichungen zweiter Ordnung betrachtet. Es handelt sich dabei um das folgende *sturm-liouvillesche Randwertproblem* mit homogenen Randbedingungen,

$$-u''(x) + r(x)u(x) = g(x), \qquad a \leq x \leq b, \tag{8.3}$$

$$u(a) = u(b) = 0, \tag{8.4}$$

wobei $r, g : [a, b] \rightarrow \mathbb{R}$ zwei vorgegebene stetige Funktionen sind. Hier gilt folgende Aussage:

Das Randwertproblem (8.3)–(8.4) besitzt für stetige Funktionen $r, g :$ $[a, b] \rightarrow \mathbb{R}$ eine eindeutig bestimmte Lösung $u \in C^2[a, b]$, falls r nicht-negativ ist, das heißt $r(x) \geq 0$ für $x \in [a, b]$.

Zur numerischen Lösung von solchen Randwertproblemen (8.3)–(8.4) und allgemeiner von Randwertproblemen von der Form (8.1)–(8.2) werden im Folgenden *Differenzenverfahren*, *Variationsmethoden (Galerkin-Verfahren)* und *Einfachschießverfahren* vorgestellt.

8.2 Differenzenverfahren

8.2.1 Der Ansatz für Differenzenverfahren

Im Folgenden wird der Ansatz für Differenzenverfahren vorgestellt, wobei dies anhand des speziellen Randwertproblems $-u'' + ru = g$, $u(a) = u(b) = 0$ mit der nichtnegativen Funktion $r \geq 0$ geschieht.[1] Das zugrunde liegende Intervall $[a, b]$ wird mit Gitterpunkten versehen, die hier äquidistant gewählt seien,

$$x_j = a + jh, \quad j = 0, 1, \ldots, N \quad \text{mit } h = \frac{b-a}{N}. \tag{8.5}$$

Eine Betrachtung des genannten Randwertproblems $-u'' + ru = g$, $u(a) = u(b) = 0$ an diesen Gitterpunkten bei einer gleichzeitigen Approximation der Werte $u''(x_1)$, $\ldots, u''(x_{N-1})$ durch jeweils entsprechende zentrale Differenzenquotienten 2. Ordnung führt auf das folgende gekoppelte System von $N - 1$ linearen Gleichungen,

$$\frac{-v_{j+1} + 2v_j - v_{j-1}}{h^2} + r(x_j)v_j = g(x_j), \qquad j = 1, 2, \ldots, N-1, \tag{8.6}$$

für die Approximationen $v_j \approx u(x_j)$, $j = 1, 2, \ldots, N - 1$, wobei $v_0 = v_N = 0$. Setzt man noch

$$r_j = r(x_j), \quad g_j = g(x_j), \qquad j = 1, 2, \ldots, N-1,$$

so erhält man für das Gleichungssystem (8.6) die folgende Matrix-Vektor-Darstellung

$$\frac{1}{h^2} \underbrace{\begin{pmatrix} 2 + r_1 h^2 & -1 & & \\ -1 & 2 + r_2 h^2 & \ddots & \\ & \ddots & \ddots & -1 \\ & & -1 & 2 + r_{N-1} h^2 \end{pmatrix}}_{=: A \, \in \, \mathbb{R}^{(N-1) \times (N-1)}} \begin{pmatrix} v_1 \\ v_2 \\ \vdots \\ v_{N-1} \end{pmatrix} = \begin{pmatrix} g_1 \\ g_2 \\ \vdots \\ g_{N-1} \end{pmatrix} \in \mathbb{R}^{N-1}. \tag{8.7}$$

Beispiel 8.1. Für das Randwertproblem

$$-u'' + xu = 2 + x^2 - x^3, \quad 0 \leq x \leq 1, \quad u(0) = u(1) = 0,$$

---

[1] Vergleiche (8.3)–(8.4).

und die Schrittweite $h = \frac{1}{3}$ erhält man folgendes lineare Gleichungssystem für die beiden Näherungen $v_1 \approx u(\frac{1}{3})$ und $v_2 \approx u(\frac{2}{3})$:

$$\left(18 + \frac{1}{3}\right) v_1 - 9v_2 = 2 + \frac{1}{9} - \frac{1}{27}, \qquad -9v_1 + \left(18 + \frac{2}{3}\right) v_2 = 2 + \frac{4}{9} - \frac{8}{27}.$$

Nach Multiplikation der beiden Gleichungen jeweils mit der Zahl 3 erhält man daraus

$$55v_1 - 27v_2 = 6 + \frac{1}{3} - \frac{1}{9} = \frac{56}{9}, \qquad -27v_1 + 56v_2 = 6 + \frac{4}{3} - \frac{8}{9} = \frac{58}{9}.$$

Dessen Lösung ist $v_1 = v_2 = \frac{2}{9}$, wie eine leichte Rechnung ergibt. Man beachte, dass diese Werte mit den Werten der exakten Lösung $u(x) = x(1 - x)$ in den Gitterpunkten $x_1 = \frac{1}{3}$ beziehungsweise $x_2 = \frac{2}{3}$ übereinstimmen. Wir kommen darauf im Anschluss an Box 8.2 zurück. △

Aus der Darstellung (8.7) erhält man unmittelbar die folgende Fehlerabschätzung:

Proposition. *Für das Differenzenschema* (8.6) *zur Lösung des Randwertproblems* (8.3)–(8.4) *mit $r \geq 0$ gilt mit der Notation $u_j := u(x_j)$ und der Matrix A aus* (8.7) *die Fehlerabschätzung*

$$\left\| \left(\frac{1}{h^2} A\right) \begin{pmatrix} v_1 - u_1 \\ \vdots \\ v_{N-1} - u_{N-1} \end{pmatrix} \right\|_\infty = \mathcal{O}(h^2). \tag{8.8}$$

Beweis. Die Aussage folgt unmittelbar aus der zu (8.6) äquivalenten Darstellung (8.7) und der aus Teil c) in Lemma 3.4 resultierenden Identität

$$\frac{1}{h^2} A \begin{pmatrix} u_1 \\ \vdots \\ u_{N-1} \end{pmatrix} = \begin{pmatrix} g_1 \\ \vdots \\ g_{N-1} \end{pmatrix} + \frac{h^2}{12} \begin{pmatrix} u^{(4)}(x_1 + \theta_1 h) \\ \vdots \\ u^{(4)}(x_{N-1} + \theta_{N-1} h) \end{pmatrix}.$$

□

Es liefert (8.8) eine Abschätzung für den Einsetzungsfehler, den man – auch in anderen Zusammenhängen – als *Konsistenzfehler* bezeichnet. Für die Herleitung von Konvergenzraten für den eigentlichen Approximationsfehler $\| (v_j - u_j)_j \|_\infty$ benötigen wir noch die Regularität der Systemmatrix A und eine Stabilitätsaussage:

Proposition. *Die Matrix $A \in \mathbb{R}^{(N-1)\times(N-1)}$ aus (8.7) ist regulär, und*

$$\| A^{-1} \|_\infty \leq \frac{(b-a)^2}{8} \, h^{-2}. \tag{8.9}$$

Man beachte dabei die Abhängigkeit der Matrix A von der Gitterweite h. Wir können nun eine Fehlerabschätzung für Differenzenverfahren zur Lösung von Randwertproblemen angeben.

Box 8.2. *Gegeben sei das Randwertproblem* (8.3)–(8.4) *mit* $r \geq 0$, *für dessen Lösung* $u \in C^4[a, b]$ *erfüllt sei. Dann gilt*

$$\max_{j=0,\ldots,N} |v_j - u(x_j)| \leq Mh^2,$$

mit der Konstanten $M := \frac{(b-a)^2}{96} \|u^{(4)}\|_\infty$ *und den Notationen aus* (8.5) *und* (8.6).

Diese Aussage resultiert unmittelbar aus den Abschätzungen (8.8) und (8.9).

Beispiel (Fortsetzung). Bei der Lösung u in Beispiel 8.1 handelt es sich um ein Polynom zweiten Grades, für das demnach $u^{(3)} \equiv 0$ gilt. Daher ist es in diesem Fall nicht überraschend, dass die Näherungen an den Gitterpunkten x_1 und x_2 mit den jeweiligen Funktionswerten der Lösung übereinstimmen.

8.3   Galerkin-Verfahren

In dem vorliegenden Abschnitt werden Galerkin-Verfahren behandelt, die bei speziellen Problemstellungen und bei Verwendung geeigneter Ansatzräume bessere Approximationseigenschaften als Differenzenverfahren besitzen.

8.3.1   Der Ansatz

Im Folgenden wird der Ansatz für Galerkin-Verfahren zur approximativen Lösung von Randwertproblemen vorgestellt. Exemplarisch soll dies zunächst anhand des sturm-liouvilleschen Randwertproblems $-u''+ru = g$, $u(a) = u(b) = 0$ aus (8.3) –(8.4) mit der nichtnegativen Funktion $r : [a, b] \to \mathbb{R}_+$ geschehen. Hierzu wird dieses Randwertproblem als Operatorgleichung $\mathcal{L}u = g$ geschrieben mit

$$\left.\begin{aligned}
\mathcal{L} : C[a,b] \supset \mathcal{D}_{\mathcal{L}} &\to C[a,b], \qquad u \mapsto -u'' + ru, \\
\mathcal{D}_{\mathcal{L}} &= \{u \in C^2[a,b] \, : \, u(a) = u(b) = 0\},
\end{aligned}\right\} \quad (8.10)$$

und im weiteren Verlauf bezeichne noch

$$\langle u, v \rangle_2 := \int_a^b u(x)v(x)\,dx, \qquad u, v \in C[a,b]. \qquad (8.11)$$

Im Folgenden bezeichne $\mathcal{S} \subset \mathcal{D}_{\mathcal{L}}$ einen linearen Unterraum mit dim $\mathcal{S} < \infty$. Er legt das gleich einzuführende Galerkin-Verfahren fest. Als Raum $\mathcal{S}$ kann beispielsweise der Raum der kubischen Splines mit natürlichen Randbedingungen verwendet werden.

In der vorliegenden speziellen Situation ist die Galerkin-Approximation $\widehat{s} \in \mathcal{S}$ folgendermaßen erklärt:

$$\widehat{s} \in \mathcal{S}, \qquad \langle \mathcal{L}\widehat{s}, \psi \rangle_2 = \langle g, \psi \rangle_2 \quad \text{für alle } \psi \in \mathcal{S}. \qquad (8.12)$$

Die konkrete Berechnung von $\widehat{s}$ wird in Abschn. 8.3.4 behandelt. Interessiert ist man an der Verwendung solcher Räume $\mathcal{S}$, für die einerseits der Fehler $\widehat{s} - u$ bezüglich einer geeigneten Norm möglichst klein ausfällt, und andererseits soll die zugehörige Galerkin-Approximation mit möglichst wenig Aufwand bestimmt werden können.

Die Diskretisierung (8.12) hat zwei wesentliche Bestandteile:

- Die Näherung $\widehat{s}$ wird lediglich in dem *Ansatzraum* $\mathcal{S}$ gesucht und nicht in dem gesamten Definitionsbereich $\mathcal{D}_{\mathcal{L}}$ des Differenzialoperators $\mathcal{L}$.
- Von der Nährung $\widehat{s} \in \mathcal{S}$ wird nicht $\mathcal{L}\widehat{s} = g$ gefordert; das wäre in der Regel auch eine nicht realisierbare Forderung. Stattdessen wird diese Gleichung nur gegen Funktionen $\psi \in \mathcal{S}$ „getestet", was formal genau (8.12) bedeutet. Deswegen ist $\mathcal{S}$ neben Ansatz- hier auch *Testraum*.

Zu beachten sind noch zwei Dinge:

a) Praktisch wird die Gl. (8.12) gelöst, indem man eine passende Basis für den Ansatz- und Testraum $\mathcal{S}$ verwendet.
b) Außerdem wird die Gl. (8.12) durch eine sogenannte schwache Formulierung ersetzt. Dies geschieht mit dem Ziel, auch gewisse Ansatz- und Testräume $\mathcal{S}$ zuzulassen, die nicht Teilmenge von $\mathcal{D}_{\mathcal{L}}$ sind, so zum Beispiel Räume linearer Splines.

Details zu den beiden genannten Punkten a) und b) werden noch vorgestellt. Im weiteren Verlauf werden die folgenden Themen behandelt:

- Galerkin-Verfahren werden in einer allgemeinen Form und für eine große Klasse von Problemstellungen definiert sowie ihre Konvergenzeigenschaften behandelt (übernächster Abschn. 8.3.3).
- Die Bedeutung der in Abschn. 8.3.3 erzielten Konvergenzresultate sollen anhand des sturm-liouvilleschen Differenzialoperators $\mathcal{L}u = -u'' + ru$ aus (8.10) erläutert werden. Die dafür benötigten Eigenschaften von $\mathcal{L}$ werden in dem nachfolgenden Abschn. 8.3.2 hergeleitet.

8.3.2   Eigenschaften des Differenzialoperators $\mathcal{L}u = -u'' + ru$

Im Folgenden werden einige Eigenschaften des Differenzialoperators $\mathcal{L}u = -u'' + ru$ aus (8.10) vorgestellt. Als Erstes geht es darum, das anhand des Modellbeispiels aus (8.10) betrachtete Galerkin-Verfahren dahingehend sinnvoll zu verallgemeinern, dass eine Verwendung des Raums $\mathcal{S}$ der linearen Splinefunktionen infrage kommt, der aufgrund der fehlenden Differenzierbarkeitseigenschaften nicht in dem Definitionsbereich $\mathcal{D}_\mathcal{L}$ des sturm-liouvilleschen Differenzialoperators enthalten ist. Dabei ist folgende symmetrische Bilinearform hilfreich,

$$\left.\begin{aligned}
[\![u, v]\!]_{2,r} &:= \int_a^b (u'v' + ruv)(x)\, dx, \qquad u, v \in C^1_\Delta[a, b], \\
C^1_\Delta[a, b] &= \{u : [a, b] \to \mathbb{R} : u \text{ ist stückweise stetig differenzierbar}\}.
\end{aligned}\right\} \quad (8.13)$$

Hierbei heißt eine Funktion $u : [a, b] \to \mathbb{R}$ *stückweise stetig differenzierbar*, falls sie auf dem Intervall $[a, b]$ stetig ist und eine Zerlegung $\Delta = \{a = x_0 < x_1 < \cdots < x_M = b\}$ existiert, so dass auf jedem der offenen Teilintervalle (x_{k-1}, x_k) die Ableitung der Funktion u existiert und dort eine stetige Funktion darstellt, die in den beiden Randpunkten x_{k-1} und x_k jeweils stetig fortgesetzt werden kann ($k = 1, 2, \ldots, M$). Das Symbol Δ in $C^1_\Delta[a, b]$ bezieht sich *nicht* auf eine vorab festgelegte Zerlegung.

Die Bedeutung des in (8.13) auftretenden Integrals mit stückweise stetig differenzierbaren Funktionen u, v wird klar mit der folgenden Setzung,

$$\int_a^b u'(x)v'(x)\, dx = \sum_{k=1}^M \int_{x_{k-1}}^{x_k} u'(x)v'(x)\, dx, \qquad (8.14)$$

wobei die Zahlen $a = x_0 < x_1 < \cdots < x_M = b$ so gewählt sind, dass die Funktion $u'v'$ auf jedem der offenen Teilintervalle (x_{k-1}, x_k) eine stetige Funktion darstellt, die in den beiden Randpunkten x_{k-1} und x_k jeweils stetig fortgesetzt werden kann ($k = 1, 2, \ldots, M$).

Entsprechend ist für stückweise stetig differenzierbare Funktionen $u : [a, b] \to \mathbb{R}$ der Wert $\|u'\|_2 = (\int_a^b u'(x)^2\, dx)^{1/2}$ zu interpretieren, der in der Folge ebenfalls eine Rolle spielen wird.

Mit dem folgenden Lemma wird der Zusammenhang zwischen der angegebenen Bilinearform und dem sturm-liouvilleschen Differenzialoperator $\mathcal{L}$ beschrieben:

Lemma 8.3. *Es gilt*

$$[\![u, v]\!]_{2,r} = \langle \mathcal{L}u, v \rangle_2 \quad \text{für } u \in \mathcal{D}_{\mathcal{L}}, \ v \in \mathcal{D}, \tag{8.15}$$

$$\text{mit } \mathcal{D} = \left\{ u \in C^1_\Delta[a, b] \ : \ u(a) = u(b) = 0 \right\}.$$

Beweis. Auch für stückweise stetig differenzierbare Funktionen sind die Regeln der partiellen Integration anwendbar, und so erhält man

$$\langle \mathcal{L}u, v \rangle_2 = \int_a^b (-u'' + ru)(x)\, v(x)\, dx$$

$$= -(u'v)(x)\Big|_a^b + \int_a^b (u'v' + ruv)(x)\, dx$$

$$= 0 + \int_a^b (u'v' + ruv)(x)\, dx = [\![u, v]\!]_{2,r}.$$

$\square$

Bemerkung. Man beachte, dass der Ausdruck $[\![u, v]\!]_{2,r}$ auch für Funktionen $u \in \mathcal{D} \backslash \mathcal{D}_{\mathcal{L}}$ definiert ist. Aufgrund der Identität (8.15) stellt die Bilinearform $[\![\cdot, \cdot]\!]_{2,r}$ somit bezüglich des ersten Eingangs eine Fortsetzung der Bilinearform $\langle \mathcal{L}\cdot, \cdot \rangle_2$ dar. Diese Eigenschaft ermöglicht die Erweiterung des in (8.12) anhand des sturm-liouvilleschen Differenzialoperators $\mathcal{L}u = -u'' + ru$ eingeführten Galerkin-Verfahrens auch auf solche Ansatzräume $\mathcal{S} \subset \mathcal{D}$, die nicht in $\mathcal{D}_{\mathcal{L}}$ enthalten sind:

bestimme $\widehat{s} \in \mathcal{S}$ mit $[\![\widehat{s}, \psi]\!]_{2,r} = \langle g, \psi \rangle_2$ für alle $\psi \in \mathcal{S}$. $\triangle$ (8.16)

Das Galerkin-Verfahren für das sturm-liouvillesche Randwertproblem ist damit in genügender Allgemeinheit eingeführt. Die weiteren Betrachtungen dieses Abschnitte dienen der Vorbereitung auf Konvergenzbetrachtungen. Als unmittelbare Konsequenz aus Lemma 8.3 und der Symmetrie der Bilinearform $[\![\cdot, \cdot]\!]_{2,r}$ erhält man die Symmetrie des sturm-liouvilleschen Differenzialoperators $\mathcal{L}$.

Korollar. *Der sturm-liouvillesche Differenzialoperator $\mathcal{L}$ in (8.10) ist symmetrisch, es gilt also*

$$\langle \mathcal{L}u, v \rangle_2 = \langle u, \mathcal{L}v \rangle_2 \quad \text{für } u, v \in \mathcal{D}_{\mathcal{L}}.$$

Beweis. Die Behauptung folgt unmittelbar aus Lemma 8.3,

$$\langle \mathcal{L}u, v \rangle_2 = [\![u, v]\!]_{2,r} = [\![v, u]\!]_{2,r} = \langle \mathcal{L}v, u \rangle_2 = \langle u, \mathcal{L}v \rangle_2.$$

$\square$

In der nächsten Proposition werden gängige obere und untere Schranken für $[\![u, u]\!]_{2,r}$ hergeleitet. Diese Schranken ermöglichen die Herleitung konkreter Fehlerabschätzungen für die Galerkin-Approximation. Das folgende Lemma liefert die technischen Hilfsmittel für diese Proposition.

Lemma. *Mit der Notation* $\|u\|_2 = \langle u, u \rangle_2^{1/2}$ *gilt die* friedrichsche Ungleichung

$$\|u\|_2 \leq (b - a)\|u'\|_2 \quad \text{für } u \in C_\Delta^1[a, b] \quad \text{mit } u(a) = 0. \quad (8.17)$$

Es lassen sich obere und untere Schranken für $[\![u, u]\!]_{2,r}$ herleiten, die die Grundlage für nachfolgende konkrete Fehlerabschätzungen darstellen.

Proposition 8.4. *Es gelten die Ungleichungen*

$$\|u'\|_2^2 \leq [\![u, u]\!]_{2,r} \leq \kappa_1 \|u'\|_2^2 \quad \text{für } u \in C_\Delta^1[a, b] \quad \text{mit } u(a) = 0, \quad (8.18)$$

mit der Konstanten $\kappa_1 = 1 + \|r\|_\infty (b - a)^2$.

Beweis. Die angegebenen Ungleichungen erhält man folgendermaßen,

$$[\![u, u]\!]_{2,r} = \int_a^b ((u')^2 + ru^2)(s)\, ds \overset{(*)}{\geq} \int_a^b u'(s)^2\, ds = \|u'\|_2^2,$$

$$-\text{\textquotedblleft}- \;=\; -\text{\textquotedblleft}- \qquad \leq \|u'\|_2^2 + \|r\|_\infty \|u\|_2^2 \overset{(**)}{\leq} \kappa_1 \|u'\|_2^2,$$

wobei die Abschätzungen $(*)$ und $(**)$ aus der Nichtnegativität $r \geq 0$ beziehungsweise der friedrichschen Ungleichung resultieren. □

Die später benötigten Eigenschaften des speziellen Differenzialoperators $\mathcal{L}u = -u'' + ru$ stehen nun allesamt zur Verfügung. Die Betrachtungen zum Galerkin-Verfahren werden nun zunächst in einem allgemeinen Rahmen fortgesetzt. In Abschn. 8.3.6 werden wir das sturm-liouvillesche Randwertproblem erneut aufgreifen.

8.3.3 Galerkin-Verfahren – ein allgemeiner Rahmen

Galerkin-Verfahren lassen sich in den unterschiedlichsten Situationen einsetzen und werden hier daher in genügender Allgemeinheit betrachtet. Zunächst werden die entsprechenden Annahmen zusammengetragen.

Voraussetzung 8.5.

a) In einem reellen Vektorraum V wird die lineare Gleichung

$$\mathcal{L}u = g \quad \text{mit } \mathcal{L} : V \supset \mathcal{D}_{\mathcal{L}} \to V \text{ linear}, \qquad g \in V$$

betrachtet, wobei $\mathcal{D}_{\mathcal{L}}$ ein linearer Unterraum von V ist. Diese Gleichung $\mathcal{L}u = g$ besitze eine Lösung $u_* \in \mathcal{D}_{\mathcal{L}}$. Weiter sei $\langle \cdot, \cdot \rangle : V \times V \to \mathbb{R}$ eine Bilinearform auf V.

b) Es bezeichne $[\![\cdot, \cdot]\!] : \mathcal{D} \times \mathcal{D} \to \mathbb{R}$ eine zweite Bilinearform auf einem linearen Unterraum $\mathcal{D} \subset V$, wobei $\mathcal{D}$ eine Obermenge des Definitionsbereichs $\mathcal{D}_{\mathcal{L}}$ der Abbildung $\mathcal{L}$ darstellt, $\mathcal{D}_{\mathcal{L}} \subset \mathcal{D}$. Diese zweite Bilinearform $[\![\cdot, \cdot]\!]$ sei positiv definit,

$$[\![u, u]\!] > 0 \quad \text{für } 0 \neq u \in \mathcal{D},$$

und zwischen den beiden genannten Bilinearformen bestehe folgender Zusammenhang,

$$[\![u, v]\!] = \langle \mathcal{L}u, v \rangle \quad \text{für } u \in \mathcal{D}_{\mathcal{L}}, \quad v \in \mathcal{D}. \tag{8.19}$$

Beispiel. Der im vorangegangenen Abschn. 8.3.2 betrachtete Differenzialoperator $\mathcal{L}u = -u'' + ru$ erfüllt mit den in dem dortigen Zusammenhang betrachteten Bilinearformen die in Voraussetzung 8.5 genannten Bedingungen. Die passenden Notationen sind $V = C[a, b]$ sowie $\langle \cdot, \cdot \rangle = \langle \cdot, \cdot \rangle_2$ und $[\![\cdot, \cdot]\!] = [\![\cdot, \cdot]\!]_{2,r}$. △

Weitere Beispiele finden Sie in den Aufgaben 8.5 und 8.6.

Bemerkung.

a) Die Abbildung $\mathcal{D} \ni u \mapsto [\![u, u]\!]^{1/2}$ bezeichnet man als *Energienorm*. Tatsächlich erfüllt sie die Normeigenschaften, was im Fall einer symmetrischen Bilinearform $[\![\cdot, \cdot]\!]$ offensichtlich ist, die dann ein Skalarprodukt darstellt. Man kann aber auch für den nichtsymmetrischen Fall die Normeigenschaften der Energienorm nachweisen.

b) Die Eigenschaft (8.19) dient in den nachfolgenden Betrachtungen lediglich dazu, Galerkin-Verfahren in einer relativ allgemeinen Form zu erklären. Es existiert jedoch ein weiterer Anwendungsbereich, der hier kurz angesprochen werden soll. Aufgrund der Eigenschaft (8.19) stellt die Lösung $u_* \in \mathcal{D}_{\mathcal{L}}$ der Operatorgleichung $\mathcal{L}u = g$ auch eine Lösung der *Variationsgleichung*

$$\text{finde } u \in \mathcal{D} \quad \text{mit } [\![u, v]\!] = \langle g, v \rangle \quad \text{für alle } v \in \mathcal{D} \qquad (8.20)$$

dar. Diese Variationsgleichung (8.20) erlangt in denjenigen Anwendungen eine eigenständige Bedeutung, bei denen die Gleichung $\mathcal{L}u = g$ entgegen der Voraussetzung 8.5 nicht in $\mathcal{D}$ lösbar ist, die Variationsgleichung (8.20) jedoch eine Lösung $u_* \in \mathcal{D}$ besitzt. Solche Lösungen bezeichnet man dann als *verallgemeinerte* oder *schwache Lösung* von $\mathcal{L}u = g$. Die nachfolgenden Resultate gelten auch für schwache Lösungen.   △

Für den vorgestellten allgemeinen Rahmen wird nun das Galerkin-Verfahren eingeführt.

Box 8.6. Es seien die in Voraussetzung 8.5 genannten Bedingungen erfüllt. Zur approximativen Lösung der Gleichung $\mathcal{L}u = g$ ist für einen gegebenen linearen Unterraum $\mathcal{S} \subset \mathcal{D}$ mit dim $\mathcal{S} < \infty$ die *Galerkin-Approximation* $\widehat{s} \in \mathcal{S}$ wie folgt erklärt,

$$\text{bestimme } \widehat{s} \in \mathcal{S} \quad \text{mit } [\![\widehat{s}, \psi]\!] = \langle g, \psi \rangle \quad \text{für alle } \psi \in \mathcal{S}. \qquad (8.21)$$

Dieses Verfahren wird als *Galerkin-Verfahren* beziehungsweise im Falle der Symmetrie der Bilinearform $[\![\cdot, \cdot]\!]$ auch als *Ritz-Verfahren* bezeichnet.

Bemerkung 8.7.

a) Falls $\mathcal{S} \subset \mathcal{D}_{\mathcal{L}}$ gilt, so kann man die Galerkin-Gleichungen (8.21) in der folgenden klassischen Form schreiben:

$$\widehat{s} \in \mathcal{S}, \qquad \langle \mathcal{L}\widehat{s}, \psi \rangle = \langle g, \psi \rangle \quad \text{für alle } \psi \in \mathcal{S}.$$

Diese Form kennen Sie bereits aus dem in (8.12) angegebenen Beispiel.

b) Die Galerkin-Approximation ist eindeutig bestimmt. Sind nämlich $\widehat{s}, s \in \mathcal{S}$ zwei Galerkin-Approximationen, so gilt insbesondere $\widehat{s} - s \in \mathcal{S}$ und dann $[\![\widehat{s} - s, \widehat{s} - s]\!] = 0$, so dass aufgrund von Teil b) der Annahme 8.5 notwendigerweise $\widehat{s} = s$ gilt.

c) Wenn $u_* \in \mathcal{D}_{\mathcal{L}}$ die Lösung der Gleichung $\mathcal{L}u = g$ bezeichnet, so gilt für jedes Element $\widehat{s} \in \mathcal{S}$:

$$\widehat{s} \text{ ist Galerkin-Approximation } \Longleftrightarrow [\![\widehat{s} - u_*, \psi]\!] = 0 \text{ für alle } \psi \in \mathcal{S}. \qquad (8.22)$$

Dies folgt unmittelbar aus den Darstellungen (8.20) und (8.21).

d) Allgemeiner als in den Galerkin-Gleichungen (8.21) kann man für lineare Räume $\mathcal{S}_1 \subset \mathcal{D}$ und $\mathcal{S}_2 \subset \mathcal{V}$ mit dim $\mathcal{S}_1 = \dim \mathcal{S}_2 < \infty$ Approximationen $\widehat{s} \in \mathcal{S}_1$ von der folgenden Form betrachten,

$$\widehat{s} \in \mathcal{S}_1, \qquad [\![\widehat{s}, \psi]\!] = \langle g, \psi \rangle \quad \text{für } \psi \in \mathcal{S}_2. \tag{8.23}$$

In diesem Zusammenhang wird $\mathcal{S}_1$ als *Ansatzraum* und $\mathcal{S}_2$ als *Testraum* bezeichnet. Bei Galerkin-Verfahren stimmen demnach Ansatz- und Testraum überein.
△

Die folgende Minimaleigenschaft der Galerkin-Approximation bildet die Grundlage für die Herleitung konkreter Fehlerabschätzungen bei Galerkin-Verfahren. Man beachte, dass hier die Symmetrie der Bilinearform $[\![\cdot, \cdot]\!]$ benötigt wird.

Box 8.8. *Es seien die in Voraussetzung 8.5 genannten Bedingungen erfüllt, und zusätzlich sei die Bilinearform $[\![\cdot, \cdot]\!] : \mathcal{D} \times \mathcal{D} \to \mathbb{R}$ symmetrisch. Dann minimiert die Galerkin-Approximation $\widehat{s} \in \mathcal{S}$ in dem Raum $\mathcal{S} \subset \mathcal{D}$ den Fehler bezüglich der Energienorm, es gilt also*

$$[\![\widehat{s} - u_*, \widehat{s} - u_*]\!] = \min_{s \in \mathcal{S}} [\![s - u_*, s - u_*]\!]. \tag{8.24}$$

Beweis. Die Aussage erhält man durch folgende Rechnung, bei der $s \in \mathcal{S}$ beliebig gewählt ist,

$$[\![\widehat{s} - u_*, \widehat{s} - u_*]\!] = [\![s - u_*, \widehat{s} - u_*]\!] + \overbrace{[\![\widehat{s} - s, \widehat{s} - u_*]\!]}^{=0 \text{ nach } (8.22)}$$

$$= [\![s - u_*, s - u_*]\!] + [\![s - u_*, \widehat{s} - s]\!]$$

$$= \underline{\qquad\qquad} {}_{\ll}\underline{\qquad\qquad} - \underbrace{[\![\widehat{s} - s, \widehat{s} - s]\!]}_{\geq 0} + \underbrace{[\![\widehat{s} - u_*, \widehat{s} - s]\!]}_{= 0}$$

$$\leq \underline{\qquad\qquad} {}_{\ll}\underline{\qquad\qquad}. \qquad\qquad \square$$

Die in Box 8.8 vorgestellte Minimaleigenschaft der Galerkin-Approximation bezüglich der Energienorm ist ein erster Schritt zur Herleitung konkreter Fehlerabschätzungen für das Galerkin-Verfahren. Ausgangspunkt weiterer Fehlerabschätzungen ist das folgende triviale Resultat, das man in den Anwendungen mit speziellen Normen $\|\!|\cdot|\!\| : \mathcal{D} \to \mathbb{R}_+$ einsetzt.

Theorem 8.9. *Es seien die in Voraussetzung 8.5 genannten Bedingungen erfüllt mit einer symmetrischen Bilinearform $[\![\cdot,\cdot]\!]$, und bezüglich einer nichtnegativen Abbildung $\|\!|\cdot|\!\| : \mathcal{D} \to \mathbb{R}_+$ gelte*

$$c_1\|\!|u|\!\|^2 \le [\![u,u]\!] \le c_2\|\!|u|\!\|^2 \quad \text{für alle } u \in \mathcal{D} \tag{8.25}$$

mit gewissen Konstanten $c_2 \ge c_1 > 0$. Dann gilt

$$\|\!|\widehat{s} - u_*|\!\| \le c \min_{s \in \mathcal{S}} \|\!|s - u_*|\!\| \quad \text{mit } c = \sqrt{\tfrac{c_2}{c_1}}. \tag{8.26}$$

Diese Aussage ergibt sich unmittelbar aus der Eigenschaft (8.24).

In der Situation (8.26) nennt man das Galerkin-Verfahren *quasioptimal* bezüglich $\|\!|\cdot|\!\|$, da die Galerkin-Approximation bis auf einen konstanten Faktor aus dem Raum $\mathcal{S}$ die optimale Approximation an u_* darstellt.

Auch für *nichtsymmetrische* Bilinearformen $[\![\cdot,\cdot]\!]$ erhält man unter vergleichbaren Bedingungen die Quasioptimalität der Galerkin-Approximation.

Box 8.10 (Lemma von Céa). *Es seien die in Voraussetzung 8.5 genannten Bedingungen erfüllt und bezüglich einer Abbildung $\|\!|\cdot|\!\| : \mathcal{D} \to \mathbb{R}_+$ gelte*

$$c_1\|\!|u|\!\|^2 \le [\![u,u]\!] \text{ für } u \in \mathcal{D}, \quad [\![u,v]\!] \le c_2\|\!|u|\!\|\|\!|v|\!\| \text{ für } u,v \in \mathcal{D} \tag{8.27}$$

mit gewissen Konstanten $c_2 \ge c_1 > 0$. Dann gilt $\|\!|\widehat{s} - u_*|\!\| \le c \min_{s\in\mathcal{S}} \|\!|s - u_*|\!\|$ mit $c = \tfrac{c_2}{c_1}$, das Galerkin-Verfahren ist also quasioptimal bezüglich $\|\!|\cdot|\!\|$.

Beweis. Die Aussage erhält man durch folgende Rechnung, bei der $s \in \mathcal{S}$ beliebig gewählt ist,

$$c_1\|\!|\widehat{s} - u_*|\!\|^2 \overset{(*)}{\le} [\![\widehat{s} - u_*, \widehat{s} - u_*]\!] = [\![\widehat{s} - u_*, s - u_*]\!] + \underbrace{[\![\widehat{s} - u_*, \widehat{s} - s]\!]}_{=\,0}$$

$$\overset{(**)}{\le} c_2\|\!|\widehat{s} - u_*|\!\|\|\!|s - u_*|\!\|,$$

wobei man die Abschätzungen $(*)$ und $(**)$ jeweils unmittelbar aus den Bedingungen in (8.27) erhält. Eine Division durch $\|\!|\widehat{s} - u_*|\!\|$ liefert nun (im Fall $\|\!|\widehat{s} - u_*|\!\| \ne 0$, andernfalls ist die Aussage sowieso trivial) die Quasioptimalität. $\qquad\square$

Bemerkung. Typischerweise ist in Box 8.10 die Abbildung $\|\!|\cdot|\!\|$ eine Norm, und die erste der beiden Bedingungen in (8.27) wird dann als *Koerzivität* der Bilinearform

$[\![\cdot,\cdot]\!]$ bezüglich $|\!|\!|\cdot|\!|\!|$ bezeichnet. Die zweite Bedingung in (8.27) stellt eine Beschränktheitsbedingung an die Bilinearform $[\![\cdot,\cdot]\!]$ dar. $\triangle$

8.3.4 Systemmatrix

Zur konkreten Berechnung der Galerkin-Approximation benötigt man noch ein linear unabhängiges Erzeugendensystem für den Untervektorraum S:

Lemma. *Es seien die in Voraussetzung 8.5 genannten Bedingungen erfüllt und das System $s_1, \ldots, s_N \in S$ bilde eine Basis von S. Es ist das Element $s = \sum_{k=1}^{N} c_k s_k \in S$ mit den Koeffizienten $c_1, \ldots, c_N \in \mathbb{R}$ genau dann Galerkin-Approximation, wenn die Koeffizienten $c_1, \ldots, c_N \in \mathbb{R}$ dem folgenden linearen Gleichungssystem genügen,*

$$
\begin{pmatrix}
[\![s_1, s_1]\!] & \ldots & [\![s_N, s_1]\!] \\
\vdots & \ddots & \vdots \\
[\![s_1, s_N]\!] & \ldots & [\![s_N, s_N]\!]
\end{pmatrix}
\begin{pmatrix}
c_1 \\
\vdots \\
c_N
\end{pmatrix}
=
\begin{pmatrix}
\langle g, s_1 \rangle \\
\vdots \\
\langle g, s_N \rangle
\end{pmatrix}.
\tag{8.28}
$$

Beweis. Nach der Definition in Box 8.6 ist mit der gegebenen Basis von S ein Element $s \in S$ genau dann Galerkin-Approximation, wenn $s \in S$ und $[\![s, s_j]\!] = \langle g, s_j \rangle$ für $j = 1, 2, \ldots, N$ gilt. Mit dem Ansatz $s = \sum_{k=1}^{N} c_k s_k \in S$ ist dies gleichbedeutend mit

$$
\sum_{k=1}^{N} [\![s_k, s_j]\!] c_k = \langle g, s_j \rangle, \qquad j = 1, 2, \ldots, N.
$$

Die Matrix-Vektor-Version hierzu ist identisch mit (8.28). $\qquad\square$

Bemerkung.

a) Die in (8.28) auftretende Matrix wird als *Systemmatrix* oder auch als *Steifig-keitsmatrix* bezeichnet und ist regulär aufgrund der Eindeutigkeit der Galerkin-Approximation (siehe Teil b) von Bemerkung 8.7). Daraus erhält man auch unmittelbar die Existenz der Galerkin-Approximation.

b) Das Gleichungssystem (8.28) stellt lediglich eine „Halbdiskretisierung" der gegebenen Operatorgleichung $\mathcal{L}u = g$ dar, denn sowohl die Einträge in der Systemmatrix als auch die Komponenten des Vektors auf der rechten Seite des Gleichungssystems sind in der Regel nicht exakt bekannt und müssen numerisch berechnet werden. Im Fall der beiden speziellen Bilinearformen aus Voraussetzung 8.5 kann dies beispielsweise mittels Quadraturformeln geschehen.

Allgemein bezeichnet man solche Verfahren, bei denen die Einträge in der Systemmatrix beziehungsweise der rechten Seite des Gleichungssystems (8.28) durch exakt auswertbare Näherungsformeln approximiert werden, als *volldiskrete Galerkin-Verfahren*.   △

Beispiel 8.11. Gegeben sei das Randwertproblem

$$-u''(x) = x \quad \text{für } 0 \le x \le 2, \qquad u(0) = u(2) = 0.$$

Als Ansatzraum für das Galerkin-Verfahren wählen wir hier die Menge der Polynome vom Höchstgrad 3 mit Nullrandbedingungen,

$$\mathcal{S} = \{s \in \mathcal{P}_3 \mid s(0) = s(2) = 0\}.$$

Es bilden die beiden Funktionen $s_1(x) = x(2-x)$ und $s_2(x) = x^2(2-x)$ eine Basis von $\mathcal{S}$, wie man sich leicht überlegt. Es gilt nämlich bekanntermaßen $\dim \mathcal{P}_3 = 4$; abzüglich der zwei Randbedingungen ergibt das $\dim \mathcal{S} = 2$. Offenbar liegen die beiden Funktionen s_1 und s_2 in $\mathcal{S}$, und wegen der unterschiedlichen Grade sind sie linear unabhängig. Also müssen sie eine Basis von $\mathcal{S}$ bilden.

Zu diesen beiden Ansatzfunktionen wird im Folgenden die Näherungslösung des Galerkin-Verfahrens bestimmt. Wegen $s_1'(x) = 2 - 2x$ und $s_2'(x) = 4x - 3x^2$ erhalten wir für die Koeffizienten des linearen Gleichungssystems mit dem speziellen Skalarprodukt aus (8.11) und der Notation $[\![\cdot, \cdot]\!]_2 = [\![\cdot, \cdot]\!]_{2,r}$ mit $r \equiv 0$ Folgendes:

$$[\![s_1, s_1]\!]_2 = \langle s_1', s_1' \rangle_2 = \int_0^2 (2 - 2x)^2 \, dx = \int_0^2 4 - 8x + 4x^2 \, dx = \frac{8}{3},$$

$$[\![s_1, s_2]\!]_2 = \langle s_1', s_2' \rangle_2 = \int_0^2 (2 - 2x)(4x - 3x^2) \, dx$$

$$= 2 \int_0^2 4x - 7x^2 + 3x^3 \, dx = \frac{8}{3},$$

$$[\![s_2, s_1]\!]_2 = [\![s_1, s_2]\!]_2 = \frac{8}{3},$$

$$[\![s_2, s_2]\!]_2 = \langle s_2', s_2' \rangle_2 = \int_0^2 (4x - 3x^2)^2 \, dx = \int_0^2 16x^2 - 24x^3 + 9x^4 \, dx = \frac{64}{15}.$$

Für die Einträge der rechten Seite ergibt sich

$$\langle x, s_1 \rangle_2 = \int_0^2 x^2(2 - x) \, dx = \int_0^2 2x^2 - x^3 \, dx = \frac{4}{3},$$

$$\langle x, s_2 \rangle_2 = \int_0^2 x^3(2-x)\,dx = \int_0^2 2x^3 - x^4\,dx = \frac{8}{5}.$$

Für die Koeffizienten der Galerkin-Approximation $s = c_1 s_1 + c_2 s_2$ bedeutet dies

$$\frac{8}{3}c_1 + \frac{8}{3}c_2 = \frac{4}{3}, \qquad \frac{8}{3}c_1 + \frac{64}{15}c_2 = \frac{8}{5}.$$

Die Lösung dieses linearen Gleichungssystems berechnet sich zu $c_1 = \frac{1}{3}$, $c_2 = \frac{1}{6}$, und man erhält damit

$$s(x) = \frac{1}{3}x(2-x) + \frac{1}{6}x^2(2-x) = -\frac{x^3}{6} + \frac{2x}{3}.$$

Man beachte, dass die so gewonnene Näherungslösung mit der exakten Lösung u dieses einfachen Randwertproblems übereinstimmt. Das liegt an der eher untypischen Situation, dass die Lösung bereits selbst Element des Ansatzraums ist, $u \in \mathcal{S}$. Man beachte weiterhin, dass die Funktionen des Ansatzraums hier beliebig glatt sind und daher eine Betrachtung der schwachen Formulierung der Galerkin-Gleichungen (8.16) in diesem Fall eigentlich nicht erforderlich wäre. $\triangle$

8.3.5 Finite-Elemente-Methode

In der Praxis ist der zugrunde liegende Raum $\mathcal{V}$ typischerweise ein Funktionenraum und man verwendet als Basis des zum Galerkin-Verfahren gehörenden Unterraums $\mathcal{S}$ oft Funktionen $s_1, \ldots, s_N \in \mathcal{S}$ mit einem jeweils kleinen Träger, es gilt also $s_k = 0$ außerhalb einer vom jeweiligen Index k abhängenden Menge und $s_k \cdot s_j = 0$ für einen Großteil der Indizes. In diesem Fall wird das zugehörige Galerkin-Verfahren auch als *Finite-Elemente-Methode* bezeichnet.

Beispiel 8.12. Zu der Zerlegung $\Delta = \{a = x_0 < x_1 < \cdots < x_N = b\}$ eines Intervalls $[a, b]$ sei $\mathcal{S}$ der Raum der linearen Splines, $\mathcal{S} = S_{\Delta,1}$. Eine Basis dieses $(N + 1)$-dimensionalen Vektorraums erhält man durch *Hutfunktionen* (lineare B-Splines), die folgendermaßen erklärt sind,

$$s_j(x) = \begin{cases} \dfrac{1}{h_{j-1}}(x - x_{j-1}), & \text{falls } x \in [x_{j-1}, x_j], \\[2mm] \dfrac{1}{h_j}(x_{j+1} - x), & \text{falls } x \in [x_j, x_{j+1}], \\[2mm] 0 \text{ sonst} \end{cases} \qquad j = 0, \ldots, N, \qquad (8.29)$$

wobei $h_j = x_{j+1} - x_j$, $j = 0, 1, \ldots, N - 1$ die im Allgemeinen variablen Knotenabstände bezeichnen. In (8.29) sind in den Fällen „$j = 0$" beziehungsweise

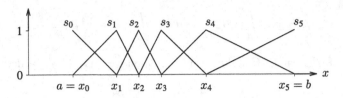

Abb. 8.1 Darstellung der Hutfunktionen an einem Beispiel

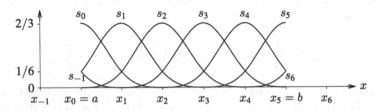

Abb. 8.2 Darstellung von kubischen B-Splines anhand eines Beispiels ($N = 5$)

„$j = N$" die Situationen „$x \in [x_{-1}, x_0]$" beziehungsweise „$x \in [x_N, x_{N+1}]$" ohne Relevanz. Die vorliegende Situation ist in Abb. 8.1 dargestellt. Man beachte noch, dass der Raum der linearen Splines $S_{\Delta,1}$ keine Teilmenge des Definitionsbereichs von Differenzialoperatoren zweiter Ordnung ist und daher in diesem Fall die Galerkin-Gleichungen in der schwachen Formulierung (8.21) betrachtet werden müssen.

Für das Referenzbeispiel (8.10) mit den homogenen Randbedingungen verwendet man sinnvollerweise Räume S mit in den Randpunkten a und b verschwindenden Funktionen, beispielsweise also den Raum der linearen Splines $S_{\Delta,1}$ mit Nullrandbedingungen, $S = \{s \in S_{\Delta,1} : s(a) = s(b) = 0\}$. Eine Basis dieses $(N - 1)$-dimensionalen Vektorraums bilden die Hutfunktionen $s_1, \ldots, s_{N-1}$. Δ

Beispiel. Mit der Notation $x_j = a + jh \in \mathbb{R}$ für $j = -3, -2, \ldots, N + 3$ mit $h = \frac{b-a}{N}$ sei S der Raum der kubischen Splines zur äquidistanten Zerlegung $\Delta = \{a = x_0 < x_1 < \cdots < x_N = b\}$ des Intervalls $[a, b]$. Eine Basis dieses $(N + 3)$-dimensionalen Vektorraums $S = S_{\Delta,3}$ erhält man beispielsweise, indem man hilfsweise auf dem Intervall $[x_{-3}, x_{N+3}]$ und zur Zerlegung $\widehat{\Delta} = \{x_{-3} < x_{-2} < \cdots < x_{N+3}\}$ die eindeutig bestimmten kubischen Splinefunktionen $s_{-1}, s_0, \ldots, s_N, s_{N+1} \in S_{\widehat{\Delta},3}$ mit natürlichen Randbedingungen und den Funktionswerten $s_j(x_j) = \frac{2}{3}, s_j(x_{j\pm1}) = \frac{1}{6}$ und $s_j(x_\ell) = 0$ in den restlichen Knoten heranzieht. Bei diesen Funktionen handelt es sich um spezielle kubische *B-Splines*, deren explizite Form beispielsweise in Oevel [45] angegeben ist. Durch Einschränkung der Definitionsbereiche dieser B-Splines auf das Intervall $[a, b]$ erhält man eine Familie von Funktionen, die eine Basis von $S = S_{\Delta,3}$ darstellt. Die vorliegende Situation ist in Abb. 8.2 veranschaulicht.

Ist bei Verwendung der Finite-Elemente-Methode der zugrunde liegende Operator $\mathcal{L}$ ein Differenzialoperator, so besitzt die zugehörige Systemmatrix bei richtiger Anordnung der Basiselemente typischerweise eine Bandstruktur, so dass sich das entsprechende Gleichungssystem (8.28) mit verhältnismäßig geringem Aufwand lösen lässt. Die Situation wird im nachfolgenden Abschnitt verdeutlicht.

8.3.6 Anwendung auf das sturm-liouvillesche Randwertproblem

Im Folgenden wird nun wieder das spezielle sturm-liouvillesche Randwertproblem aus Abschn. 8.3.1 betrachtet:

> **Box 8.13.** Es bezeichne $\mathcal{L} : C[a, b] \supset \mathcal{D}_{\mathcal{L}} \to C[a, b]$ den speziellen Differenzialoperator aus (8.10). Weiter bezeichnet $\langle \cdot, \cdot \rangle_2$ das L^2-Skalarprodukt (siehe (8.11)), und $[\![\cdot, \cdot]\!] : C^1_\Delta[a, b] \times C^1_\Delta[a, b] \to \mathbb{R}$ sei die Bilinearform (8.13). Die Gleichung $\mathcal{L}u = g$ besitze eine Lösung $u_* \in \mathcal{D}_{\mathcal{L}}$.

Ausgehend von der in Box 8.13 beschriebenen Situation werden nun die Approximationseigenschaften des Galerkin-Verfahrens bezüglich spezieller Ansatzräume $\mathcal{S}$ vorgestellt. Vorbereitend wird die folgende allgemeine Abschätzung festgehalten, die eine unmittelbare Konsequenz aus den bereits gewonnenen Resultaten ist.

Korollar 8.14. *Ausgehend von der in Box 8.13 beschriebenen Situation sei zu einem vorgegebenen Ansatzraum $\mathcal{S} \subset \mathcal{D} = \{u \in C^1_\Delta[a, b] : u(a) = u(b) = 0\}$ die zugehörige Galerkin-Approximation mit $\widehat{s} \in \mathcal{S}$ bezeichnet. Hier gilt folgende Fehlerabschätzung,*

$$\| \widehat{s}' - u_*' \|_2 \le \kappa \min_{s \in \mathcal{S}} \| s' - u_*' \|_2 \tag{8.30}$$

mit $\kappa = (1 + \| r \|_\infty (b - a)^2)^{1/2}$.

Diese Aussage erhält man unmittelbar aus Proposition 8.4, Box 8.8 und Theorem 8.9.

Im Folgenden werden für $\mathcal{S}$ lineare beziehungsweise kubische Splineräume mit Nullrandbedingungen und auf äquidistanten Gittern

$$x_j = a + jh, \quad j = 0, 1, \ldots, N, \quad \text{mit } h = \frac{b - a}{N}, \tag{8.31}$$

herangezogen. Für die Abschätzung der rechten Seite von (8.30) lassen sich in dieser Situation die bereits bekannten Schranken für den jeweils bei der Interpolation auftretenden Fehler verwenden.

Korollar 8.15. *Zu einer gegebenen äquidistanten Zerlegung* $\Delta = \{a = x_0 <$ $x_1 < \cdots < x_N = b\}$ *bezeichne* S *den Raum der linearen Splinefunktion mit Nullrandbedingungen,*

$$S = \{s \in S_{\Delta,1} \ : \ s(a) = s(b) = 0\}. \tag{8.32}$$

Mit den Notationen aus Box 8.13 *gilt für die zugehörige Galerkin-Approximation* $\widehat{s} \in S$ *die folgende Abschätzung,*

$$\|\widehat{s}' - u_*'\|_2 \le ch\|u_*''\|_\infty$$

mit einer Konstanten $c \ge 0$, *wobei* $u_* \in C^2[a, b]$ *angenommen wird.*

Dieses Resultat erhält man als Konsequenz aus Korollar 8.14.

Bemerkung. In der Situation von Korollar 8.15 ist man auch an Abschätzungen für den Fehler $\widehat{s} - u_*$ interessiert, die aber mit den in diesem Abschnitt hergeleiteten Techniken nicht mit der optimalen Ordnung hergeleitet werden können. Mit einer etwas genaueren Wahl der zugrunde liegenden Räume und mit einer verfeinerten Technik (die als *Dualitäts-* oder *Aubin-Nitsche-Trick* bezeichnet wird) lässt sich aber für das Galerkin-Verfahren mit dem Ansatzraum aus (8.32) zur Lösung des sturm-liouvilleschen Randwertproblems mit homogenen Randbedingungen (8.3)– (8.4) die Abschätzung $\|\widehat{s} - u_*\|_2 = \mathcal{O}(h^2)$ nachweisen.   △

In der vorliegenden Situation aus Box 8.13 und (8.32) mit den Hutfunktionen $s_1, \ldots, s_{N-1}$ (siehe Beispiel 8.12) als Basis von S soll noch die zugehörige Systemmatrix betrachtet werden. Wegen $s_k s_j = 0$ für $|k - j| \ge 2$ gilt auch

$$[\![s_k, s_j]\!] = 0 \quad \text{für } |k - j| \ge 2,$$

so dass die zugehörige Systemmatrix eine Tridiagonalmatrix darstellt, deren Einträge folgendes Aussehen besitzen:

$$[\![s_j, s_{j-1}]\!] = [\![s_{j-1}, s_j]\!]$$

$$= -\frac{1}{h} - \frac{1}{h^2} \int_{x_{j-1}}^{x_j} (x - x_{j-1})(x_j - x)r(x)\,dx, \quad j = 2, 3, \ldots, N-1,$$

$$[\![s_j, s_j]\!] = \frac{2}{h} + \frac{1}{h^2} \int_{x_{j-1}}^{x_j} (x - x_{j-1})^2 r(x)\,dx$$

$$+ \frac{1}{h^2} \int_{x_j}^{x_{j+1}} (x_{j+1} - x)^2 r(x) \, dx, \qquad j = 1, 2, \ldots, N - 1,$$

mit h wie in (8.31).

Beispiel 8.16. Für die spezielle Situation (8.10), (8.11), (8.12) und (8.13) werde zu der äquidistanten Zerlegung $\Delta = \{a = x_0 < x_1 < \cdots < x_N = b\}$ der Raum $\mathcal{S}$ der kubischen Splines mit Nullrandbedingungen betrachtet,

$$\mathcal{S} = \left\{ s \in S_{\Delta,3} \: : \: s(a) = s(b) = 0 \right\}.$$

Dann gilt mit h wie in (8.31) für die zugehörige Galerkin-Approximation $\widehat{s} \in \mathcal{S}$ folgende Abschätzung,

$$\| \widehat{s}' - u_*' \|_2 \le ch^3 \| u_*^{(4)} \|_\infty$$

mit der Konstanten $c = (1 + \| r \|_\infty (b - a))^{1/2} 2K$, wobei $u_* \in C^4[a, b]$ und $u_*''(a) = u_*''(b) = 0$ vorausgesetzt wird. Dieses Resultat ist eine unmittelbare Konsequenz aus Korollar 8.14, wobei man in (8.30) den die Funktion u_* interpolierenden kubischen Spline s mit natürlichen Randbedingungen betrachtet. $\triangle$

Bemerkung. Auch in der Situation von Beispiel 8.16 ist man an Abschätzungen für den Fehler $\widehat{s} - u_*$ interessiert. Unter leicht modifizierten Bedingungen lässt sich auch hier mit dem bereits angesprochenen Aubin-Nitsche-Trick die Abschätzung $\| \widehat{s} - u_* \|_2 = \mathcal{O}(h^4)$ nachweisen. $\triangle$

8.3.7 Das Energiefunktional

Als Ergänzung zu der in der Voraussetzung 8.5 beschriebenen allgemeinen Situation wird im Folgenden das Energiefunktional vorgestellt, mit dem sich einerseits die Lösung der Gleichung $\mathcal{L}u = g$ und andererseits die zugehörige Galerkin-Approximation charakterisieren lassen.

In der Situation von Voraussetzung 8.5 ist das zugehörige *Energiefunktional* $\mathcal{J} : \mathcal{D} \to \mathbb{R}$ folgendermaßen erklärt,

$$\mathcal{J}(u) = \frac{1}{2} [\![u, u]\!] - \langle u, g \rangle \quad \text{für } u \in \mathcal{D}.$$

Die folgende Proposition zeigt, dass sich der Wert des Energiefunktionals nur um eine Konstante von dem Fehler in der Energienorm unterscheidet.

Proposition 8.17. *Es seien die in Voraussetzung 8.5 genannten Bedingungen erfüllt mit einer symmetrischen Bilinearform* $[\![\cdot,\cdot]\!]$. *Dann gilt*

$$\mathcal{J}(u) = \tfrac{1}{2}([\![u - u_*, u - u_*]\!] - [\![u_*, u_*]\!]) \quad \textit{für } u \in \mathcal{D},$$

wobei wieder $u_* \in \mathcal{D}_{\mathcal{L}}$ *die Lösung der Gleichung* $\mathcal{L}u = g$ *bezeichnet.*

Beweis. Man erhält die Aussage der Proposition durch folgende Rechnung,

$$2\mathcal{J}(u) = [\![u, u]\!] - 2\langle u, g \rangle = [\![u, u]\!] - 2\langle u, \mathcal{L}u_* \rangle = [\![u, u]\!] - 2[\![u, u_*]\!]$$
$$= ([\![u, u]\!] - 2[\![u, u_*]\!] + [\![u_*, u_*]\!]) - [\![u_*, u_*]\!]$$
$$= [\![u - u_*, u - u_*]\!] - [\![u_*, u_*]\!], \qquad u \in \mathcal{D}.$$

$\square$

Als unmittelbare Konsequenz der Fehlerabschätzung (8.24) und Proposition 8.17 erhält man folgende Minimaleigenschaft.

Korollar 8.18. *In der Situation von Proposition 8.17 gilt*

$$\mathcal{J}(u_*) = \min_{u \in \mathcal{D}} \mathcal{J}(u) = -\frac{1}{2}[\![u_*, u_*]\!], \qquad \mathcal{J}(\widehat{s}) = \min_{s \in \mathcal{S}} \mathcal{J}(s),$$

wobei $\widehat{s} \in \mathcal{S}$ *die Galerkin-Approximation zu einem gegebenem Ansatzraum* $\mathcal{S}$ *bezeichnet.*

Bemerkung. Die Ergebnisse in Proposition 8.17 und Korollar 8.18 behalten ihre Gültigkeit für den Fall, dass die Gleichung $\mathcal{L}u = g$ entgegen der Annahme 8.5 nicht in $\mathcal{D}_{\mathcal{L}}$ lösbar ist, jedoch eine verallgemeinerte Lösung $u_* \in \mathcal{D}$ existiert. Demnach ist ein Element $u \in \mathcal{D}$ genau dann verallgemeinerte Lösung der Gleichung $\mathcal{L}u = g$, wenn es das Energiefunktional minimiert.   △

8.4   Einfachschießverfahren

Eine weitere Möglichkeit zur Lösung von Randwertproblemen bei gewöhnlichen Differenzialgleichungen bietet das im Folgenden vorgestellte Einfachschießverfahren, das anhand des allgemeinen Randwertproblems $u'' = f(x, u, u')$, $u(a) = \alpha$, $u(b) = \beta$ betrachtet wird (vergleiche (8.1)–(8.2)). Im Folgenden wird ohne weitere Spezifikation an die Funktion f beziehungsweise an die Randbedingungen angenommen, dass für das vorliegende Randwertproblem eine eindeutig bestimmte Lösung $u : [a, b] \to \mathbb{R}$ existiert.

Ausgangspunkt des Einfachschießverfahrens ist die Betrachtung korrespondie-
render Anfangswertprobleme für die vorliegende gewöhnliche Differenzialgleichung 2. Ordnung,

$$u'' = f(x, u, u'), \qquad x \in [a, b], \tag{8.33}$$

$$u(a) = \alpha, \qquad u'(a) = s, \tag{8.34}$$

deren Lösung für jede Zahl $s \in \mathbb{R}$ existiere und mit

$$u(\cdot, s) : [a, b] \to \mathbb{R} \tag{8.35}$$

bezeichnet wird. Dabei ist $s = s_* \in \mathbb{R}$ so zu bestimmen, dass $u(b, s_*) = \beta$
gilt und damit die Funktion $u(\cdot, s_*) : [a, b] \to \mathbb{R}$ die Lösung des vorgegebenen
Randwertproblems $u'' = f(x, u, u')$, $u(a) = \alpha$, $u(b) = \beta$ darstellt, also
$u(\cdot, s_*) = u(\cdot)$ auf dem Intervall $[a, b]$ erfüllt ist. Diese Bestimmung von s_* erfolgt
typischerweise iterativ, was die Bezeichnung *Einfachschießverfahren* begründet und
in Abb. 8.3 illustriert ist.

Die nach dem vorliegenden Ansatz entstandene Problemstellung ist äquivalent zu
einer Bestimmung der (eindeutig bestimmten) Nullstelle $s_* \in \mathbb{R}$ der nichtlinearen
Funktion

$$F(s) := u(b, s) - \beta, \qquad s \in \mathbb{R}. \tag{8.36}$$

Zur näherungsweisen Lösung dieses Nullstellenproblems lassen sich die in Kap. 5
vorgestellten Iterationsverfahren einsetzen, von denen im Folgenden zwei Verfahren
genauer betrachtet werden.

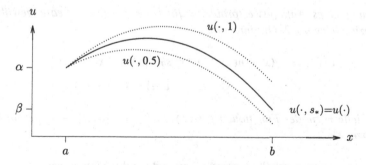

Abb. 8.3 Veranschaulichung der Situation beim Einfachschießverfahren

8.4.1 Numerische Realisierung des Einfachschießverfahrens mit dem Newton-Verfahren

Eine Möglichkeit zur numerischen Realisierung des Einfachschießverfahrens besteht in der Anwendung des Newton-Verfahrens,

$$s_{n+1} = s_n - \frac{F(s_n)}{F'(s_n)}, \qquad n = 0, 1, \dots . \tag{8.37}$$

Dabei sind in jedem Schritt des Newton-Verfahrens (8.37) zum einen eine Auswertung der Funktion F und damit das Lösen eines Anfangswertproblems der Form (8.33)–(8.34) erforderlich, was wiederum numerisch mit einem der in Kap. 7 vorgestellten Einschrittverfahren geschehen kann.

Des Weiteren fällt in jedem Schritt des Newton-Verfahrens (8.37) eine Auswertung der Ableitung

$$F'(s) = \frac{\partial u}{\partial s}(b, s), \qquad s \in \mathbb{R},$$

an. An jeder Stelle s erhält man eine solche Ableitung $F'(s)$ als Lösung eines Anfangswertproblems für eine (von s abhängende) gewöhnliche Differenzialgleichung 2. Ordnung:

Lemma. *Bei hinreichend guten Differenzierbarkeitseigenschaften der beteiligten Funktionen stellt für jeden Wert $s \in \mathbb{R}$ die Funktion*

$$v := \frac{\partial u}{\partial s}(\cdot, s) : [a, b] \to \mathbb{R}$$

die Lösung eines Anfangswertproblems für eine spezielle lineare gewöhnliche Differenzialgleichung 2. Ordnung dar,

$$v''(x) = g_1(x, s)v(x) + g_2(x, s)v'(x), \qquad x \in [a, b],$$

$$v(a) = 0, \quad v'(a) = 1. \tag{8.38}$$

Die spezielle Form der Funktionen $g_1(\cdot, s)$, $g_2(\cdot, s) : [a, b] \to \mathbb{R}$ ist im Beweis angegeben.

Beweis. Die Aussage erhält man unter Anwendung der Kettenregel,

$$v''(x) = \frac{\partial^3 u}{\partial s \, \partial x^2}(x, s) = \frac{d}{ds} f\left(x, u(x, s), \frac{\partial u}{\partial x}(x, s)\right)$$

$$= \underbrace{\frac{\partial f}{\partial u}\left(x, u(x, s), \frac{\partial u}{\partial x}(x, s)\right)}_{=: \, g_1(x, s)} v(x) + \underbrace{\frac{\partial f}{\partial u'}\left(x, u(x, s), \frac{\partial u}{\partial x}(x, s)\right)}_{=: \, g_2(x, s)} v'(x)$$

für $x \in [a, b]$ beziehungsweise

$$u(a, \cdot) \equiv \alpha \rightsquigarrow v(a) = 0, \qquad \frac{\partial u}{\partial x}(a, s) = s \rightsquigarrow v'(a) = 1.$$

□

Zu beachten ist noch, dass die im Anschluss von (8.37) beschriebene Anwendung spezieller Einschrittverfahren zur numerischen Berechnung von $F(s)$ gleichzeitig Approximationen für die Funktionen $u(\cdot, s)$ und $\frac{\partial u}{\partial x}(\cdot, s)$ auf einem Gitter $a = x_0 < x_1 < \cdots < x_N = b$ liefert. Damit sind auch die Werte der Funktionen $g_1(\cdot, s)$ und $g_2(\cdot, s)$ an den genannten Gitterpunkten näherungsweise bekannt, was die approximative Lösung des Anfangswertproblems (8.38) mittels spezieller Einschrittverfahren bezüglich des gleichen Gitters ermöglicht.

8.4.2 Numerische Realisierung des Einfachschießverfahrens mit einer Fixpunktiteration

Eine weitere Möglichkeit zur numerischen Realisierung des Einfachschießverfahrens besteht in der Anwendung einer Fixpunktiteration,

$$s_{n+1} = s_n - \gamma F(s_n), \qquad n = 0, 1, \ldots, \qquad (8.39)$$

mit einem Startwert $s_0 \in \mathbb{R}$ und einem Parameter $\gamma > 0$. In Aufgabe 8.9 sind Bedingungen angegeben, die eine Kontraktionseigenschaft und damit Konvergenz der Fixpunktiteration (8.39) gewährleisten.

Weitere Themen und Literaturhinweise
Die Theorie der Randwertprobleme für gewöhnliche Differenzialgleichungssysteme wird beispielsweise in Dallmann/Elster [9] einführend behandelt. Dort findet man auch zahlreiche Beispiele für spezielle Randwertprobleme. Eine Auswahl existierender Lehrbücher mit Abschnitten über die numerische Lösung von Randwertproblemen bildet Emmrich [13], Golub/Ortega [21], Kress [37], Schwarz/Köckler [56], Freund/Hoppe [16] und Weller [65]. Ausführliche Erläuterungen über die Finite-Elemente-Methode in mehreren Raumdimensionen zur Lösung von Randwertproblemen für partielle Differenzialgleichungen findet man beispielsweise in Bärwolff [2], Braess [6], Goering/Roos/Tobiska [18], Großmann/Roos [23], Hanke-Bourgeois [30], Knabner/Angermann [35], Jung/Langer [34], Suttmeier [61] und in Schwetlick/Kretzschmar [58]. Den Aubin-Nitsche-Trick zur Herleitung von Fehlerabschätzungen für das Galerkin-Verfahren findet man in [6] oder Finckenstein [14], Band 2. Die Theorie der nichtnegativen Matrizen wird beispielsweise in Berman/Plemmons [3] und in Horn/Johnson [33] behandelt.

Einfachschießverfahren lassen sich problemlos auf allgemeinere Randwertprobleme (etwa mit nichtlinearen Randbedingungen) übertragen. Gelegentlich stellen sich bei Einfachschießverfahren jedoch Instabilitäten gegenüber Datenstörungen ein (dieser Effekt wird in Aufgabe 8.11 anhand eines Randwertproblems für eine einfache lineare Differenzialgleichung 2. Ordnung demonstriert), weswegen in der Praxis auch *Mehrfachschießverfahren* eingesetzt werden, die hier jedoch nicht weiter behandelt werden. Eine Einführung hierzu findet man beispielsweise in [16], wo auch ein Vergleich der einzelnen zur Lösung von Randwertproblemen bei gewöhnlichen Differenzialgleichungen verwendeten Verfahren angestellt wird.

Übungsaufgaben

Aufgabe 8.1. Zur Lösung des Randwertproblems

$$-u'' = 3, \quad 0 \le x \le 3, \qquad u(0) = u(3) = 0,$$

betrachte man das Differenzenverfahren mit der Schrittweite $h = 1$. Man stelle das lineare Gleichungssystem für die beiden Näherungen $v_1 \approx u(1)$ und $v_2 \approx u(2)$ auf und löse dieses.

Aufgabe 8.2. Zur Lösung des Randwertproblems

$$-u'' = 3x - 2, \quad 0 \le x \le 3, \qquad u(0) = u(3) = 0,$$

betrachte man das Differenzenverfahren mit der Schrittweite $h = 1$. Man stelle das lineare Gleichungssystem für die beiden Näherungen $v_1 \approx u(1)$ und $v_2 \approx u(2)$ auf und löse dieses.

Aufgabe 8.3. Im Folgenden wird das Randwertproblem

$$u''(x) + p(x)u'(x) + r(x)u(x) = g(x), \qquad x \in [a, b],$$

$$u(a) = \alpha, \quad u(b) = \beta,$$

betrachtet mit Zahlen $\alpha, \beta \in \mathbb{R}$ und Funktionen $p, r, g \in C[a, b]$ mit $r(x) \le 0$ für $x \in [a, b]$. Approximation der Ableitungen u' und u'' durch zentrale Differenzenquotienten erster beziehungsweise zweiter Ordnung auf einem äquidistanten Gitter $x_j = a + j\frac{b-a}{N}$ für $j = 1, 2, \ldots, N - 1$ führt mit einer gewissen Matrix $A \in \mathbb{R}^{(N-1)\times(N-1)}$ und einem gewissen Vektor $b \in \mathbb{R}^{N-1}$ auf ein lineares Gleichungssystem $Av = b$ für $v = (v_1, v_2, \ldots, v_{N-1})^\top \in \mathbb{R}^{N-1}$, mit den Näherungen $v_j \approx u(x_j)$. Man gebe A und b an.

Aufgabe 8.4. Für eine gegebene Funktion $g \in C[0, 1]$ betrachte man das Randwertproblem

$$u'' = g(x), \qquad u(0) = u(1) = 0.$$

Das Differenzenverfahren mit zentralen Differenzenquotienten zweiter Ordnung liefert als Lösung eines lineares Gleichungssystems $A_0 v = b$ Näherungswerte v_j für $u(x_j)$ mit $x_j = \frac{j}{N}$, $j = 1, 2, \ldots, N - 1$. Für die fehlerbehaftete Variante

$$A_0(v + \Delta v) = b + \Delta b \quad \text{mit } \Delta b \in \mathbb{R}^{N-1}, \quad \|\Delta b\|_\infty \le \varepsilon$$

weise man Folgendes nach,

$$|\Delta v_j| \le \frac{\varepsilon}{2} x_j (1 - x_j) \quad \text{für } j = 1, 2, \ldots, N - 1.$$

Aufgabe 8.5. Gegeben sei der Differenzialoperator

$$\mathcal{L} : C[a, b] \supset \mathcal{D}_\mathcal{L} \to C[a, b], \qquad u \mapsto -(pu')' + ru,$$

$$\mathcal{D}_\mathcal{L} = \{u \in C^2[a, b] \ : \ u(a) = \alpha u(b) + u'(b) = 0\},$$

mit $p \in C^1[a, b]$, $r \in C[a, b]$, $p(x) \geq p_0 > 0$, $r(x) \geq 0$ für $x \in [a, b]$ und mit $\alpha \geq 0$. Die Bilinearform $[\![\cdot, \cdot]\!]$ auf $C_\Delta^1[a, b]$ sei durch

$$[\![u, v]\!] = \int_a^b [pu'v' + ruv] \, dx + \alpha(puv)(b), \qquad u, v \in C_\Delta^1[a, b],$$

definiert, und $(\cdot, \cdot)_2$ sei das L_2-Skalarprodukt auf $C[a, b]$. Man zeige Folgendes:

a) Die Bilinearform $[\![\cdot, \cdot]\!]$ stellt eine Fortsetzung der Abbildung $(\mathcal{L}\cdot, \cdot)_2$ dar, und bezüglich des Skalarprodukts $(\cdot, \cdot)_2$ ist die Abbildung $\mathcal{L}$ symmetrisch.
b) Man zeige $c_1 \|u\|_\infty^2 \leq [\![u, u]\!] \leq c_2 \|u'\|_\infty^2$ für $u \in C_\Delta^1[a, b]$ mit $u(a) = 0$, mit geeigneten Konstanten c_1 und c_2.

Aufgabe 8.6. Gegeben sei der folgende Differenzialoperator vierter Ordnung,

$$\mathcal{L} : C[a, b] \supset \mathcal{D}_\mathcal{L} \to C[a, b], \qquad u \mapsto (pu'')'' + ru,$$

$$\mathcal{D}_\mathcal{L} = \left\{ u \in C^4[a, b] \ : \ u(a) = u'(a) = u''(b) = u'''(b) = 0 \right\},$$

mit $p \in C^2[a, b]$, $r \in C[a, b]$, $p(x) \geq p_0 > 0$, $r(x) \geq 0$ für $x \in [a, b]$, und $(\cdot, \cdot)_2$ sei das L_2-Skalarprodukt auf $C[a, b]$.

a) Man zeige, dass die Abbildung $\mathcal{L}$ symmetrisch und positiv definit bezüglich $(\cdot, \cdot)_2$ ist.
b) Auf dem Raum $C_\Delta^2[a, b] = \{u \in C^1[a, b] \to \mathbb{R} \ : \ u'$ stückweise stetig differenzierbar$\}$ bestimme man eine Bilinearform $[\![\cdot, \cdot]\!]$, die eine Fortsetzung der Abbildung $(\mathcal{L}\cdot, \cdot)_2$ darstellt und für die Abschätzungen von der Form $c_1 \|u\|_\infty^2 \leq [\![u, u]\!] \leq c_2 \|u''\|_\infty^2$ gelten für $u \in C_\Delta^2[a, b]$ mit $u(a) = u'(a) = 0$.

Aufgabe 8.7. Gegeben sei das Randwertproblem

$$\mathcal{L}u = -u'' + xu = -x^3 + x^2 + 2, \quad x \in [0, 1], \qquad u(0) = u(1) = 0.$$

Wie lautet das galerkinsche Gleichungssystem, wenn als Ansatzfunktionen trigonometrische Polynome von der Form $s_j(x) = \sqrt{2} \sin j\pi x$, $j = 1, 2, \ldots, N$ verwendet werden?

Aufgabe 8.8. Gegeben sei das Randwertproblem

$$-u''(x) = x \quad \text{für } 0 \leq x \leq 1, \qquad u(0) = u(1) = 0.$$

a) Bestimmen Sie die exakte Lösung.
b) Zu den Ansatzfunktionen

$$s_1(x) = x(1 - x), \qquad s_2(x) = x^2(1 - x)$$

bestimme man die Näherungslösung des Galerkin-Verfahrens.

Aufgabe 8.9. Man betrachte das Randwertproblem $u'' = f(x, u, u')$, $u(a) = \alpha$, $u(b) = \beta$ mit einer stetig partiell differenzierbaren Funktion $f : [a, b] \times \mathbb{R}^2 \to \mathbb{R}$, die die folgenden Bedingungen erfülle,

$$0 < \frac{\partial f}{\partial u}(x, v_1, v_2) \leq K, \quad \left| \frac{\partial f}{\partial u'}(x, v_1, v_2) \right| \leq L, \quad (x, v_1, v_2) \in [a, b] \times \mathbb{R}^2,$$

mit gewissen Konstanten $K, L \geq 0$. Sei $u(\cdot, s)$ Lösung des zugehörigen Anfangswertproblems (8.33)–(8.34).

a) Für die Ableitung der zum Einfachschießverfahren korrespondierenden Funktion $F(s) = u(b, s) - \beta$ weise man die Ungleichungen $0 < \kappa_1 \leq F'(s) \leq \kappa_2$ für $s \in \mathbb{R}$ nach, mit den Konstanten

$$\kappa_1 := \frac{1}{L} \Big(1 - \exp(-L(b - a)) \Big),$$

$$\kappa_2 := \frac{2\exp(L\frac{b-a}{2})}{C} \sinh\left(C \frac{b - a}{2} \right), \quad \text{mit } C := L\sqrt{1 + \frac{4K}{L^2}}.$$

b) Man weise nach, dass das Iterationsverfahren

$$s^{(n+1)} = \Phi(s^{(n)}) := s^{(n)} - \gamma F(s^{(n)}) \quad \text{für } n = 0, 1, \ldots,$$

für jeden Startwert $s^{(0)}$ und jeden Wert $0 < \gamma < \frac{2}{\kappa_2}$ gegen die (einzige) Nullstelle s_* der Funktion F konvergiert. Für $\gamma = 2/(\kappa_1 + \kappa_2)$ weise man die folgende a priori-Fehlerabschätzung nach:

$$|s^{(n)} - s_*| \leq \left(\frac{\kappa_2 - \kappa_1}{\kappa_2 + \kappa_1} \right)^n \frac{|F(s^{(0)})|}{\kappa_1}, \quad n = 0, 1, \ldots .$$

Aufgabe 8.10. Gegeben sei das sturm-liouvillesche Randwertproblem

$$-u''(x) + u(x) = 1 \quad \text{für } 0 \leq x \leq 1, \quad u(0) = 0, \quad u(1) = e^{-1}.$$

a) Geben Sie zu diesem Randwertproblem die Funktionen $u(x, s)$ und $F(s)$ zum Schießverfahren an.
b) Bestimmen Sie den Parameter $s = s_* \in \mathbb{R}$, das heißt $u(1, s_*) = e^{-1}$.
c) Berechnen Sie mit Papier und Bleistift für $s_0 = 0$ die erste Newton-Iterierte s_1 aus dem Schießverfahren unter Verwendung der in diesem Fall analytisch bekannten Funktion F.

Aufgabe 8.11. Zur Lösung des Randwertproblems

$$u'' = 100u \quad \text{auf } [0, 3], \quad u(0) = 1, \quad u(3) = e^{-30},$$

betrachte man die Lösung $u(\cdot, s)$ des Anfangswertproblems $u'' = 100u$, $u(0) = 1$, $u'(0) = s$. Man berechne $u(3, s_\varepsilon)$ für $s_\varepsilon = s_*(1 + \varepsilon)$, wobei s_* die Lösung der Gleichung $u(3, s_*) = e^{-30}$ bezeichnet und $\varepsilon > 0$ beliebig ist. Ist in diesem Fall das Einfachschießverfahren eine geeignete Methode zur Lösung des vorliegenden Randwertproblems?

Aufgabe 8.12 (*Numerische Aufgabe*). Man löse numerisch das nichtlineare Randwertproblem

$$u''(x) + 6x(1 - x)u'(x) + u(x)^2 = x^4 + 10x^3 - 17x^2 + 6x - 2, \quad x \in [0, 1],$$

$$u(0) = u(1) = 0,$$

mit dem Einfachschießverfahren. Zur Nullstellensuche verwende man das Newton-Verfahren einmal mit Startwert $s^{(0)} = 1$ und einmal mit $s^{(0)} = 20$. Die jeweiligen Anfangswertprobleme löse man numerisch mit dem expliziten Euler-Verfahren mit Schrittweite $h = \frac{1}{30}$. Man gebe die Näherungen v_j zu den Gitterpunkten $x_j = jh$, $j = 0, 1, \ldots, 30$, tabellarisch an.

Weitere Aufgaben zu den Themen dieses Kapitels werden als Flashcards online zur Verfügung gestellt. Hinweise zum Zugang finden Sie zu Beginn von Kap. 1.

Gesamtschritt, Einzelschritt- und Relaxationsverfahren

9

9.1 Iterationsverfahren zur Lösung linearer Gleichungssysteme

9.1.1 Einführende Bemerkungen

Zur Lösung linearer Gleichungssysteme

$$Ax = b \qquad (A \in \mathbb{R}^{N \times N} \text{ regulär}, \quad b \in \mathbb{R}^N) \qquad (9.1)$$

mit der eindeutigen Lösung $x_* = A^{-1}b \in \mathbb{R}^N$ werden nun einige spezielle Iterationsverfahren vorgestellt. Dabei hat man sich unter einem *Iterationsverfahren* ganz allgemein ein Verfahren vorzustellen, bei dem – ausgehend von einem beliebigen Startvektor $x^{(0)} \in \mathbb{R}^N$ – sukzessive Vektoren $x^{(1)}, x^{(2)}, \ldots \in \mathbb{R}^N$ berechnet werden gemäß der zum jeweiligen Verfahren gehörenden Iterationsvorschrift. Anders als in Kap. 5 über iterative Verfahren für nichtlineare Gleichungssysteme wird der Laufindex der Iterierten $x^{(n)}$ nun oben geführt, um bei Bedarf die Nummer des Eintrags von $x^{(n)}$ unten angeben zu können.

9.1.2 Hintergrund zum Einsatz iterativer Verfahren bei linearen Gleichungssystemen

Iterative Verfahren werden unter anderem zur schnellen approximativen Lösung linearer Gleichungssysteme (9.1) eingesetzt. Die in Kap. 4 vorgestellten direkten Verfahren zur Lösung eines Gleichungssystems von der Form (9.1) benötigen nämlich im Allgemeinen[1] $cN^3 + \mathcal{O}(N^2)$ arithmetische Operationen mit einer

---

[1] Also bei voll besetzter Matrix A ohne spezielle Struktur.

R. Plato, *Basiswissen Numerik*, https://doi.org/10.1007/978-3-662-66570-1_9

gewissen Konstanten $c > 0$. Demgegenüber setzt sich bei jedem der vorzustellenden Iterationsverfahren ein einzelner Iterationsschritt typischerweise wie folgt zusammen:

- es treten ein oder zwei Matrix-Vektor-Multiplikationen auf, von denen jede mit insgesamt $2N^2 + \mathcal{O}(N)$ Multiplikationen und Summationen zu Buche schlägt,
- zudem sind mehrere kleine Operationen wie etwa die Berechnung von Skalarprodukten oder Summen von Vektoren notwendig, bei denen insgesamt $\mathcal{O}(N)$ arithmetische Operationen anfallen.

Insgesamt erfordert die Durchführung eines Iterationsschrittes also $cN^2 + \mathcal{O}(N)$ arithmetische Operationen mit einer geeigneten Konstanten $c > 0$. Liefert nun das Iterationsverfahren nach einer vertretbaren Anzahl von $n \ll N$ Iterationsschritten hinreichend gute Approximationen $x^{(n)} \approx x_*$, so beträgt der Gesamtaufwand insgesamt also deutlich weniger als die eingangs genannten $cN^3 + \mathcal{O}(N^2)$ arithmetischen Operationen.

Weitere zu beachtende Aspekte im Zusammenhang mit dem Einsatz iterativer Verfahren sind in der nachfolgenden Bemerkung aufgeführt.

Bemerkung 9.1.

a) Bereits bei der numerischen Lösung *nichtlinearer* Gleichungssysteme in Kap. 5 sind einige Iterationsverfahren vorgestellt worden, dort vor dem Hintergrund fehlender direkter Methoden. Einige der dort vorgestellten Resultate – so zum Beispiel der banachsche Fixpunktsatz (Box 5.7) – lassen sich zur approximativen Lösung linearer Gleichungssysteme verwenden. Es wird sich jedoch Folgendes herausstellen:

- Für gewisse Fixpunktiterationen lassen sich auch bei fehlender Kontraktionseigenschaft noch Konvergenzresultate nachweisen, und dies bei beliebiger Wahl des Startwerts $x^{(0)} \in \mathbb{R}^N$.
- Für Gleichungssysteme $Ax = b$ mit speziellen Eigenschaften – etwa Monotonie oder Symmetrie von A – lassen sich besonders effiziente Methoden einsetzen.

b) In den Anwendungen treten häufig Fragestellungen auf, deren Modellierung und anschließende Diskretisierung auf große lineare Gleichungssysteme $Ax = b$ mit *schwach besetzten* (ein Großteil der N^2 Einträge ist also identisch null) Matrizen $A \in \mathbb{R}^{N \times N}$ führen. Ein Modellbeispiel hierzu ist in Abschn. 9.2.2 angegeben. Iterative Löser erweisen sich hier in Bezug auf arithmetische Komplexität als besonders effizient. $\triangle$

In diesem Kapitel geht es nun so weiter:

- Zunächst werden lineare Fixpunktiterationen allgemein eingeführt und ein erstes Konvergenzresultat präsentiert (Abschn. 9.2).
- In Abschn. 9.3 werden irreduzible beziehungsweise irreduzibel diagonaldominante Matrizen eingeführt. Für Matrizen aus der zweiten genannten Klasse lässt sich Konvergenz von Gesamt- und Einzelschrittverfahren nachweisen, die Gegenstand der Abschn. 9.4 und 9.5 sind.
- Anschließend werden in Abschn. 9.6 mit dem Relaxationsverfahren eine Verallgemeinerung des Einzelschrittverfahrens vorgestellt und erste Konvergenzresultate präsentiert. Für die speziellen Klassen der M-Matrizen und der konsistent geordneten Matrizen werden zu diesem Verfahren dann noch weitere Konvergenzresultate vorgestellt (Abschn. 9.7 und 9.8).

9.2   Lineare Fixpunktiteration

9.2.1   Grundlegende Notationen

Eine Klasse von Iterationsverfahren zur approximativen Bestimmung der Lösung x_* des Gleichungssystems $Ax = b$ aus (9.1) gewinnt man durch äquivalente Umformulierung in ein Fixpunktgleichungssystem der Form

$$x = \mathcal{H}x + z, \tag{9.2}$$

mit einer geeigneten aber zunächst nicht näher spezifizierten *Iterationsmatrix* $\mathcal{H} \in \mathbb{R}^{N \times N}$ sowie einem geeigneten Vektor $z \in \mathbb{R}^N$. Es sei angenommen, dass die Lösung $x_* \in \mathbb{R}^N$ der Gl. (9.1) zugleich einziger Fixpunkt von (9.2) ist. Die zum Fixpunktgleichungssystem (9.2) gehörende *lineare Fixpunktiteration* lautet dann

$$x^{(n+1)} = \mathcal{H}x^{(n)} + z, \qquad n = 0, 1, \ldots, \tag{9.3}$$

wobei $x^{(0)} \in \mathbb{R}^N$ ein frei wählbarer Startvektor ist.

Man spricht hier von einer linearen Fixpunktiteration, weil die Abbildung $x \mapsto \mathcal{H}x$ linear ist. Das Fixpunktgleichungssystem (9.2) kann man genauso wenig direkt lösen wie das äquivalente ursprüngliche Gleichungssystem (9.1). Die Fixpunktformulierung ist aber naheliegender Ausgangspunkt für die Formulierung eines Iterationsverfahrens zur Lösung von (9.1). Unterschiedliche Fixpunktformulierungen generieren unterschiedliche Iterationsverfahren.

Im Folgenden werden für lineare Fixpunktiterationen der Form (9.3) Resultate für Konvergenz beziehungsweise lineare Konvergenzordnung geliefert. Dabei sollen in Abwandlung zu den Definitionen in Box 5.2 beziehungsweise Box 5.4 die entsprechenden Aussagen nicht nur lokal, sondern stets global gelten, das heißt für jeden beliebigen Startwert $x^{(0)} \in \mathbb{R}^N$.

Ein einfaches hinreichendes Kriterium für lineare Konvergenz liefert folgendes Theorem.

Box 9.2. *Das Iterationsverfahren* (9.3) *konvergiert bezüglich einer gegeben Vektornorm* $\| \cdot \| : \mathbb{R}^N \to \mathbb{R}$ *linear, falls für die zugehörige Matrixnorm die Ungleichung* $\| \mathcal{H} \| < 1$ *erfüllt ist.*

Nach Voraussetzung gilt für die affin-lineare Fixpunktabbildung $\Phi(x) = \mathcal{H}x + z$ mit $x \in \mathbb{R}^N$ dann nämlich mit der Notation $L = \| \mathcal{H} \| < 1$ folgende Abschätzung,

$$\| \Phi(x) - \Phi(y) \| = \| \mathcal{H}x - \mathcal{H}y \| = \| \mathcal{H}(x - y) \| \leq L\|x - y\|, \quad x, y \in \mathbb{R}^N.$$

Daher stellt die Fixpunktabbildung Φ auf $\mathbb{R}^N$ eine Kontraktion dar. Nach dem banachschen Fixpunktsatz 5.7 konvergiert die zugehörige Fixpunktiteration (9.3) für jeden Startwert $x^{(0)}$ linear gegen den eindeutig bestimmten Fixpunkt von Φ.

Beispiel 9.3. Für die Matrix

$$\mathcal{H} = \begin{pmatrix} \frac{1}{2} & \frac{1}{4} \\ \frac{1}{2} & \frac{1}{4} \end{pmatrix} \in \mathbb{R}^{2 \times 2}$$

gilt für Zeilen- und Spaltensummennorm $\| \mathcal{H} \|_\infty = \frac{3}{4}$ beziehungsweise $\| \mathcal{H} \|_1 = 1$. Box 9.2 liefert nun lineare Konvergenz bezüglich der Maximumnorm, nicht jedoch bezüglich der Summennorm.   △

Für spezielle Matrizen A und spezielle Verfahren (9.3) ist es nun häufig so, dass das hinreichende Kriterium aus Box 9.2 für gängige und leicht zu berechnende Normen nicht erfüllt ist, obwohl es für andere Normen gilt, wie Beispiel 9.3 zeigt. Die Frage der Konvergenz der linearen Fixpunktiteration (9.3) lässt sich mithilfe des Spektralradius $r_\sigma(\mathcal{H})$ exakt beantworten:

> **Box 9.4.** *Für das Iterationsverfahren* (9.3) *und eine gegebene Vektornorm* $\| \cdot \| : \mathbb{R}^N \to \mathbb{R}$ *sind folgende drei Aussagen äquivalent:*
>
> *a) Für den Spektralradius von* $\mathcal{H}$ *gilt die Ungleichung* $r_\sigma(\mathcal{H}) < 1$.
> *b) Das Verfahren ist konvergent.*
> *c) Es gibt Konstanten* $0 < L < 1$ *und* $c > 0$, *so dass für jeden Startwert* $x^{(0)} \in \mathbb{R}^N$ *die Abschätzung* $\| x^{(n)} - x_* \| \le cL^n \| x^{(0)} - x_* \|$ *für* $n = 0, 1, \ldots$ *erfüllt ist.*

Es folgen einige Anmerkungen zur Aussage von Box 9.4.

- Die Frage der Konvergenz des Iterationsverfahrens (9.3) entscheidet sich damit alleine anhand der Frage, ob die Eigenwerte der Matrix $\mathcal{H}$ alle betragsmäßig kleiner als eins sind. Man beachte, dass es sich dabei um eine rein algebraische Eigenschaft handelt, die von der Wahl der betrachteten Vektornorm unabhängig ist. Das betrachtete Verfahren ist daher entweder für jede Vektornorm konvergent oder für keine!
- Liegt Konvergenz vor, so erhält man nach Teil c) von Box 9.4 automatisch lineare Konvergenz in allerdings leicht abgeschwächter Form. Diese Abschwächung resultiert aus der auftretenden und möglicherweise großen Konstanten c.
- Für die Konstante L kann man jede Zahl $r_\sigma(\mathcal{H}) < L < 1$ wählen. Die Konvergenz der linearen Fixpunktiteration (9.3) wird also umso besser ausfallen, je kleiner der Spektralradius $r_\sigma(\mathcal{H})$ ist. Allerdings kann die Konstante c noch von der Wahl der Kontraktionskonstanten L abhängen.

Die Implikation a) $\Rightarrow$ b) aus Box 9.4 wird bei den Konvergenzbetrachtungen zum Relaxationsverfahren verwendet.

Beispiel 9.5. Für die Matrix

$$\mathcal{H} = \begin{pmatrix} \frac{1}{2} & \frac{1}{2} \\ \frac{1}{2} & -\frac{1}{2} \end{pmatrix} \in \mathbb{R}^{2 \times 2}$$

gilt für Zeilen- beziehungsweise Spaltensummennorm $\| \mathcal{H} \|_\infty = \| \mathcal{H} \|_1 = 1$, so dass man aus Box 9.2 lineare Konvergenz weder für die Maximumnorm noch für die Summennorm erhält. Dennoch liegt nach Box 9.4 Konvergenz vor, denn für die beiden Eigenwerte der Matrix A gilt $\lambda_{1/2} = \pm \frac{1}{\sqrt{2}}$. $\triangle$

9.2.2 Ein Modellbeispiel

Problemstellung

Im Folgenden wird ein Beispiel vorgestellt, bei dem die noch vorzustellenden iterativen Verfahren sinnvoll angewendet werden können.[2] Es handelt sich hierbei um ein dirichletsches Randwertproblem für die *Poisson-Gleichung*,

$$-\frac{\partial^2 u}{\partial x^2} - \frac{\partial^2 u}{\partial y^2} = f \quad \text{auf } \Omega := (0, 1)^2, \tag{9.4}$$

$$u = 0 \quad \text{auf } \Gamma := \text{Rand von } [0, 1]^2, \tag{9.5}$$

wobei $f : [0, 1]^2 \to \mathbb{R}$ eine gegebene stetige Funktion und die Funktion $u : [0, 1]^2 \to \mathbb{R}$ zu bestimmen ist. Hier wird für eine beliebige Menge $\mathcal{M}$ durch $\mathcal{M}^2 = \{(a, b) \mid a, b \in \mathcal{M}\}$ das kartesische Produkt von $\mathcal{M}$ mit sich selbst bezeichnet. Der Rand Γ besitzt die exakte Form

$$\Gamma = \{(x, y) : 0 \le x, y \le 1, x = 0 \text{ oder } x = 1 \text{ oder } y = 0 \text{ oder } y = 1\}.$$

Im Folgenden wird vorausgesetzt, dass das Randwertproblem (9.4)–(9.5) eine eindeutig bestimmte stetige und im Inneren von $[0, 1]^2$ zweimal stetig differenzierbare Lösung $u : [0, 1]^2 \to \mathbb{R}$ besitzt.[3]

Der Ansatz für Differenzenverfahren

Zur numerischen Lösung des Randwertproblems (9.4)–(9.5) mittels Differenzenverfahren wird das zugrunde liegende Intervall $[0, 1]^2$ mit Gitterpunkten versehen, die hier äquidistant gewählt seien,

$$x_j = jh, \quad y_k = kh, \qquad j, k = 0, 1, \ldots, M \qquad (h = \tfrac{1}{M}). \tag{9.6}$$

Die inneren Gitterpunkte sind in Abb. 9.1 dargestellt. Bezüglich dieses Gitters (9.6) wird das Randwertproblem (9.4)–(9.5) in zweierlei Hinsicht diskretisiert: die Poisson-Gleichung (9.4) wird lediglich an den inneren Gitterpunkten (x_j, y_k), $1 \le j, k \le M - 1$, betrachtet, und die partiellen Ableitungen werden dort jeweils durch zentrale Differenzenquotienten 2. Ordnung approximiert,

---

[2] Vergleiche Bemerkung 9.1.

[3] Unter zusätzlichen Voraussetzungen an f ist diese Annahme erfüllt (Hackbusch [27], Kapitel 3).

$$-\frac{\partial^2 u}{\partial x^2}(x_j, y_k) = \frac{-u(x_{j-1}, y_k) + 2u(x_j, y_k) - u(x_{j+1}, y_k)}{h^2} + \mathcal{O}(h^2), \left.\begin{array}{l}\\\\\\\\\end{array}\right\}$$

$$-\frac{\partial^2 u}{\partial y^2}(x_j, y_k) = \frac{-u(x_j, y_{k-1}) + 2u(x_j, y_k) - u(x_j, y_{k+1})}{h^2} + \mathcal{O}(h^2), \qquad (9.7)$$

$$j, k = 1, 2, \ldots, M - 1,$$

wobei hier $u \in C^4([0, 1]^2)$ angenommen wird. Vernachlässigung des Restglieds in (9.7) führt auf das folgende gekoppelte System von $N = (M - 1)^2$ linearen Gleichungen,

$$\frac{-U_{j-1,k} - U_{j,k-1} + 4U_{j,k} - U_{j,k+1} - U_{j+1,k}}{h^2} = f_{j,k}, \qquad (9.8)$$

$$j, k = 1, \ldots, M - 1,$$

für die Approximationen

$$U_{j,k} \approx u(x_j, y_k), \qquad j, k = 1, 2, \ldots, M - 1,$$

wobei in (9.8) noch

$$U_{j,0} = U_{0,k} = 0, \qquad j, k = 1, 2, \ldots, M - 1,$$

$$f_{j,k} = f(x_j, y_k), \qquad \text{———«———}$$

gesetzt ist. Zu jedem Gitterpunkt (x_j, y_k) korrespondiert in natürlicher Weise sowohl die Unbekannte $U_{j,k}$ als auch eine Gleichung aus (9.8).

Ordnet man in Abb. 9.1 diese Gitterpunkte beziehungsweise die entsprechenden Unbekannten und Gleichungen zeilenweise (von links nach rechts) und dann aufwärts an, so erhält man die folgende Matrixdarstellung für die Gl. (9.8),

Abb. 9.1 Darstellung des gegebenen Gitters

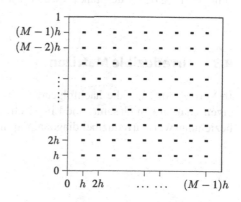

$$
\frac{1}{h^2}
\underbrace{\begin{pmatrix}
\begin{array}{cccc|cccc|ccc}
4 & -1 & & & -1 & & & & & & \\
-1 & \ddots & \ddots & & & \ddots & & & & & \\
 & \ddots & \ddots & -1 & & & \ddots & & & & \\
 & & -1 & 4 & & & & -1 & & & \\
\hline
-1 & & & & 4 & -1 & & & \ddots & & \\
 & \ddots & & & -1 & \ddots & \ddots & & & \ddots & \\
 & & \ddots & & & \ddots & \ddots & -1 & & & \ddots \\
 & & & -1 & & & -1 & 4 & & & & \ddots \\
\hline
 & & & & \ddots & & & & \ddots & & -1 \\
 & & & & & \ddots & & & & \ddots & \\
 & & & & & & \ddots & & & & -1 \\
\end{array}
\end{pmatrix}}_{=:\,A}
\begin{pmatrix}
U_{1,1} \\ \vdots \\ U_{M-1,1} \\ U_{1,2} \\ \vdots \\ U_{M-1,2} \\ \vdots \\ U_{1,M-1} \\ \vdots \\ U_{M-1,M-1}
\end{pmatrix}
=
\begin{pmatrix}
f_{1,1} \\ \vdots \\ f_{M-1,1} \\ f_{1,2} \\ \vdots \\ f_{M-1,2} \\ \vdots \\ f_{1,M-1} \\ \vdots \\ f_{M-1,M-1}
\end{pmatrix}
$$

Die zugrunde liegende Matrix $A \in \mathbb{R}^{N \times N}$ mit $N = (M-1)^2$ ist schwach besetzt und dient im Folgenden als ein Referenzbeispiel für die vorzustellenden speziellen Klassen von Matrizen.

Bemerkung. In dem Differenzenschema (9.8) treten auf der linken Seite der Gleichung für jeden Index (j, k) die Näherungen zum Gitterpunkt (x_j, y_k) und seinen vier Nachbarn auf, weshalb man hier von einer *Fünfpunkteformel* oder auch von einem *Fünfpunktestern* spricht. Die zur Gewinnung der Matrixdarstellung angegebene Reihung der Gitterpunkte wird als *lexikografische Anordnung* bezeichnet.   △

9.3   Irreduzible Matrizen

In Vorbereitung auf die nachfolgenden Abschn. 9.4 und 9.5 über die Konvergenzeigenschaften von Gesamt- und Einzelschrittverfahren werden zunächst irreduzible beziehungsweise irreduzibel diagonaldominante Matrizen kurz behandelt.

> Eine Matrix $A = (a_{jk}) \in \mathbb{R}^{N \times N}$ heißt *reduzibel*, falls Mengen $\mathcal{J}, \mathcal{K} \subset \{1, 2, \ldots, N\}$ mit folgenden Eigenschaften existieren:
>
> $$\mathcal{J} \neq \varnothing, \quad \mathcal{K} \neq \varnothing, \quad \mathcal{J} \cap \mathcal{K} = \varnothing, \quad \mathcal{J} \cup \mathcal{K} = \{1, 2, \ldots, N\}, \qquad (9.9)$$
>
> $$a_{jk} = 0 \quad \forall j \in \mathcal{J}, k \in \mathcal{K}.$$
>
> Andernfalls heißt die Matrix *irreduzibel*.

Reduzibilität lässt sich durch Angabe einer einzigen passenden Wahl der beiden Indexmengen $\mathcal{J}$ und $\mathcal{K}$ nachweisen. Für die Irreduzibilität ist im Allgemeinen die Betrachtung aller in Frage kommenden Zerlegungen der Indexmenge $\{1, 2, \ldots, N\}$ erforderlich. Man beachte noch, dass die Diagonaleinträge keinen Einfluss darauf haben, ob eine Matrix irreduzibel ist oder nicht.

Beispiel 9.6. Die beiden Matrizen

$$\begin{pmatrix} 1 & 2 \\ 0 & 3 \end{pmatrix}, \qquad \begin{pmatrix} 1 & 2 & 0 \\ -1 & 1 & 0 \\ 3 & 0 & 1 \end{pmatrix},$$

sind jeweils reduzibel. Man betrachte hierzu im ersten Fall $\mathcal{J} = \{2\}$ und $\mathcal{K} = \{1\}$, im zweiten Fall $\mathcal{J} = \{1, 2\}$ und $\mathcal{K} = \{3\}$.

Beispiel. Die beiden Matrizen

$$\begin{pmatrix} 0 & 2 \\ 3 & 0 \end{pmatrix}, \qquad \begin{pmatrix} 0 & 1 & 0 \\ 0 & 0 & 1 \\ 1 & 0 & 0 \end{pmatrix},$$

sind jeweils irreduzibel. Im ersten Fall folgt dies direkt aus $a_{12} \neq 0$ und $a_{21} \neq 0$, wobei die erste Matrix hierfür mit A bezeichnet sei. Die Irreduzibilität der zweiten Matrix lässt sich über die Betrachtung aller in Frage kommenden Zerlegungen der Indexmenge $\{1, 2, 3\}$ nachweisen:

$\mathcal{J}$	$\mathcal{K}$	Eintrag $\neq 0$	$\mathcal{J}$	$\mathcal{K}$	Eintrag $\neq 0$
1	2, 3	a_{12}	1, 2	3	a_{23}
1, 3	2	a_{12}	2, 3	1	a_{31}
3	1, 2	a_{31}			

Beispiel 9.7. Eine Tridiagonalmatrix ist irreduzibel genau dann, wenn jeder ihrer Nebendiagonaleinträge von null verschieden ist.   △

Die Bezeichnung „reduzibel" hat ihren Ursprung in der folgenden Eigenschaft:

Bemerkung. Die Lösung eines gegebenen nichtsingulären Gleichungssystems $Ax = b$ mit einer reduziblen Matrix $A = (a_{jk}) \in \mathbb{R}^{N \times N}$ lässt sich in zwei kleinere Teilaufgaben zerlegen (die Notation sei entsprechend obiger Definition gewählt):

(i) man bestimmt zunächst die Unbekannten x_j, $j \in \mathcal{J}$, des linearen Gleichungssystems

$$\sum_{k=1}^{N} a_{jk} x_k = \sum_{k \in \mathcal{J}} a_{jk} x_k \overset{!}{=} b_j, \quad j \in \mathcal{J}.$$

(ii) Anschließend bestimmt man die Unbekannten x_j, $j \in \mathcal{K}$, des linearen Gleichungssystems

$$\sum_{k \in \mathcal{K}} a_{jk} x_k \overset{!}{=} b_j - \sum_{k \in \mathcal{J}} a_{jk} x_k, \quad j \in \mathcal{K}.   △$$

Beispiel. Das zu der zweiten der beiden reduziblen Matrizen aus Beispiel 9.6 gehörende lineare Gleichungssystem

$$
\begin{aligned}
x + 3y \quad &= b_1 \\
-x + y \quad &= b_2 \\
3x \quad\quad + z &= b_3
\end{aligned}
$$

mit gegebenen rechten Seiten b_1, b_2 und $b_3 \in \mathbb{R}$ lässt sich wie folgt in zwei Teilprobleme zerlegen: man bestimmt zunächst die Lösung $x, y \in \mathbb{R}$ der beiden ersten gekoppelten Gleichungen. Mithilfe der Kenntnis von x lässt sich dann aus der dritten Gleichung z bestimmen.   △

Wir betrachten nun eine Teilklasse der irreduziblen Matrizen:

Eine Matrix $A = (b_{jk}) \in \mathbb{R}^{N \times N}$ heißt *irreduzibel diagonaldominant*, falls A irreduzibel ist und weiter Folgendes gilt,

$$\left.\begin{array}{l} \displaystyle\sum_{\substack{k=1 \\ k \neq j}}^{N} |a_{jk}| \leq |a_{jj}|, \quad j = 1, 2, \ldots, N, \\[2em] \text{—\guillemotleft—} < \text{—\guillemotleft—} \quad \text{für mindestens ein } j \in \{1, 2, \ldots, N\}. \end{array}\right\} \quad (9.10)$$

Beispiel. Die Matrix

$$\begin{pmatrix} 2 & -1 & & \\ -1 & \ddots & \ddots & \\ & \ddots & \ddots & -1 \\ & & -1 & 2 \end{pmatrix}$$

ist irreduzibel diagonaldominant, wie wir uns im Folgenden leicht überlegen. Als Tridiagonalmatrix mit nichtverschwindenden Nichtdiagonaleinträgen ist sie nach Beispiel 9.7 irreduzibel, Die Ungleichungen aus (9.10) sind offensichtlich erfüllt: für die Zeilen 2, 3, ..., $N - 1$ stimmt der Diagonaleintrag 2 jeweils mit der Summe der Beträge der beiden Nichtdiagonaleinträge -1 überein. und sowohl für die erste als auch die letzte Zeile (das betrifft die Fälle $j = 1$ und $j = N$) gilt echte Ungleichheit, da dort jeweils nur ein Nichtdiagonaleintrag existiert. △

Beispiel. Die zu dem vorgestellten Modellbeispiel aus Abschn. 9.2.2 gehörende Matrix ist irreduzibel diagonaldominant (Aufgabe 9.3). △

Für irreduzibel diagonaldominante Matrizen lässt sich Konvergenz der in den beiden folgenden Abschnitten betrachteten Iterationsverfahren nachweisen. Wir können aber jetzt schon festhalten, dass lineare Gleichungssysteme $Ax = b$ im Fall einer zugrunde liegenden irreduzibel diagonaldominanten Matrix A eine eindeutige Lösung besitzen:

Eine irreduzibel diagonaldominante Matrix $A = (a_{jk}) \in \mathbb{C}^{N \times N}$ ist regulär.

9.4   Das Gesamtschrittverfahren

Für eine gegebene Matrix $A \in \mathbb{R}^{N \times N}$ sowie einen Vektor $b \in \mathbb{R}^N$ bedeutet das lineare Gleichungssystem $Ax = b$ ausgeschrieben Folgendes,

$$\sum_{k=1}^{N} a_{jk} x_k = b_j, \qquad j = 1, 2, \ldots, N, \tag{9.11}$$

und im Folgenden sollen verschiedene Fixpunktformulierungen für das Gleichungs- system (9.11) angegeben werden unter Verwendung der folgenden Zerlegung der Matrix A,

$$
\underbrace{\begin{pmatrix} a_{11} & \cdots\cdots & a_{1N} \\ \vdots & \ddots & \vdots \\ \vdots & & \ddots & \vdots \\ a_{N1} & \cdots\cdots & a_{NN} \end{pmatrix}}_{=:\,A}
$$

$$
= \underbrace{\begin{pmatrix} a_{11} & & \\ & \ddots & \\ & & \ddots \\ & & & a_{NN} \end{pmatrix}}_{=:\,D} + \underbrace{\begin{pmatrix} & & \\ a_{21} & & \\ \vdots & \ddots & \\ a_{N1} & \cdots & a_{N,N-1} \end{pmatrix}}_{=:\,L} + \underbrace{\begin{pmatrix} & a_{12} & \cdots & a_{1N} \\ & & \ddots & \vdots \\ & & & a_{N-1,N} \\ & & & \end{pmatrix}}_{=:\,R}.
$$

$$\tag{9.12}$$

Eine äquivalente Fixpunktformulierung für (9.11) lautet

$$a_{jj} x_j = b_j - \sum_{\substack{k=1 \\ k \neq j}}^{N} a_{jk} x_k, \qquad j = 1, 2, \ldots, N,$$

und die zugehörige Fixpunktiteration ist in der folgenden Definition angegeben.

Für eine Matrix $A = (a_{jk}) \in \mathbb{R}^{N \times N}$ mit nichtverschwindenden Diagonal- einträgen, $a_{jj} \neq 0$ für $j = 1, 2, \ldots, N$, ist das *Gesamtschrittverfahren*, auch *Jacobi-Verfahren* genannt, zur Lösung des Gleichungssystems $Ax = b$ von der folgenden Form:

$$x_j^{(n+1)} = \frac{1}{a_{jj}} \left(b_j - \sum_{\substack{k=1 \\ k \neq j}}^{N} a_{jk} x_k^{(n)} \right), \quad j = 1, 2, \ldots, N, \quad n = 0, 1, \ldots.$$

$$\tag{9.13}$$

In kompakter Matrix-Vektor-Schreibweise sieht das Verfahren so aus:

$$x^{(n+1)} = D^{-1}b - D^{-1}(L + R)x^{(n)}, \quad n = 0, 1, \ldots, \tag{9.14}$$

wie man durch Umstellung sieht. Die Darstellung (9.14) wird für Konvergenzbetrachtungen benötigt, während die algorithmische Umsetzung anhand der Darstellung (9.13) aus der Definition des Gesamtschrittverfahrens geschieht.

Die zugehörige Iterationsmatrix ist von der Form

$$\mathcal{H}_{\mathbf{Ges}} = -D^{-1}(L + R) = -\begin{pmatrix} 0 & a_{12}/a_{11} & \cdots & a_{1N}/a_{11} \\ a_{21}/a_{22} & \ddots & \ddots & \vdots \\ \vdots & \ddots & \ddots & a_{N-1,N}/a_{N-1,N-1} \\ a_{N1}/a_{NN} & \cdots & a_{N,N-1}/a_{NN} & 0 \end{pmatrix},$$

was man sofort aus der Darstellung (9.14) erhält. Erste hinreichende Kriterien für die Konvergenz des Gesamtschrittverfahrens liefert folgende Box.

Box 9.8. *Das Gesamtschrittverfahren ist durchführbar und konvergent, falls eine der beiden folgenden Bedingungen erfüllt ist,*

$$\sum_{\substack{k=1 \\ k \neq j}}^{N} |a_{jk}| < |a_{jj}|, \quad j = 1, 2, \ldots, N \quad \left(\begin{array}{l} \Longleftrightarrow \text{ A ist strikt diagonaldominant} \\ \Longleftrightarrow \|\mathcal{H}_{\mathbf{Ges}}\|_{\infty} < 1 \end{array} \right);$$

oder

$$\sum_{\substack{j=1 \\ j \neq k}}^{N} |a_{jk}| < |a_{kk}|, \quad k = 1, 2, \ldots, N \quad \left(\Longleftrightarrow \text{ } A^{\top} \text{ ist strikt diagonaldominant} \right).$$

Die Aussage von Box 9.8 ergibt sich direkt aus Box 5.4. Etwas genauer liefern die beiden Kriterien der Reihe nach lineare Konvergenz bezüglich der Maximumnorm beziehungsweise der Summennorm.

In wichtigen Anwendungen treten Matrizen auf,[4] für die keine der beiden jeweils relativ starken Voraussetzungen aus obiger Box 9.8 erfüllt ist, jedoch aber die schwächere Voraussetzung der folgenden Box, die ebenfalls die Konvergenz des Gesamtschrittverfahrens impliziert.

Box 9.9. *Für irreduzibel diagonaldominante Matrizen $A \in \mathbb{R}^{N \times N}$ ist das Gesamtschrittverfahren durchführbar und konvergent.*

9.5 Das Einzelschrittverfahren

Betrachtet man für das Gesamtschrittverfahren die komponentenweise Darstellung in (9.13), so ist es naheliegend, zur Berechnung von $x_j^{(n+1)}$ anstelle von $x_1^{(n)}, \ldots,$ $x_{j-1}^{(n)}$ die bereits berechneten und vermeintlich besseren Approximationen $x_1^{(n+1)}$, $\ldots, x_{j-1}^{(n+1)}$ zu verwenden. Die zugehörige Fixpunktiteration ist in der folgenden Definition festgehalten.

Für eine Matrix $A = (a_{jk}) \in \mathbb{R}^{N \times N}$ mit $a_{jj} \neq 0$ für $j = 1, \ldots, n$ ist das *Einzelschrittverfahren*, auch *Gauß-Seidel-Verfahren* genannt, zur Lösung der Gleichung $Ax = b$ von der folgenden Form,

$$x_j^{(n+1)} = \frac{1}{a_{jj}} \left(b_j - \sum_{k=1}^{j-1} a_{jk} x_k^{(n+1)} - \sum_{k=j+1}^{N} a_{jk} x_k^{(n)} \right), \quad j = 1, \ldots, N$$

(9.15)

für $n = 0, 1, \ldots$.

In kompakter Matrix-Vektor-Schreibweise lässt sich dieses Verfahren wie folgt schreiben:

$$(D + L)x^{(n+1)} = b - Rx^{(n)}, \quad n = 0, 1, \ldots .$$

(9.16)

---

[4] Zum Beispiel die Matrix A aus (8.7), die man nach Anwendung des Differenzenschemas auf das spezielle in Abschn. 8.2 betrachtete Randwertproblem zweiter Ordnung erhält.

Diese Darstellung erhält man nach einer einfachen Umstellung. Wie schon beim Gesamtschrittverfahren wird die Darstellung (9.16) für Konvergenzbetrachtungen zum Einzelschrittverfahren benötigt, während die algorithmische Umsetzung anhand der Darstellung (9.15) aus der Definition des Einzelschrittverfahrens geschieht.

Aufgrund von (9.16) hat die zum Einzelschrittverfahren gehörende Iterationsmatrix die Form

$$\mathcal{H}_{\text{Ein}} = -(D + L)^{-1}R.$$

9.5.1 Konvergenzergebnisse für das Einzelschrittverfahren

Ein erstes hinreichendes Kriterium für die Konvergenz des Einzelschrittverfahrens liefert die folgende Aussage.

Für jede strikt diagonaldominante Matrix $A \in \mathbb{R}^{N \times N}$ gilt

$$\| \mathcal{H}_{\text{Ein}} \|_\infty \leq \| \mathcal{H}_{\text{Ges}} \|_\infty < 1. \tag{9.17}$$

Für strikt diagonaldominante Matrizen $A \in \mathbb{R}^{N \times N}$ erhält man also nach Box 5.4 für das Einzelschrittverfahrens lineare Konvergenz bezüglich der Maximumnorm. Wegen der ersten Abschätzung in (9.17) konvergiert das Einzelschrittverfahrens sicher nicht langsamer als das Gesamtschrittverfahren.

Ein weiteres hinreichendes Kriterium für die Konvergenz des Einzelschrittverfahrens liefert folgende Aussage.[5]

Für irreduzibel diagonaldominante Matrizen $A \in \mathbb{R}^{N \times N}$ ist das Einzelschrittverfahren durchführbar und konvergent.

9.6 Das Relaxationsverfahren

9.6.1 Definition, erste Konvergenzresultate

Im Folgenden wird das Relaxationsverfahren vorgestellt. Hier ist im $(n + 1)$-ten Iterationsschritt die Vorgehensweise so, dass – ausgehend von dem Vektor $x^{(n)}$ –

---

[5] Siehe die Anmerkungen vor Box 9.9.

für die Indizes $j = 1, \ldots, N$ jeweils zunächst hilfsweise die Zahl $\widehat{x}_j^{(n+1)}$ gemäß der Vorschrift des Einzelschrittverfahrens ermittelt wird aus den bereits berechneten Werten $x_1^{(n+1)}, \ldots, x_{j-1}^{(n+1)}, x_{j+1}^{(n)}, \ldots, x_N^{(n)}$, und anschließend berechnet sich $x_j^{(n+1)}$ als eine durch einen Parameter $\omega \in \mathbb{R}$ festgelegte Linearkombination von $\widehat{x}_j^{(n+1)}$ und $x_j^{(n)}$. Im Einzelnen sieht die Iterationsvorschrift folgendermaßen aus,

$$\left.\begin{aligned}\widehat{x}_j^{(n+1)} &= \frac{1}{a_{jj}}\left(b_j - \sum_{k=1}^{j-1} a_{jk}x_k^{(n+1)} - \sum_{k=j+1}^{N} a_{jk}x_k^{(n)}\right) \\ x_j^{(n+1)} &= \omega\widehat{x}_j^{(n+1)} + (1-\omega)x_j^{(n)}\end{aligned}\right\}, \quad j = 1, 2, \ldots, N$$

$$(n = 0, 1, \ldots).$$

Die zugehörige Fixpunktiteration ist in der folgenden Definition angegeben.

Für eine Matrix $A = (a_{jk}) \in \mathbb{R}^{N \times N}$ mit nichtverschwindenden Diagonaleinträgen, $a_{jj} \neq 0$ für $j = 1, 2, \ldots, N$, ist das *Relaxationsverfahren* zur Lösung der Gleichung $Ax = b$ von der folgenden Form,

$$a_{jj}x_j^{(n+1)} = \omega\left(b_j - \sum_{k=1}^{j-1} a_{jk}x_k^{(n+1)} - \sum_{k=j+1}^{N} a_{jk}x_k^{(n)}\right) + (1-\omega)a_{jj}x_j^{(n)},$$

$$\text{für } j = 1, 2, \ldots, N \qquad (n = 0, 1, \ldots).$$

In Matrix-Vektor-Schreibweise bedeutet das

$$(D + \omega L)x^{(n+1)} = \omega b + ((1-\omega)D - \omega R)x^{(n)} \qquad (n = 0, 1, \ldots).$$

Die zugehörige Iterationsmatrix hat die Form

$$\mathcal{H}(\omega) = (D + \omega L)^{-1}((1-\omega)D - \omega R). \tag{9.18}$$

Für $\omega = 1$ stimmt das Relaxationsverfahren mit dem Einzelschrittverfahren überein, $\mathcal{H}(1) = \mathcal{H}_{\text{Ein}}$. Für $\omega < 1$ spricht man von *Unter-*, im Fall $\omega > 1$ von *Überrelaxation*.

Es werden nun für zwei Klassen von Matrizen allgemeine Konvergenzresultate zum Relaxationsverfahren hergeleitet. Eine optimale Wahl des Relaxationsparameters ω wird dabei nicht weiter diskutiert. Die erzielten Resultate sind aber bereits für den Fall $\omega = 1$ (Einzelschrittverfahren) von Interesse.

Bemerkung. Eine besondere Bedeutung erlangt das Relaxationsverfahren für die spezielle Klasse der konsistent geordneten Matrizen A, die im nächsten Abschn. 9.8

behandelt werden. Für solche Matrizen A lässt sich der Spektralradius der Iterationsmatrix $\mathcal{H}(\omega)$ als Funktion des Relaxationsparameters ω genau ermitteln beziehungsweise die Wahl von ω optimieren. $\triangle$

Für allgemeine Matrizen $A \in \mathbb{R}^{N \times N}$ mit nichtverschwindenden Diagonalelementen gilt folgendes Resultat, mit dem sich die Wahl vernünftiger Relaxationsparameter schnell einschränken lässt.

(Satz von Kahan) Für die Iterationsmatrix des Relaxationsverfahrens gilt

$$r_\sigma(\mathcal{H}(\omega)) \geq |\omega - 1|, \qquad \omega \in \mathbb{R}.$$

Für $\omega \notin (0, 2)$ gilt demnach die Ungleichung $r_\sigma(\mathcal{H}(\omega)) \geq 1$, so dass nach der Aussage von Box 9.4 keine Konvergenz vorliegen kann. Wir haben damit folgendes notwendige Konvergenzkriterium:

Das Relaxationsverfahren ist höchstens für $0 < \omega < 2$ konvergent.

Ein erstes hinreichendes Kriterium für die Konvergenz des Relaxationsverfahrens liefert die folgende Box.

Für eine symmetrische, positiv definite Matrix $A \in \mathbb{R}^{N \times N}$ ist das zugehörige Relaxationsverfahren für jeden Wert $0 < \omega < 2$ durchführbar und konvergent,

$$r_\sigma(\mathcal{H}(\omega)) < 1 \quad \text{für } 0 < \omega < 2.$$

Wegen der Symmetrie der Matrix A bedeutet das $\| \mathcal{H}(\omega) \|_2 = r_\sigma(\mathcal{H}(\omega)) < 1$ und damit lineare Konvergenz bezüglich der euklidischen Vektornorm $\| \cdot \|_2$.

9.7 Das Relaxationsverfahren für M-Matrizen

Im Folgenden wird eine weitere Klasse von Matrizen vorgestellt, für die das Relaxationsverfahren einsetzbar ist.

Box 9.10. Eine Matrix $A = (a_{jk}) \in \mathbb{R}^{N \times N}$ heißt *M-Matrix*, falls Folgendes gilt:

a) Die Matrix A ist regulär und besitzt eine Inverse mit ausschließlich nichtnegativen Einträgen, $A^{-1} \geq 0$.
b) Alle Einträge der Matrix A außer denen auf der Diagonalen sind nichtpositiv, $a_{jk} \leq 0$ für alle Indizes j, k mit $j \neq k$.

Beispiel. Die Matrix

$$\begin{pmatrix} 3 & -1 \\ -2 & 4 \end{pmatrix}$$

ist eine M-Matrix, wie man leicht nachrechnet.   △

Die Bedingung in Teil a) von Box 9.10 lässt sich in der Praxis schwer nachprüfen, da die Inverse A^{-1} nicht bekannt ist. M-Matrizen lassen sich jedoch folgendermaßen charakterisieren:

Für eine Matrix $A = (a_{jk}) \in \mathbb{R}^{N \times N}$ gilt folgende Äquivalenz,

$$A \text{ ist M-Matrix} \iff \begin{cases} a_{jj} > 0 & \text{für } j = 1, \ldots, N, \\ a_{jk} \leq 0 & \text{für alle } j, k \text{ mit } j \neq k, \\ r_\sigma(D^{-1}(L + R)) < 1, \end{cases} \quad (9.19)$$

mit der Zerlegung $A = D + L + R$ in Diagonal-, unteren und oberen Anteil entsprechend (9.12).

Beispiel. Die Matrix zu dem in Abschn. 9.2.2 vorgestellten Modellbeispiel ist eine M-Matrix, denn als irreduzibel diagonaldominante Matrix gilt für sie nach Box 9.9 die Ungleichung $r_\sigma(D^{-1}(L + R)) < 1$.   △

Für eine M-Matrix $A \in \mathbb{R}^{N \times N}$ ist das Relaxationsverfahren durchführbar und für jeden Parameter $0 < \omega \leq 1$ konvergent,

$$r_\sigma(\mathcal{H}(\omega)) < 1 \quad \text{für } 0 < \omega \leq 1.$$

Beim Relaxationsverfahren für M-Matrizen gelten spezieller noch die Abschätzungen

$$r_\sigma(\mathcal{H}(\omega_2)) \leq r_\sigma(\mathcal{H}(\omega_1)) < 1 \quad \text{für } 0 < \omega_1 \leq \omega_2 \leq 1,$$

so dass innerhalb des Parameterintervalls $0 < \omega \leq 1$ die Wahl $\omega = 1$ optimal ist.

9.8   Das Relaxationsverfahren für konsistent geordnete Matrizen

Es soll nun noch eine Klasse von Matrizen behandelt werden, bei denen sich der Spektralradius der zugehörigen Iterationsmatrix $\mathcal{H}(\omega)$ als Funktion des Relaxationsparameters ω genau ermitteln beziehungsweise die Wahl von ω optimieren lässt.

Eine Matrix $A = (a_{jk}) \in \mathbb{R}^{N \times N}$ mit $a_{jj} \neq 0$ für alle j heißt *konsistent geordnet*, falls die Eigenwerte der Matrix

$$\mathcal{J}(\alpha) := \alpha D^{-1}L + \alpha^{-1}D^{-1}R \in \mathbb{C}^{N \times N}, \qquad 0 \neq \alpha \in \mathbb{C}, \qquad (9.20)$$

unabhängig von α sind, wenn also die Identität $\sigma(\mathcal{J}(\alpha)) = \sigma(\mathcal{J}(1))$ gilt für $0 \neq \alpha \in \mathbb{C}$. Hierbei bezeichnet $A = D + L + R$ die Zerlegung in Diagonal-, unteren und oberen Anteil entsprechend (9.12).

Beispiel. Eine Block-Tridiagonalmatrix

$$A = \begin{pmatrix} D_1 & C_1 & & \\ B_1 & \ddots & \ddots & \\ & \ddots & \ddots & C_{M-1} \\ & & B_{M-1} & D_M \end{pmatrix} \in \mathbb{R}^{N \times N}$$

mit regulären Diagonalmatrizen $D_k \in \mathbb{R}^{N_k \times N_k}$, $k = 1, 2, \ldots, M$ (mit $\sum_{k=1}^{M} N_k = N$) ist konsistent geordnet. Die Nebendiagonalmatrizen seien hierbei von entsprechender Dimension, es gilt also $B_k \in \mathbb{R}^{N_{k+1} \times N_k}$ und $C_k \in \mathbb{R}^{N_k \times N_{k+1}}$ für $k = 1, 2, \ldots, M - 1$. △

Beispiel. Die Matrix aus dem Modellbeispiel in Abschn. 9.2.2 ist konsistent geordnet (Aufgabe 9.8). △

Für eine konsistent geordnete Matrix lässt sich folgende Konvergenzaussage formulieren:

Für eine konsistent geordnete Matrix $A \in \mathbb{R}^{N \times N}$ gilt

$$r_\sigma(\mathcal{H}_{\text{Ein}}) = r_\sigma(\mathcal{H}_{\text{Ges}})^2.$$

Demnach sind Gesamt- und Einzelschrittverfahren entweder beide konvergent oder beide divergent. Im ersten Fall konvergiert das Einzelschrittverfahren doppelt so schnell wie das Gesamtschrittverfahren.

Mit der folgenden Box wird das Verhalten von $r_\sigma(\mathcal{H}(\omega))$ in Abhängigkeit von ω beschrieben. Eine entsprechende Illustration liefert Abb. 9.2.

Box 9.11. *Die Matrix $A \in \mathbb{R}^{N \times N}$ sei konsistent geordnet, und die Eigenwerte der Matrix $\mathcal{H}_{\text{Ges}} = -D^{-1}(L + R)$ seien allesamt reell und betragsmäßig kleiner als eins, es sei also $\sigma(D^{-1}(L + R)) \subset (-1, 1)$ erfüllt. Dann gilt*

$$r_\sigma(\mathcal{H}(\omega)) = \begin{cases} \frac{1}{4}\left(\omega\varrho_{\text{Ges}} + \sqrt{\omega^2\varrho_{\text{Ges}}^2 - 4(\omega - 1)}\right)^2, & 0 < \omega \leq \omega_*, \\ \omega - 1, & \omega_* \leq \omega \leq 2, \end{cases}$$

mit $\varrho_{\text{Ges}} := r_\sigma(D^{-1}(L + R))$ und $\omega_* := \dfrac{2}{1 + \sqrt{1 - \varrho_{\text{Ges}}^2}}$.

Die Konvergenz des Gesamtschrittverfahrens wird in Box 9.11 also vorausgesetzt.

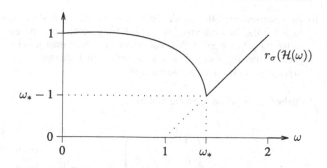

Abb. 9.2 Darstellung des Verlaufs der Funktion $\omega \mapsto r_\sigma(\mathcal{H}(\omega))$

Der Verlauf des Spektralradius $r_\sigma(\mathcal{H}(\omega))$ in Abhängigkeit des Relaxationsparameters ω ist in Abb. 9.2 dargestellt. Typischerweise ist der Spektralradius ϱ_{Ges} und somit der optimale Relaxationsparameter ω_* nicht genau bekannt. Da das Abfallen von $r_\sigma(\mathcal{H}(\omega))$ links von $\omega = \omega_*$ größer ist als der Anstieg von $r_\sigma(\mathcal{H}(\omega))$ rechts von $\omega = \omega_*$, wählt man den Relaxationsparameter ω besser etwas zu groß als etwas zu klein.

Weitere Themen und Literaturhinweise
Die hier vorgestellten Iterationsverfahren und Klassen von Matrizen werden in zahlreichen Lehrbüchern behandelt, so beispielsweise in Berman/Plemmons [3], Finckenstein [14], Golub/Ortega [21], Hämmerlin/Hoffmann [29], Hackbusch [26], Hanke-Bourgeois [30], Kress [37], Meister [40], Oevel [45], Schaback/Wendland [54], Schwarz/Köckler [56], Freund/Hoppe [16] und Windisch [67]. Insbesondere in [26] finden Sie auch Ausführungen über die hier nicht weiter betrachteten *Block-Relaxationsverfahren*. Informationen über die hier nicht behandelte *Zweigitteriteration* beziehungsweise die allgemeineren *Mehrgitterverfahren* findet man beispielsweise in [26, 37].

Übungsaufgaben

Aufgabe 9.1.

a) Welche der drei Matrizen

$$\begin{pmatrix} 2 & 0 & 1 \\ 1 & 2 & 0 \\ 0 & 1 & 2 \end{pmatrix}, \quad \begin{pmatrix} 2 & 0 & 1 \\ 1 & 1 & 0 \\ 0 & 1 & 1 \end{pmatrix}, \quad \begin{pmatrix} 1 & 0 & 1 \\ 1 & 1 & 0 \\ 0 & 1 & 1 \end{pmatrix}$$

ist strikt diagonaldominant? Soweit dies möglich ist, ziehe man daraus jeweils Schlussfolgerungen über die Konvergenz des Gesamtschrittverfahrens.

b) Zu Testzwecken soll für jede der genannten Matrizen sowie jeweils der rechten Seite $b = (0, 0, 0)^\top$ das dazugehörige lineare Gleichungssystem näherungsweise mit dem Gesamtschritt-verfahren gelöst werden. Als Startvektor verwende man jeweils $x^{(0)} = (1, 1, 1)^\top$. Man gebe jeweils eine allgemeine Darstellung der n-ten Iterierten $x^{(n)} \in \mathbb{R}^3$ an und diskutiere die Ergebnisse im Hinblick auf Konvergenz.

Aufgabe 9.2. Gegeben seien die Matrizen

$$A = \begin{pmatrix} 0 & 1 & 0 & 1 \\ 0 & 0 & 1 & 0 \\ 1 & 0 & 0 & 1 \\ 1 & 0 & 1 & 0 \end{pmatrix}, \qquad B = \begin{pmatrix} 0 & 1 & 0 & 0 & 1 \\ 1 & 0 & 0 & 0 & 1 \\ 0 & 0 & 0 & 1 & 0 \\ 0 & 0 & 2 & 0 & 0 \\ 2 & 2 & 0 & 0 & 1 \end{pmatrix}.$$

Man zeige, dass A irreduzibel beziehungsweise B reduzibel ist.

Aufgabe 9.3. Man zeige, dass die zu dem vorgestellten Modellbeispiel aus Abschn. 9.2.2 gehören-de Matrix irreduzibel diagonaldominant ist.

Aufgabe 9.4. Gegeben sei das lineare Randwertproblem

$$-u''(x) + \frac{1}{1+x} u'(x) = \varphi(x), \quad 0 < x < 1, \qquad u(0) = 0, \quad u(1) = 0. \tag{9.21}$$

Diskretisierung von (9.21) mit zentralen Differenzenquotienten zweiter beziehungsweise erster Ordnung bei konstanter Gitterweite $h = \frac{1}{N}$ führt auf ein lineares Gleichungssystem $Av = b$. Man zeige Folgendes:

a) Für $h < 2$ ist $A \in \mathbb{R}^{(N-1)\times(N-1)}$ eine M-Matrix.
b) Für die Hilfsfunktion

$$\theta(x) = -\frac{(1+x)^2}{2} \ln(1+x) + \tfrac{2}{3} x(x+2)\ln 2$$

und mit den Notationen $v_j = \theta(x_j)$, $x_j = jh$ für $j = 1, 2, \ldots, N-1$ und $\mathbf{e} = (1, \ldots, 1)^\top \in \mathbb{R}^{N-1}$ gilt die Abschätzung

$$\| Av - \mathbf{e} \|_\infty \le \tfrac{1}{4} h^2$$

(und damit $(Av)_j \ge 1 - \frac{h^2}{4}$ für $j = 1, 2, \ldots, N-1$).
c) Für eine von h unabhängige Konstante M gilt $\| A^{-1} \|_\infty \le M$.
d) Für die Lösung u von (9.21) und die Lösung v_* des Gleichungssystems $Av = b$ gilt mit der Notation $z = (u(x_j))_{j=1}^{N-1}$ und einer von h unabhängigen Konstanten K die Abschätzung $\| v_* - z \|_\infty \le Kh^2$.

Aufgabe 9.5. Im Folgenden wird das Randwertproblem

$$u''(x) + p(x)u'(x) + r(x)u(x) = \varphi(x), \quad x \in [a, b], \qquad u(a) = u(b) = 0,$$

betrachtet mit Funktionen $p, r, \varphi \in C[a, b]$ mit $r(x) \leq 0$ für $x \in [a, b]$. Eine Diskretisierung der Ableitungen mittels zentraler Differenzenquotienten bei konstanter Schrittweite $h = \frac{b-a}{N}$ führt mit den Notationen $x_j = a + jh$, $p_j = p(x_j)$ und $r_j = r(x_j)$, $\varphi_j = \varphi(x_j)$ für $j = 1, 2, \ldots, N - 1$ sowie

$$
A = \frac{1}{h^2}
\begin{pmatrix}
2 & -(1 - \frac{h}{2}p_1) & & & & \\
-(1 + \frac{h}{2}p_2) & 2 & -(1 - \frac{h}{2}p_2) & & & \\
& -(1 + \frac{h}{2}p_3) & \ddots & \ddots & & \\
& & & \ddots & 2 & -(1 - \frac{h}{2}p_{N-2}) \\
& & & & -(1 + \frac{h}{2}p_{N-1}) & 2
\end{pmatrix}
$$

und $D = \operatorname{diag}(r_1, r_2, \ldots, r_{N-1})$, $c = (\varphi_j)_{j=1}^{N-1}$, auf das lineare Gleichungssystem $(A + D)v = c$.

a) Man zeige, dass $A + D$ eine M-Matrix ist, falls Folgendes erfüllt ist,

$$
h \max_{x \in [a,b]} |p(x)| \leq 2, \qquad \inf\{\operatorname{Re} \lambda : \lambda \in \sigma(A)\} + \inf_{x \in [a,b]} r(x) > 0.
$$

b) Im Fall $p(x) \equiv 0$ und $h \leq \frac{b-a}{2}$ ist $A + D$ eine M-Matrix, wenn Folgendes erfüllt ist,

$$
\inf_{x \in [a,b]} r(x) > -\left(\frac{\pi}{b-a}\right)^2 + \frac{h^2}{12}\left(\frac{\pi}{b-a}\right)^4.
$$

Aufgabe 9.6. Ist die Matrix

$$
A = \frac{1}{h^2}
\begin{pmatrix}
2 & -1 & & \\
-1 & \ddots & \ddots & \\
& \ddots & \ddots & -1 \\
& & -1 & 2
\end{pmatrix}
\in \mathbb{R}^{(N-1) \times (N-1)}
$$

mit $h = \frac{1}{N}$ positiv definit beziehungsweise eine M-Matrix beziehungsweise konsistent geordnet? Man bestimme als Funktion von h die Eigenwerte von $I - D^{-1}A$ und den zugehörigen Spektralradius $r_\sigma(I - D^{-1}A)$, den optimalen Parameter ω_* für das Relaxationsverfahren sowie den Spektralradius $r_\sigma(\mathcal{H}(\omega_*))$ der entsprechenden Iterationsmatrix $\mathcal{H}(\omega_*)$.

Aufgabe 9.7. Man zeige, dass reguläre Dreiecksmatrizen konsistent geordnet sind.

Aufgabe 9.8. Gegeben sei eine Block-Tridiagonalmatrix von der speziellen Form

$$
A = \begin{pmatrix}
B & b_1 D & & & \\
a_1 D & \ddots & \ddots & & \\
0 & \ddots & \ddots & b_{M-1}D & \\
& & a_{M-1}D & B &
\end{pmatrix} \in \mathbb{R}^{N \times N}
$$

mit der Diagonalmatrix $D = \mathrm{diag}\,(b_{11}, \ldots, b_{KK})$, wobei $0 \neq b_{jj}$ die Diagonaleinträge von $B \in \mathbb{R}^{K \times K}$ bezeichne. Mit der Zerlegung $B = D + L + R$ entsprechend (9.12) und mit

$$
\mathcal{J}(\alpha) = \alpha D^{-1}L + \alpha^{-1}D^{-1}R, \qquad 0 \neq \alpha \in \mathbb{C},
$$

gelte $\mathcal{J}(\alpha) = S_\alpha \mathcal{J}(1)S_\alpha^{-1}$ für $0 \neq \alpha \in \mathbb{C}$ mit einer geeigneten Transformationsmatrix $S_\alpha \in \mathbb{R}^{N \times N}$. Man zeige, dass die Matrix A konsistent geordnet ist.

Aufgabe 9.9 (*Numerische Aufgabe*). Zur numerischen Lösung des Randwertproblems

$$
u''(z) + u(z) = e^z, \quad z \in [0, \tfrac{\pi}{2}], \qquad u(0) = u(\tfrac{\pi}{2}) = 0,
$$

betrachte man auf einem äquidistanten Gitter der Weite $h = \frac{\pi}{2N}$ das zugehörige Differenzenschema

$$
v_{j+1} - (2 - h^2)v_j + v_{j-1} = h^2 e^{z_j}, \qquad j = 1, 2, \ldots, N-1, \tag{9.22}
$$

mit $z_j = jh$. Für $N = 30$ beziehungsweise $N = 200$ bestimme man eine approximative Lösung von (9.22) mithilfe des *Relaxationsverfahrens* mit den folgenden Relaxationsparametern, $\omega = 0, 1, 0, 2, 0, 3, \ldots, 2, 0, 2, 1$, wobei die Iteration jeweils abgebrochen werden soll, wenn mehr als 1000 Iterationen (für $N = 200$ mehr als 2000 Iterationen) benötigt werden oder falls

$$
\| x^{(n)} - x^{(n-1)} \|_\infty \leq 10^{-5}
$$

ausfällt. Als Startwert wähle man jeweils $x^{(0)} = 0$. Für jede Wahl von ω gebe man die Anzahl der benötigten Iterationsschritte n, $\| x^{(n)} - x^{(n-1)} \|_\infty$ und den Fehler $\max_{j=1,\ldots,N-1} |x_j^{(n)} - u(z_j)|$ tabellarisch an.

Weitere Aufgaben zu den Themen dieses Kapitels werden als Flashcards online zur Verfügung gestellt. Hinweise zum Zugang finden Sie zu Beginn von Kap. 1.

Numerische Verfahren für Eigenwertprobleme

10

10.1 Einführende Bemerkungen

10.1.1 Einige Beispiele

Es werden zunächst einige mathematische Problemstellungen vorgestellt, die auf die Bestimmung von Eigenwerten und Eigenvektoren quadratischer Matrizen führen. Dabei heißt eine Zahl $\lambda \in \mathbb{C}$ *Eigenwert* einer gegebenen Matrix $A \in \mathbb{R}^{N \times N}$, falls es einen Vektor $0 \neq u \in \mathbb{C}^N$ mit der Eigenschaft $Au = \lambda u$ gibt. Man nennt jeden solchen Vektor u einen *Eigenvektor* zum Eigenwert λ.

Beispiel. Ein System von N homogenen linearen Differenzialgleichungen erster Ordnung mit konstanten Koeffizienten lässt sich kompakt in der Form

$$y'(x) = Ay(x), \quad x \in \mathbb{R}, \tag{10.1}$$

schreiben mit einer von $x \in \mathbb{R}$ unabhängigen Matrix $A \in \mathbb{R}^{N \times N}$ und einer gesuchten vektorwertigen Lösung $y : \mathbb{R} \to \mathbb{C}^N$. Anwendungen hierzu wurden bereits in Kap. 7 über Anfangswertprobleme für Differenzialgleichungen vorgestellt.

Zur Bestimmung von Lösungen des Systems von Differenzialgleichungen (10.1) macht man den vektorwertigen Lösungsansatz

$$y(x) = e^{\lambda x} u \in \mathbb{C}^N, \quad x \in \mathbb{R} \tag{10.2}$$

mit zu bestimmenden $\lambda \in \mathbb{C}$ und $0 \neq u \in \mathbb{C}^N$. Hierfür gilt offenbar

$$y'(x) = \lambda e^{\lambda x} u, \quad Ay(x) = e^{\lambda x} Au, \quad x \in \mathbb{R}.$$

Wegen $e^{\lambda x} \neq 0$ ist die Funktion y aus dem Ansatz (10.2) damit genau dann Lösung des Systems von Differenzialgleichungen (10.1), wenn $\lambda u = Au$ gilt, also λ Eigenwert der Matrix A und $u \in \mathbb{C}^N$ ein dazugehöriger Eigenvektor ist.

Beispiel. Der im vorigen Beispiel vorgestellte Exponentialansatz soll nun auf ein System von N homogenen linearen Differenzialgleichungen zweiter Ordnung mit konstanten Koeffizienten

$$y''(x) = Ay(x), \quad x \in \mathbb{R}, \tag{10.3}$$

angewendet werden, wobei $A \in \mathbb{R}^{N \times N}$ eine von $x \in \mathbb{R}$ unabhängige Matrix $A \in \mathbb{R}^{N \times N}$ und $y : \mathbb{R} \to \mathbb{C}^N$ eine zu bestimmende vektorwertige Lösung bezeichnet. Mit dem gekoppelten Massenschwinger wurde in Kap. 7 über Anfangswertprobleme für Systeme von Differenzialgleichungen ein Beispiel präsentiert.

Zur Bestimmung von Lösungen des Systems von Differenzialgleichungen (10.3) machen wir wiederum den vektorwertigen Lösungsansatz (10.2) mit zu bestimmenden $\lambda \in \mathbb{C}$ und $u \in \mathbb{C}^N$. Hierfür gilt

$$y''(x) = \lambda^2 e^{\lambda x} u, \quad Ay(x) = e^{\lambda x} Au, \quad x \in \mathbb{R}.$$

Wieder wegen $e^{\lambda x} \neq 0$ ist damit die Funktion y aus dem Lösungsansatz (10.2) genau dann Lösung des Systems von Differenzialgleichungen (10.3), wenn $\lambda^2 u = Au$ erfüllt ist, also λ^2 Eigenwert der Matrix A und $u \in \mathbb{C}^N$ ein dazugehöriger Eigenvektor ist. $\triangle$

Wir stellen nun als weitere Anwendung Eigenwertprobleme für Differenzialoperatoren vor. Dies geschieht exemplarisch anhand des sturm-liouvilleschen Randwertproblems.

Beispiel. Ein Eigenwertproblem für das sturm-liouvillesche Randwertproblem (8.3)–(8.4) ist von der Form

$$(\mathcal{L}u)(x) := -u''(x) + r(x)u(x) = \lambda u(x), \quad a \leq x \leq b, \tag{10.4}$$

$$u(a) = u(b) = 0, \tag{10.5}$$

mit einer gegebenen nichtnegativen stetigen Funktion $r : [a, b] \to \mathbb{R}$. Es geht hier darum, diejenigen Zahlen $\lambda \in \mathbb{R}$ zu bestimmen, für die nichttriviale Lösungen $u : [a, b] \to \mathbb{R}$ von (10.4)–(10.5) existieren. Eine Lösung u wird dabei als trivial bezeichnet, wenn sie konstant gleich null ist, $u \equiv 0$. Solche Zahlen λ nennt man Eigenwerte des betrachteten Differenzialoperators $\mathcal{L}$, und die Funktionen u sind dazugehörige Eigenfunktionen. Dabei darf man die Eigenwerte aus Symmetriegründen als reell annehmen. Anders als bei Matrizen gibt es für dieses Problem unendlich viele Eigenwerte und -funktionen.

Die Kenntnis aller Eigenwerte und -funktionen des Differenzialoperatoren $\mathcal{L}$ ermöglicht die Lösung zugehöriger inhomogener Gleichungen $\mathcal{L}u = \varphi$ mit gegebener rechter Seite $\varphi : [a, b] \to \mathbb{R}$. Man muss grob gesagt nur φ nach den Eigenfunktionen entwickeln. Außerdem ermöglicht das die Betrachtung des Resonanzfalles für $\mathcal{L}u = \varphi$. Falls nämlich die rechte Seite φ Eigenfunktion zu einem kleinen Eigenwert $\lambda \neq 0$ von $\mathcal{L}$ ist, so erfährt die Lösung $u = \frac{1}{\lambda}\varphi$ eine erhebliche Verstärkung.

Solche Eigenwertprobleme lassen sich in der Regel nicht exakt lösen, so dass man auf numerische Verfahren angewiesen ist. Eine Möglichkeit besteht in einer Diskretisierung dieses Eigenwertproblems mittels Differenzenverfahren analog zur Vorgehensweise in Abschn. 8.2. Dies führt auf ein Eigenwertproblem für die in (8.7) angegebene Matrix A. Deren Eigenwerte liefern Näherungen an die N größten Eigenwerte des sturm-liouvilleschen Differenzialoperators $\mathcal{L}$, und die dazugehörigen Eigenvektoren stellen Näherungen für Werte der entsprechenden Eigenfunktionen in den Gitterpunkten dar. △

Zwei weitere Anwendungen seien hier noch kurz erwähnt:

- Die Bestimmung der Nullstellen eines Polynoms lässt sich durch Betrachtung der dazugehörigen frobeniusschen Begleitmatrix als Eigenwertproblem formulieren.
- Eine symmetrische Matrix A lässt sich mithilfe seiner Eigenwerte und -vektoren diagonalisieren, womit sich zum Beispiel lineare Gleichungssysteme $Ax = b$ einfach lösen lassen.

Eigenwertprobleme lassen sich in der Regel nicht exakt lösen. Im Folgenden werden daher verschiedene numerische Verfahren zur approximativen Bestimmung von Eigenwerten quadratischer Matrizen vorgestellt. Dabei basiert eine Klasse von Algorithmen auf der Anwendung von Ähnlichkeitstransformationen, eine zweite auf Vektoriterationen.

10.1.2 Ähnlichkeitstransformationen

In dem vorliegenden Abschnitt werden Verfahren vorgestellt, von denen jedes auf der Hintereinanderausführung von Ähnlichkeitstransformationen beruht,

$$\left. \begin{array}{l} A = A^{(1)} \to A^{(2)} \to A^{(3)} \to \dots \\ A^{(m+1)} S_m^{-1} A^{(m)} S_m, \quad m = 1, 2, \dots, \quad \text{mit } S_m \in \mathbb{R}^{N \times N} \text{ regulär} \end{array} \right\}$$
(10.6)

mit der Zielsetzung, für hinreichend große Werte von m auf effiziente Weise gute Approximationen für die Eigenwerte von $A^{(m)}$ zu gewinnen.

Man beachte, dass die Eigenwerte von $A^{(m)}$ für jedes m aufgrund der durchgeführten Ähnlichkeitstransformationen mit denen der Matrix $A = A^{(1)}$ übereinstimmen.

Im weiteren Verlauf werden die folgenden speziellen Verfahren von der Form (10.6) behandelt.

- Mittels $N - 2$ *Householder-Ähnlichkeitstransformationen* (siehe Abschn. 10.2) lässt sich eine obere Hessenbergmatrix $A^{(N-1)}$ erzeugen, wobei obere beziehungsweise untere Hessenbergmatrizen allgemein folgende Form besitzen,

$$
\begin{pmatrix}
\times & \dots & \dots & \dots & \times \\
\times & \times & & & \times \\
0 & \times & \ddots & & \vdots \\
\vdots & \ddots & \ddots & \ddots & \vdots \\
0 & \dots & 0 & \times & \times
\end{pmatrix}
\quad \text{bzw.} \quad
\begin{pmatrix}
\times & \times & 0 & \dots & 0 \\
\vdots & \ddots & \ddots & \ddots & \vdots \\
\vdots & & \ddots & \ddots & 0 \\
\vdots & & & \ddots & \times \\
\times & \dots & \dots & \dots & \times
\end{pmatrix}
\in \mathbb{R}^{N \times N}.
$$

Eine Matrix $B = (b_{jk})$ ist demnach genau dann eine *obere Hessenbergmatrix*, falls $b_{jk} = 0$ für $j \geq k + 2$ gilt. Entsprechend ist $B = (b_{jk})$ genau dann eine *untere Hessenbergmatrix*, falls $b_{jk} = 0$ für $j \leq k - 2$ gilt.

Die Hessenbergstruktur ist insofern von Vorteil, als sich hier mit dem Newton-Verfahren beziehungsweise auch mit dem QR-Verfahren effizient die Nullstellen des zugehörigen charakteristischen Polynoms bestimmen lassen (siehe Abschn. 10.3 und 10.5).

- Mit *Givensrotationen* (siehe Abschn. 10.4 für Einzelheiten) lassen sich Matrizen $A^{(m)}$ erzeugen, deren Nichtdiagonaleinträge für wachsendes m in einem zu spezifizierenden Sinn betragsmäßig immer kleiner werden, so dass dann die Diagonaleinträge von $A^{(m)}$ gute Approximationen an die Eigenwerte von A darstellen.

- QR-*Verfahren* (siehe Abschn. 10.5) liefern Matrizen $A^{(m)}$, deren Einträge im unteren Dreieck für hinreichend große Werte von m betragsmäßig klein ausfallen, und dann approximieren die Diagonaleinträge von $A^{(m)}$ die Eigenwerte der Matrix A, wie sich herausstellen wird.

Bemerkung 10.1. Aus Stabilitätsgründen wählt man in (10.6) sinnvollerweise orthogonale Matrizen S_m, da dies eine Stabilität des Verfahrens nach sich zieht, das heißt Störungen der Eigenwerte, verursacht zum Beispiel durch fehlerbehaftete Einträge in der zugrunde liegenden Matrix A, werden im Zuge des Verfahrens nicht weiter verstärkt, wie man zeigen kann. Für die einzelnen Verfahren gibt es auch noch weitere Gründe, die Transformationsmatrizen S_m orthogonal zu wählen. Details hierzu werden später vorgestellt.	△

10.1.3 Vektoriteration

Bei der zweiten Klasse numerischer Verfahren zur Bestimmung der Eigenwerte von Matrizen handelt es sich um Vektoriterationen, die allgemein von der folgenden Form sind,

$$z^{(m+1)} = C z^{(m)}, \quad m = 1, 2, \dots \quad (z^{(0)} \in \mathbb{R}^N, \quad C \in \mathbb{R}^{N \times N} \text{ geeignet}),$$

mit der Zielsetzung, aus den Vektoren $z^{(m)} \in \mathbb{R}^N$ Informationen über einzelne Eigenwerte oder auch nur den Spektralradius $r_\sigma(A)$ einer gegebenen Matrix $A \in \mathbb{R}^{N \times N}$ zu gewinnen. Details hierzu werden in Abschn. 10.7 vorgestellt.

10.2 Transformation auf Hessenbergform

Es sollen zunächst Transformationen der Form $A^{(m+1)} = S_m^{-1} A^{(m)} S_m$, $m = 1, 2, \dots, N-2$, vorgestellt werden, mit denen sukzessive Matrizen von der Form

$$
A^{(m)} =
\left.
\begin{pmatrix}
\times & \cdots & \cdots & \cdots & \cdots & \cdots & \times \\
\times & \ddots & & & & & \vdots \\
0 & \ddots & \ddots & & & & \vdots \\
\vdots & \ddots & \times & \times & \times & \cdots & \times \\
\vdots & & 0 & \times & \times & \cdots & \times \\
\vdots & & \vdots & \vdots & \vdots & & \vdots \\
0 & \cdots & 0 & \times & \times & \cdots & \times
\end{pmatrix}
\right\} N - m
\;=\;
\left(
\begin{array}{c|c}
A_1^{(m)} & A_2^{(m)} \\
\hline
0 \;\; a^{(m)} & A_3^{(m)}
\end{array}
\right)
$$

$$\underbrace{\quad}_{m} \underbrace{\quad}_{N-m} \tag{10.7}$$

erzeugt werden mit der Hessenbergmatrix $A_1^{(m)} \in \mathbb{R}^{m \times m}$ und den im Allgemeinen vollbesetzten Matrizen $A_2^{(m)} \in \mathbb{R}^{m \times (N-m)}$ und $A_3^{(m)} \in \mathbb{R}^{(N-m) \times (N-m)}$, sowie mit einem gewissen Vektor $a^{(m)} \in \mathbb{R}^{N-m}$. Die Matrix $A^{(N-1)}$ schließlich besitzt Hessenberggestalt.

Das Vorgehen ist hier, in dem Schritt $A^{(m)} \to A^{(m+1)} = S_m^{-1} A^{(m)} S_m$ mit einer Householdertransformation (Abschn. 10.2.1) den Vektor $a^{(m)}$ aus (10.7) in ein Vielfaches des Einheitsvektors $(1, 0, \dots, 0)^\top \in \mathbb{R}^{N-m}$ zu transformieren und dabei das aus Nulleinträgen bestehende Trapez in der Matrix $A^{(m)}$ zu erhalten.

Die Transformationsmatrizen $S_1, \ldots, S_{N-1}$ sind hier orthogonal, was aus Stabilitätsgründen von Vorteil ist.[1] Ein weiterer Vorteil besteht darin, dass für symmetrische Matrizen $A \in \mathbb{R}^{N \times N}$ die Matrix $A^{(N-1)} \in \mathbb{R}^{N \times N}$ ebenfalls symmetrisch und somit notwendigerweise (als Hessenbergmatrix) tridiagonal ist, das heißt $A^{(N-1)}$ ist dünn besetzt, was beispielsweise für die Anwendung des Newton-Verfahrens zur Bestimmung der Nullstellen des charakteristischen Polynoms der Matrix $A^{(N-1)}$ von praktischem Vorteil ist.

10.2.1 Householder-Ähnlichkeitstransformationen zur Gewinnung von Hessenbergmatrizen

Eine Möglichkeit zur Transformation auf Hessenbergform über ein Schema der Form $A^{(m+1)} = S_m^{-1} A^{(m)} S_m$, $m = 1, 2, \ldots, N-2$, besteht in der Anwendung von Householder-Transformationen,

$$
S_m = \left(\begin{array}{c|c} I_m & 0 \\ \hline 0 & \mathcal{H}_m \end{array} \right), \quad \left. \begin{array}{l} \mathcal{H}_m = I_{N-m} - 2w_m w_m^\top \in \mathbb{R}^{(N-m) \times (N-m)}, \\[4pt] w_m \in \mathbb{R}^{N-m}, \qquad w_m^\top w_m = 1, \end{array} \right\} \tag{10.8}
$$

wobei $I_s \in \mathbb{R}^{s \times s}$ mit $s \geq 1$ die Einheitsmatrix bezeichnet und der Vektor $w_m \in \mathbb{R}^{N-m}$ so gewählt wird, dass[2]

$$
\mathcal{H}_m a = \sigma_m \mathbf{e}_m \tag{10.9}
$$

gilt mit einem Koeffizienten $\sigma_m \in \mathbb{R}$. Nach Lemma 4.15 ist die Matrix S_m orthogonal und symmetrisch, und mit (10.7), (10.8) und (10.9) erhält man hier Matrizen $A^{(m)}$ der Form (10.7) beziehungsweise

$$
A^{(m+1)} = S_m A^{(m)} S_m = \left(\begin{array}{c|c} A_1^{(m)} & A_2^{(m)} \mathcal{H}_m \\ \hline 0 \quad \sigma_m \mathbf{e}_m & \mathcal{H}_m A_3^{(m)} \mathcal{H}_m \end{array} \right). \tag{10.10}
$$

---

[1] Siehe hierzu Bemerkung 10.1.
[2] Die genaue Form des Vektors $w_m \in \mathbb{R}^{N-m}$ ist in Box 4.16 angegeben.

Die Transformation auf obere Hessenberggestalt mittels Householder-Ähnlichkeits-transformationen von der Form (10.10) lässt sich mit

$$\frac{10N^3}{3}\Big(1+\mathcal{O}\Big(\frac{1}{N}\Big)\Big)$$

arithmetischen Operationen realisieren.

10.2.2 Der symmetrische Fall

Falls die Matrix $A \in \mathbb{R}^{N\times N}$ symmetrisch ist, so erhält man aufgrund der Orthogonalität der Transformationsmatrizen für $A^{(m)}$ die Form

$$
A^{(m)} =
\left(
\begin{array}{cccccccc}
\times & \times & 0 & \cdots & \cdots & \cdots & & 0 \\
\times & \ddots & \ddots & \ddots & & & & \vdots \\
0 & \ddots & \ddots & \times & 0 & \cdots & & 0 \\
\vdots & \ddots & \times & \times & \times & \cdots & & \times \\
\vdots & & 0 & \times & \times & \cdots & & \times \\
\vdots & & \vdots & \vdots & \vdots & & & \vdots \\
0 & \cdots & 0 & \times & \times & \cdots & & \times
\end{array}
\right)
\begin{array}{l} \left.\rule{0pt}{20pt}\right\} m \\[20pt] \left.\rule{0pt}{24pt}\right\} N-m \end{array}
=
\left(
\begin{array}{c|cc}
A_1^{(m)} & & 0 \\
\hline
& & a^{(m)\top} \\
0 & a^{(m)} & A_3^{(m)}
\end{array}
\right)
$$

$$\underbrace{}_{m}\ \underbrace{}_{N-m}\hspace{8cm}(10.11)$$

mit der Tridiagonalmatrix $A_1^{(m)} \in \mathbb{R}^{m\times m}$ und der im Allgemeinen vollbesetzten Matrix $A_3^{(m)} \in \mathbb{R}^{(N-m)\times(N-m)}$, sowie mit einem gewissen Vektor $a^{(m)} \in \mathbb{R}^{N-m}$. Die Matrix $A^{(N-1)}$ schließlich besitzt Tridiagonalgestalt. Die entsprechende Householder-Ähnlichkeitstransformation liefert eine Matrix $A^{(m+1)}$ mit der folgenden Struktur,

$$
A^{(m+1)} = S_m A^{(m)} S_m =
\left(
\begin{array}{c|cc}
A_1^{(m)} & & 0 \\
& & \\
\hline
& & \sigma_m \mathbf{e}_m^\top \\
0 & \sigma_m \mathbf{e}_m & \mathcal{H}_m A_3^{(m)} \mathcal{H}_m
\end{array}
\right).
\qquad (10.12)
$$

Bei einer symmetrischen Matrix $A \in \mathbb{R}^{N \times N}$ lässt sich durch Householder-Ähnlichkeitstransformationen mit einem Aufwand von

$$\frac{8N^3}{3}\left(1 + \mathcal{O}\left(\frac{1}{N}\right)\right)$$

arithmetischen Operationen eine Tridiagonalmatrix gewinnen. Der anfallende Gesamtaufwand zur Berechnung von $A^{(N-1)}$ ist bei symmetrischen Matrizen also etwas geringer als für nichtsymmetrische Matrizen.

10.3 Newton-Verfahren zur Berechnung der Eigenwerte von Hessenbergmatrizen

Im vorangegangenen Abschn. 10.2 sind Methoden vorgestellt worden, mit denen man zu einer gegebenen Matrix $A \in \mathbb{R}^{N \times N}$ eine obere Hessenbergmatrix $B \in \mathbb{R}^{N \times N}$ gewinnt, deren Eigenwerte mit denen von A übereinstimmen, $\sigma(B) = \sigma(A)$. In dem vorliegenden Abschnitt wird geschildert, wie sich die Eigenwerte von Hessenbergmatrizen effizient näherungsweise bestimmen lassen.

Hierzu bedient man sich des Newton-Verfahrens $\mu_{m+1} = \mu_m - p(\mu_m)/p'(\mu_m)$, $m = 0, 1, \ldots$, zur iterativen Bestimmung der Nullstellen des zugehörigen charakteristischen Polynoms[3] $p(\mu) = \det(B - \mu I)$, dessen Nullstellen mit den Eigenwerten der Matrix $B \in \mathbb{R}^{N \times N}$ übereinstimmen. Bei vollbesetzten Matrizen ist diese Vorgehensweise mit $cN^3 + \mathcal{O}(N^2)$ arithmetischen Operationen pro Iterationsschritt (mit einer gewissen Konstanten $c > 0$) recht aufwändig. Bei Hessenbergmatrizen B jedoch lässt sich für jedes μ der Aufwand zur Berechnung der Werte $p(\mu)$ und $p'(\mu)$ auf jeweils $\mathcal{O}(N^2)$ arithmetische Operationen reduzieren, wie sich im Folgenden herausstellen wird.

10.3.1 Der nichtsymmetrische Fall. Die Methode von Hyman

Das charakteristische Polynom $p(\mu)$ einer Hessenbergmatrix und die zugehörige Ableitung $p'(\mu)$ lassen sich jeweils über die Auflösung spezieller gestaffelter linearer Gleichungssysteme berechnen, wie sich im Folgenden herausstellen wird.

Proposition 10.2. *Sei $B = (b_{jk}) \in \mathbb{R}^{N \times N}$ eine obere Hessenbergmatrix mit $b_{j,j+1} \neq 0$ für $j = 1, 2, \ldots, N - 1$ und charakteristischem Polynom $p(\mu) = \det(B - \mu I)$, $\mu \in \mathbb{R}$. Im Folgenden sei $\mu \in \mathbb{R}$ fest gewählt und kein Eigenwert von B, und es bezeichne $x = x(\mu) = (x_k(\mu)) \in \mathbb{R}^N$ den eindeutig bestimmten Vektor mit*

---

[3] Entsprechende Konvergenzresultate finden Sie in Abschn. 5.6.

$$(B - \mu I)x = \mathbf{e}_1, \tag{10.13}$$

mit $\mathbf{e}_1 = (1, 0, \ldots, 0)^\top \in \mathbb{R}^N$. *Dann gelten die folgenden Darstellungen,*

$$p(\mu) = \frac{(-1)^{N-1} b_{21} b_{32} \cdots b_{N,N-1}}{x_N(\mu)}, \quad \frac{p(\mu)}{p'(\mu)} = \frac{1}{x_N(\mu)} \Big/ \frac{d}{d\mu}\Big(\frac{1}{x_N(\mu)}\Big). \tag{10.14}$$

In Proposition 10.2 stellt die Bedingung an das Nichtverschwinden der unteren Nebendiagonaleinträge keine ernsthafte Restriktion dar: im Fall $b_{j,j+1} = 0$ für ein $j \in \{1, 2, \ldots, N-1\}$ lässt sich das Problem auf die Bestimmung der Eigenwerte zweier Teilmatrizen von oberer Hessenbergstruktur reduzieren.

Die für (10.14) erforderliche N-te Komponente der Lösung des Gleichungssystems (10.13) und deren Ableitung erhält man jeweils über die Lösung gestaffelter linearer Gleichungssysteme:

Proposition. *Mit den Bezeichnungen aus Proposition* 10.2 *erhält man die beiden Werte* $1/x_N(\mu)$ *und* $\frac{d}{d\mu}\big(\frac{1}{x_N(\mu)}\big)$ *aus den folgenden (durch Umformung und Differenziation von* (10.13) *entstandenen) gestaffelten linearen Gleichungssystemen,*

$$
\begin{aligned}
(b_{11}-\mu)v_1 + \quad b_{12}v_2 \quad + \quad \cdots \quad + \quad b_{1,N-1}v_{N-1} \quad + b_{1N} &= \frac{1}{x_N(\mu)} \\
b_{21}v_1 + (b_{22}-\mu)v_2 + \quad \cdots \quad + \quad b_{2,N-1}v_{N-1} \quad + \quad b_{2N} &= 0 \\
\ddots \qquad \ddots \qquad\qquad \vdots \qquad\qquad \vdots \quad\; & \\
b_{N-1,N-2}v_{N-2} + (b_{N-1,N-1}-\mu)v_{N-1} + b_{N-1,N} &= 0 \\
b_{N,N-1}v_{N-1} \qquad\quad + b_{NN} - \mu &= 0
\end{aligned}
$$

beziehungsweise

$$
\begin{aligned}
(b_{11}-\mu)z_1 + \quad b_{12}z_2 \quad + \quad \cdots \quad + \quad b_{1,N-1}z_{N-1} \quad - \quad v_1 &= \frac{d}{d\mu}\frac{1}{x_N(\mu)} \\
b_{21}z_1 + (b_{22}-\mu)z_2 + \quad \cdots \quad + \quad b_{2,N-1}z_{N-1} \quad - \quad v_2 &= 0 \\
\ddots \qquad \ddots \qquad\qquad \vdots \qquad\qquad \vdots \quad\; & \\
b_{N-1,N-2}z_{N-2} + (b_{N-1,N-1}-\mu)z_{N-1} - v_{N-1} &= 0 \\
b_{N,N-1}z_{N-1} \qquad\quad - \quad 1 &= 0
\end{aligned}
$$

die man rekursiv nach den Unbekannten $v_{N-1}, v_{N-2}, \ldots, v_1, 1/x_N(\mu)$ *beziehungs-weise* $z_{N-1}, z_{N-2}, \ldots, z_1, \frac{d}{d\mu}(\frac{1}{x_N(\mu)})$ *auflöst.*

Beweis. Das erste Gleichungssystem erhält man (für $v_k = x_k(\mu)/x_N(\mu)$), indem die einzelnen Zeilen des Gleichungssystems (10.13) durch $x_N(\mu)$ dividiert werden. Differenziation der Gleichungen aus dem ersten Gleichungssystem nach μ führt für $z_k = (\frac{dv_k}{d\mu})(\mu)$ unmittelbar auf das zweite lineare Gleichungssystem.   □

10.3.2 Das Newton-Verfahren zur Berechnung der Eigenwerte tridiagonaler Matrizen

Ist die in Abschn. 10.3.1 behandelte Matrix $B \in \mathbb{R}^{N \times N}$ symmetrisch, so ist sie notwendigerweise tridiagonal. In diesem Fall lassen sich die Werte $p(\mu) = \det(B - \mu I)$ und $p'(\mu)$ auf einfache Weise rekursiv berechnen:

Lemma. *Zu gegebenen Zahlen* $a_1, \ldots, a_N \in \mathbb{R}$ *und* $b_2, \ldots, b_N \in \mathbb{R}$ *gelten für die charakteristischen Polynome*

$$p_n(\mu) = \det(J_n - \mu I), \quad J_n = \begin{pmatrix} a_1 & b_2 & & \\ b_2 & \ddots & \ddots & \\ & \ddots & \ddots & b_n \\ & & b_n & a_n \end{pmatrix}, \quad n = 1, 2, \ldots, N,$$

die folgenden Rekursionsformeln:

$$\left.\begin{aligned} &p_1(\mu)a_1 - \mu, \\ &p_n(\mu)(a_n - \mu)p_{n-1}(\mu) - b_n^2 p_{n-2}(\mu), \quad n = 2, 3, \ldots, N, \end{aligned}\right\} \tag{10.15}$$

mit der Notation $p_0(\mu) := 1$. *Für die Ableitungen gelten die Rekursionsformeln*

$$p_1'(\mu) = -1,$$

$$p_n'(\mu) = -p_{n-1}(\mu) + (a_n - \mu)p_{n-1}'(\mu) - b_n^2 p_{n-2}'(\mu), \quad n = 2, 3, \ldots, N.$$

10.4   Jacobi-Verfahren zur Nichtdiagonaleinträge-Reduktion bei symmetrischen Matrizen

In dem folgenden Abschn. 10.4.1 wird spezifiziert, inwieweit bei quadratischen Matrizen B die Diagonaleinträge Approximationen an die Eigenwerte von B darstellen, sofern die Nichtdiagonaleinträge von B betragsmäßig klein ausfallen.

Anschließend werden in Abschn. 10.4.2 zu einer gegebenen symmetrischen Matrix $A \in \mathbb{R}^{N \times N}$ spezielle Verfahren von der Form $A^{(m+1)} = S_m^{-1} A^{(m)} S_m$, $m = 1, 2, \ldots$ behandelt, mit denen man sukzessive solche zu A ähnlichen Matrizen B mit betragsmäßig kleinen Nichtdiagonaleinträgen erzeugt.

10.4.1 Approximation der Eigenwerte durch Diagonaleinträge

Vor der Einführung des Jacobi-Verfahrens und den zugehörigen Konvergenzbetrachtungen stellen wir einige allgemeine Störungsresultate für Eigenwerte vor.

Für eine symmetrische Matrix $B = (b_{jk}) \in \mathbb{R}^{N \times N}$ ist die Zahl $\mathcal{S}(B) \in \mathbb{R}_+$ folgendermaßen erklärt,

$$\mathcal{S}(B) := \sum_{\substack{j,k=1 \\ j \neq k}}^{N} b_{jk}^2. \tag{10.16}$$

Offensichtlich gilt

$$\mathcal{S}(B) = \| B \|_{\mathrm{F}}^2 - \sum_{k=1}^{N} b_{kk}^2 = \| B - D \|_{\mathrm{F}}^2, \quad \text{mit } D := \mathrm{diag}(b_{11}, \ldots, b_{NN}), \tag{10.17}$$

wobei $\| \cdot \|_{\mathrm{F}}$ die Frobeniusnorm bezeichnet. Der Wert $\mathcal{S}(B)$ wird im Folgenden als Maß dafür verwendet, wie weit die Matrix B von einer Diagonalform entfernt ist. Bei Matrizen mit (gegenüber der Diagonalen) betragsmäßig kleinen Nichtdiagonaleinträgen stellen die Diagonaleinträge Approximationen für die Eigenwerte dar. Genauer gilt folgende Abschätzung:

Seien $\lambda_1 \geq \lambda_2 \geq \cdots \geq \lambda_N$ die Eigenwerte der symmetrischen Matrix $B = (b_{jk}) \in \mathbb{R}^{N \times N}$, und seien $b_{j_1 j_1} \geq b_{j_2 j_2} \geq \cdots \geq b_{j_N j_N}$ die der Größe nach angeordneten Diagonaleinträge von B. Dann gilt

$$|b_{j_r j_r} - \lambda_r| \leq \sqrt{\mathcal{S}(B)}, \qquad r = 1, 2, \ldots, N. \tag{10.18}$$

10.4.2   Givensrotationen zur Reduktion der Nichtdiagonaleinträge

Im Folgenden wird das Verfahren von Jacobi zur approximativen Bestimmung der Eigenwerte symmetrischer Matrizen $A \in \mathbb{R}^{N \times N}$ über die Reduktion der Nichtdiagonaleinträge vorgestellt, $\mathcal{S}(A) > \mathcal{S}(A^{(2)}) > \dots$. Dieses Verfahren ist von der Form $A^{(m+1)} = S_m^{-1} A^{(m)} S_m$, $m = 1, 2, \dots$ mit $A^{(1)} = A$, wobei die einzelnen Ähnlichkeitstransformationen von der allgemeinen Form

$$
\widehat{B} := \Omega_{pq}^{-1} B \Omega_{pq}, \quad \Omega_{pq} = \begin{pmatrix} 1 & & & & & & & & \\ & \ddots & & & & & & & \\ & & 1 & & & & & & \\ & & & c & & -s & & & \\ & & & & 1 & & & & \\ & & & & & \ddots & & & \\ & & & & & & 1 & & \\ & & & s & & c & & & \\ & & & & & & & 1 & \\ & & & & & & & & \ddots \\ & & & & & & & & & 1 \end{pmatrix} \begin{matrix} \\ \\ \\ \leftarrow p \\ \\ \\ \\ \leftarrow q \\ \\ \\ \end{matrix} \in \mathbb{R}^{N \times N}
$$

$$
\begin{matrix} \uparrow \quad \uparrow \\ p \quad q \end{matrix} \tag{10.19}
$$

sind mit einer symmetrischen Matrix $B \in \mathbb{R}^{N \times N}$ und mit speziell zu wählenden Indizes $p \neq q$ und reellen Zahlen

$$
c, s \in \mathbb{R}, \qquad c^2 + s^2 = 1. \tag{10.20}
$$

Im Folgenden soll zunächst ein allgemeiner Zusammenhang zwischen den Zahlen $\mathcal{S}(\widehat{B})$ und $\mathcal{S}(B)$ hergestellt werden. Hierzu beobachtet man, dass wegen der besonderen Struktur der Matrix Ω_{pq} Folgendes gilt,

$$
\widehat{B} = B + \begin{pmatrix} 0 & 0 & 0 \\ \hline 0 & 0 & 0 \\ \hline 0 & 0 & 0 \end{pmatrix} \begin{matrix} \leftarrow p \\ \\ \leftarrow q \end{matrix} \in \mathbb{R}^{N \times N},
$$

$$
\begin{matrix} \uparrow \quad \uparrow \\ p \quad q \end{matrix}
$$

wobei in der Matrix $\widehat{B} = (\widehat{b}_{jk})$ die Einträge mit den Indizes $(p, p), (q, q)$ und (p, q) von besonderer Bedeutung sind:

$$\widehat{b}_{pp} = c^2 b_{pp} + 2cs b_{pq} + s^2 b_{qq}, \tag{10.21}$$

$$\widehat{b}_{qq} = s^2 b_{pp} - 2cs b_{pq} + c^2 b_{qq}, \tag{10.22}$$

$$\widehat{b}_{pq} = \widehat{b}_{qp} = cs(b_{qq} - b_{pp}) + (c^2 - s^2) b_{pq}, \tag{10.23}$$

$$\widehat{b}_{jk} = b_{kk}, \qquad j, k \notin \{p, q\}, \tag{10.24}$$

wobei $B = (b_{jk})$. Weiter gilt noch

$$\widehat{b}_{jp} = \widehat{b}_{pj} = c b_{jp} + s b_{jq}, \qquad \widehat{b}_{jq} = \widehat{b}_{qj} = -s b_{jp} + c b_{jq} \quad \text{für } j \notin \{p, q\}.$$

Das folgende Lemma stellt einen Zusammenhang zwischen den Zahlen $\mathcal{S}(\widehat{B})$ und $\mathcal{S}(B)$ her.

Lemma 10.3. *Für eine symmetrische Matrix $B = (b_{jk}) \in \mathbb{R}^{N \times N}$ gilt mit den Bezeichnungen aus* (10.19) *Folgendes,*

$$\mathcal{S}(\widehat{B}) = \mathcal{S}(B) - 2(b_{pq}^2 - \widehat{b}_{pq}^2).$$

Mit Lemma 10.3 wird offensichtlich, dass (bei festem Index (p, q)) im Fall $\widehat{b}_{pq} = 0$ die Zahl $\mathcal{S}(\widehat{B})$ die größtmögliche Verringerung gegenüber $\mathcal{S}(B)$ erreicht wird.

Korollar 10.4. *Wählt man in* (10.19) *die Zahlen c und s so, dass $\widehat{b}_{pq} = 0$ erfüllt ist, dann gilt*

$$\mathcal{S}(\widehat{B}) = \mathcal{S}(B) - 2 b_{pq}^2.$$

Wir stellen nun eine Wahl der Zahlen c und s vor, mit der man $\widehat{b}_{pq} = 0$ erhält.

In (10.19) erhält man den Eintrag $\widehat{b}_{pq} = 0$ durch folgende Wahl der Zahlen c und s (o.B.d.A. sei $b_{pq} \neq 0$)

$$C = \sqrt{\frac{1 + C}{2}}, \quad s = \text{sgn}(b_{pq}) \sqrt{\frac{1 - C}{2}} \quad \text{mit } C = \frac{b_{pp} - b_{qq}}{\left((b_{pp} - b_{qq})^2 + 4 b_{pq}^2\right)^{1/2}}.$$

$$\tag{10.25}$$

Bemerkung.

1. Offensichtlich gilt in (10.25) $|C| < 1$, so dass dort die Zahl s wohldefiniert ist. Ebenso offensichtlich gilt dann $c^2 + s^2 = 1$, womit die Matrix Ω_{pq} in (10.19) orthogonal ist.
2. Bei einer Wahl von c und s entsprechend (10.25) tritt üblicherweise für gewisse Indizes $(j, k) \notin \{(p, q), (q, p)\}$ auch der Fall ein, dass $\widehat{b}_{jk} \neq 0$ gilt, obwohl eventuell $b_{jk} = 0$ erfüllt ist.   △

Im Folgenden soll noch die spezielle Wahl des Indexes (p, q) diskutiert werden. Korollar 10.4 legt nahe, (p, q) so zu wählen, dass $|b_{pq}|$ maximal wird. In diesem Fall erhält man folgende Abschätzung:

Box 10.5. *Für Indizes (p, q) mit $p \neq q$ sei*

$$|b_{pq}| \geq |b_{jk}| \quad \text{für } j, k = 1, 2, \ldots, N, \quad j \neq k, \tag{10.26}$$

erfüllt. Mit den Bezeichnungen aus (10.19) und Einträgen c und s entsprechend (10.25) gilt dann die Abschätzung

$$\mathcal{S}(\widehat{B}) \leq (1 - \varepsilon_N)\mathcal{S}(B), \quad \text{mit } \varepsilon_N := \frac{2}{N(N-1)}.$$

Wegen (10.26) gilt nämlich die Abschätzung

$$\mathcal{S}(B) = \sum_{\substack{j, k=1 \\ j \neq k}}^{N} b_{jk}^2 \leq N(N-1)b_{pq}^2,$$

da die Anzahl der Nichtdiagonaleinträge $N(N-1)$ beträgt. Die Aussage folgt nun mit Korollar 10.4.

10.4.3 Zwei spezielle Jacobi-Verfahren

Im Folgenden werden für das zu Beginn von Abschn. 10.4 bereits vorgestellte Jacobi-Verfahren zwei unterschiedliche Möglichkeiten der Wahl der Indizes $(p_1, q_1), (p_2, q_2), \ldots$ behandelt.

Das klassische Jacobi-Verfahren

Algorithmus (Klassisches Jacobi-Verfahren) Für eine gegebene symmetrische Matrix $A \in \mathbb{R}^{N \times N}$ setze man $A^{(1)} := A$.

```
for  m = 1, 2, ...:
    bestimme Indizes  p, q  mit  p ≠ q  und  |a_pq^(m)| ≥ |a_kk^(m)|,
                                    j, k = 1, ..., N, j ≠ k;
    A^(m+1) := Ω_pq^(-1) A^(m) Ω_pq;
              (* für Ω_pq aus (10.19) mit c und s wie in (10.25) *)
end  △
```

Bemerkung 10.6.

a) Nach der Aussage von Box 10.5 konvergiert für die Matrizen $A^{(m)}$ des klassischen Jacobi-Verfahrens die Messgröße $\mathcal{S}(A^{(m)}) \to 0$ linear. Genauer gilt

$$\mathcal{S}(A^{(m)}) \leq (1 - \varepsilon_N)^m \mathcal{S}(A) \quad \text{für } m = 1, 2, \ldots,$$

wobei $\varepsilon_N = \frac{2}{N(N-1)}$ und $A = A^{(1)}$. Ist eine absolute Genauigkeit $\eta > 0$ vorgegeben, mit der die Eigenwerte der vorgegebenen Matrix A bestimmt werden sollen, so ist gemäß (10.18) nach

$$m \geq 2 \frac{\ln(\sqrt{\mathcal{S}(A)}/\eta)}{-\ln(1 - \varepsilon_N)} \approx N^2 \ln\left(\sqrt{\mathcal{S}(A)}/\eta\right)$$

Schritten die gewünschte Genauigkeit erreicht, $\sqrt{\mathcal{S}(A^{(m)})} \leq \eta$. Für das Erreichen einer vorgegebenen Genauigkeit sind somit cN^2 Iterationsschritte durchzuführen.

b) In jedem Schritt des klassischen Jacobi-Verfahrens fallen etwa $4N$ Multiplikationen und $2N$ Additionen sowie $\mathcal{O}(1)$ Divisionen und Quadratwurzelberechnungen an, insgesamt also $6N(1 + \mathcal{O}(\frac{1}{N}))$ arithmetische Operationen. Hinzu kommt in jedem Schritt der weitaus höher ins Gewicht fallende Aufwand zur Bestimmung des betragsmäßig größten Eintrags, wofür $\frac{1}{2}N(N-1)$ Vergleichsoperationen erforderlich sind.   △

Das zyklische Jacobi-Verfahren

Mit Bemerkung 10.6 wird klar, dass beim klassischen Jacobi-Verfahren $cN^4 + \mathcal{O}(N^3)$ Operationen für das Erreichen einer vorgegebenen Genauigkeit durchzuführen sind (mit einer Konstanten $c > 0$), was die Anwendung dieses Verfahrens nur für kleine Matrizen zulässt. Daher ist die folgende Variante des Jacobi-Verfahrens in Betracht zu ziehen, die auf die Bestimmung des jeweils betragsmäßig größten Eintrags verzichtet:

Algorithmus (Zyklisches Jacobi-Verfahren) Für eine gegebene symmetrische Matrix $A \in \mathbb{R}^{N \times N}$ setze man $A^{(1)} := A$.

```
for m = 1, 2, ...:    B := A^(m);
  for p = 1 : N − 1
    for q = p + 1 : N    B := Ω_pq^{-1} B Ω_pq;  end
      (* für Ω_pq aus (10.19) mit c und s wie in (10.25) *)
  end
  A^(m+1) := B;
end
```

Bemerkung.

1. Das zyklische Jacobi-Verfahren ist von der allgemeinen Form $A^{(m+1)} = S_m^{-1} A^{(m)} S_m$, $m = 1, 2, \ldots$ mit

$$S_m = (\Omega_{12}\Omega_{13} \cdots \Omega_{1N})(\Omega_{23}\Omega_{24} \cdots \Omega_{2N}) \cdots (\Omega_{N-2,N-1}\Omega_{N-2,N})\Omega_{N-1,N}$$

$$= \prod_{p=1}^{N-1} \left(\prod_{q=p+1}^{N} \Omega_{pq} \right),$$

wobei die Einträge $c = c(p, q, j)$ und $s = s(p, q, j)$ von Ω_{pq} entsprechend (10.25) gewählt sind.

2. In einem Schritt $A^{(m)} \rightarrow A^{(m+1)}$ des zyklischen Jacobi-Verfahrens werden $\frac{1}{2}N(N-1)$ Jacobi-Transformationen (10.19) mit insgesamt $3N^3(1 + \mathcal{O}(\frac{1}{N}))$ arithmetischen Operationen durchgeführt. Typischerweise ist nach $m = \mathcal{O}(1)$ Schritten die Zahl $\mathcal{S}(A^{(m)})$ hinreichend klein (man beachte hierzu die nachfolgende Aussage (10.27)), so dass man mit einem Gesamtaufwand von $\mathcal{O}(N^3)$ arithmetischen Operationen auskommt. △

Das zyklische Jacobi-Verfahren konvergiert im Falle einfacher Eigenwerte quadratisch im Sinne der nachfolgenden Aussage.

Falls alle Eigenwerte der symmetrischen Matrix $A \in \mathbb{R}^{N \times N}$ einfach auftreten, so gilt für die Matrizen $A^{(m)}$ des zyklischen Jacobi-Verfahrens

$$\mathcal{S}(A^{(m+1)}) \leq \frac{\mathcal{S}(A^{(m)})^2}{\delta} \quad \text{für } m = 1, 2, \ldots, \quad \text{mit } \delta := \min_{\lambda, \mu \in \sigma(A), \, \lambda \neq \mu} |\lambda - \mu|. \tag{10.27}$$

Falls es Eigenwerte der Matrix A gibt, die nahe beieinander liegen. wird sich das ungünstig auf die Abschätzung (10.27) auswirken. In diesem Fall fällt die Zahl δ klein und damit $\frac{1}{\delta}$ groß aus.

10.5 Das *QR*-Verfahren

10.5.1 Definition des *QR*-Verfahrens

Der folgende Algorithmus beschreibt in Form eines Pseudocodes das QR-Verfahren zur approximativen Bestimmung der Eigenwerte einer Matrix A.

Algorithmus 10.7 (*QR*-Verfahren). Sei $A \in \mathbb{R}^{N \times N}$ eine gegebene reguläre Matrix.

```
A⁽¹⁾ := A;
for m = 1, 2, …:
    bestimme Faktorisierung A⁽ᵐ⁾ = QₘRₘ
    mit Qₘ ∈ ℝᴺˣᴺ orthogonal und Rₘ ∈ ℝᴺˣᴺ
    von oberer Dreiecksgestalt;
    A⁽ᵐ⁺¹⁾ := RₘQₘ ∈ ℝᴺˣᴺ;
end    △
```

10.5.2 Konvergenz des *QR*-Verfahrens für betragsmäßig einfache Eigenwerte

Unter gewissen Bedingungen konvergieren für $m \to \infty$ die Diagonaleinträge von $A^{(m)}$ gegen die betragsmäßig fallend sortierten Eigenwerte von A, wobei die Konvergenzgeschwindigkeit von der betragsmäßig betrachteten Trennung der Eigenwerte abhängt:

Die Matrix $A \in \mathbb{R}^{N \times N}$ sei regulär und diagonalisierbar mit betragsmäßig einfachen Eigenwerten $\lambda_1, \ldots, \lambda_N \in \mathbb{R}$, die o.B.d.A. betragsmäßig fallend angeordnet seien,

$$|\lambda_1| > |\lambda_2| > \cdots > |\lambda_N| > 0, \tag{10.28}$$

und die Inverse der Matrix $T = (\, v_1 | \cdots | v_N \,) \in \mathbb{R}^{N \times N}$ mit Eigenvektoren $v_k \in \mathbb{R}^N$ zu λ_k besitze ohne Zeilenvertauschung eine LR-Faktorisierung.

(Fortsetzung)

Dann approximieren die Diagonaleinträge von $A^{(m)} = (a_{jk}^{(m)})$ aus dem in Algorithmus 10.7 beschriebenen QR-Verfahren die betragsmäßig fallend sortierten Eigenwerte von A:

$$\max_{k=1..N} |a_{kk}^{(m)} - \lambda_k| = \mathcal{O}(q^k) \quad \text{für } m \to \infty, \quad \text{mit } q := \max_{k=1..N-1} \left| \frac{\lambda_{k+1}}{\lambda_k} \right|.$$

Bemerkung.

a) Im Falle komplexer Eigenwerte, $\sigma(A) \not\subset \mathbb{R}$ verliert die Aussage der Box ihre Gültigkeit. Einzelheiten über die erforderlichen Modifikationen finden Sie beispielsweise in Oevel [45] und in Freund/Hoppe [16].

b) Bei vollbesetzten Matrizen erfordert jeder Schritt des QR-Verfahrens wegen der notwendigen Berechnung einer QR-Faktorisierung $cN^3 + \mathcal{O}(N^2)$ arithmetische Operationen. Daher ist es zweckmäßiger, zunächst eine Ähnlichkeitstransformation auf Hessenbergform gemäß Abschn. 10.2 durchzuführen und die entstehende Matrix mit dem QR-Verfahren zu bearbeiten. Einzelheiten zur praktischen Durchführung finden Sie in [50, Abschnitt 13.5.4].

c) Eine alternative Präsentation des QR-Verfahrens findet man in Kress [37] (siehe auch Watkins [64]). △

10.6 Das *LR*-Verfahren

Alternativ zum QR-Verfahren kann man auch folgendermaßen vorgehen:

Algorithmus (*LR*-Verfahren) Sei $A \in \mathbb{R}^{N \times N}$ eine reguläre Matrix.

```
A^(1) := A;
for m = 1, 2, ...:
    bestimme Faktorisierung A^(m) = L_m R_m
    mit L_m bzw. R_m ∈ ℝ^{N×N} von unterer
    bzw. oberer Dreiecksgestalt;
    A^(m+1) := R_m L_m ∈ ℝ^{N×N};
end  △
```

Für das LR-Verfahren lassen sich dem QR-Verfahren vergleichbare Resultate erzielen. Einzelheiten finden Sie beispielsweise in Freund/Hoppe [16].

10.7 Die Vektoriteration

10.7.1 Definition und Eigenschaften der Vektoriteration

Für eine gegebene Matrix $B \in \mathbb{R}^{N \times N}$ lautet die *Vektoriteration* folgendermaßen:

$$z^{(m+1)} = Bz^{(m)}, \quad m = 0, 1, \ldots \qquad (z^{(0)} \in \mathbb{R}^N). \qquad (10.29)$$

Die Vektoriteration ermöglicht unter günstigen Umständen die Bestimmung des betragsmäßig größten Eigenwerts der Matrix B. Die nachfolgende Box liefert hierzu ein Konvergenzresultat für diagonalisierbare Matrizen $B \in \mathbb{R}^{N \times N}$ mit Eigenwerten $\lambda_1, \lambda_2, \ldots, \lambda_N \in \mathbb{C}$. Hierzu sei noch folgende Sprechweise eingeführt: für einen Index $1 \le k_* \le N$ besitzt ein gegebener Vektor $x \in \mathbb{C}^N$ *einen Anteil in* $\mathcal{N}(B - \lambda_{k_*} I)$, falls in der eindeutigen Zerlegung $x = \sum_{k=1}^{N} x_k$ mit $x_k \in \mathcal{N}(B - \lambda_k I)$ der Vektor x_{k_*} nicht verschwindet, $x_{k_*} \ne 0$.

Für die diagonalisierbare Matrix $B \in \mathbb{R}^{N \times N}$ mit Eigenwerten $\lambda_1, \ldots, \lambda_N \in \mathbb{C}$ gelte $\lambda_1 = \lambda_2 = \cdots = \lambda_r$, $|\lambda_r| > |\lambda_{r+1}| \ge \cdots \ge |\lambda_N|$ mit $r \le N - 1$. Falls der Startvektor $z^{(0)} \in \mathbb{R}^N$ einen Anteil in $\mathcal{N}(B - \lambda_1 I)$ besitzt, gilt für die Vektoriteration (10.29)

$$\frac{\| z^{(m+1)} \|}{\| z^{(m)} \|} = |\lambda_1| + \mathcal{O}(q^m) \quad \text{für } m \to \infty, \quad \text{mit } q := \left| \frac{\lambda_{r+1}}{\lambda_1} \right| < 1,$$
$$(10.30)$$

mit einer beliebigen Vektornorm $\| \cdot \| : \mathbb{C}^N \to \mathbb{R}$.

Man beachte noch, dass in der vorhergehenden und auch in der nachfolgenden Box der Fall $r = N$ trivial ist, $B = \lambda_1 I$.

Bemerkung. In den Annahmen zur Aussage (10.30) stellt die Bedingung „$z^{(0)} \in \mathbb{R}^N$ besitzt einen Anteil in $\mathcal{N}(B - \lambda_1 I)$" keine wesentliche Einschränkung dar. Selbst falls $z^{(0)}$ doch keinen Anteil in $\mathcal{N}(B - \lambda_1 I)$ besitzt, so werden sich im Verlauf der Iteration aufgrund von Rundungsfehlern die benötigten Anteile der Vektoren $z^{(m)}$ in $\mathcal{N}(B - \lambda_1 I)$ einstellen. △

Wir stellen nun eine Folge reeller Zahlen vor, die im Falle symmetrischer Matrizen gegen den betragsmäßig größten Eigenwert konvergiert (und nicht gegen den Betrag davon).

Die Matrix $B \in \mathbb{R}^{N \times N}$ sei symmetrisch, und für ihre Eigenwerte $\lambda_1, \ldots,$ $\lambda_N \in \mathbb{R}$ sei $\lambda_1 = \lambda_2 = \cdots = \lambda_r$, $|\lambda_r| > |\lambda_{r+1}| \geq \cdots \geq |\lambda_N|$ mit $r \leq N-1$ erfüllt. Falls der Startvektor $z^{(0)} \in \mathbb{R}^N$ einen Anteil in $\mathcal{N}(B - \lambda_1 I)$ besitzt, so konvergiert die zur Vektoriteration gehörende Folge der *Rayleigh-Quotienten*

$$r_m = \frac{(z^{(m)})^\top z^{(m+1)}}{\| z^{(m)} \|_2^2}, \quad m = 1, 2, \ldots$$

gegen den Eigenwert λ_1,

$$r_m = \lambda_1 + \mathcal{O}(q^{2m}) \quad \text{für } m \to \infty, \quad \text{mit } q := \left| \frac{\lambda_{r+1}}{\lambda_1} \right| < 1.$$

10.7.2 Spezielle Vektoriterationen

Im Folgenden werden zwei spezielle Vektoriterationen vorgestellt.

Für eine gegebene Matrix $A \in \mathbb{R}^{N \times N}$ ist die *von Mises-Iteration* folgendermaßen definiert,

$$z^{(m+1)} = A z^{(m)}, \quad m = 0, 1, \ldots \qquad (z^{(0)} \in \mathbb{R}^N).$$

Die von Mises-Iteration erhält man mit der speziellen Wahl $B = A$ aus der Vektoriteration (10.29), und die Eigenschaften der von Mises-Iteration entnimmt man daher unmittelbar Abschn. 10.7.1.

Für eine gegebene Matrix $A \in \mathbb{R}^{N \times N}$ und eine Zahl $\mu \in \mathbb{R} \backslash \sigma(A)$ ist die *inverse Iteration von Wielandt* folgendermaßen erklärt,

$$(A - \mu I) z^{(m+1)} = z^{(m)}, \quad m = 0, 1, \ldots \qquad (z^{(0)} \in \mathbb{R}^N).$$

Bemerkung. Die inverse Iteration von Wielandt erhält man mit der speziellen Wahl $B = (A - \mu I)^{-1}$ aus der Vektoriteration (10.29). Abschn. 10.7.1 liefert daher für eine symmetrische Matrix $A \in \mathbb{R}^{N \times N}$ mit Eigenwerten $\lambda_1, \ldots, \lambda_N \in \mathbb{R}$ unmittelbar das Folgende: Ist k_* ein Index, für den für $k = 1, 2, \ldots, N$

$$\text{entweder} \quad \lambda_k = \lambda_{k_*} \quad \text{oder} \quad |\lambda_{k_*} - \mu| < |\lambda_k - \mu|$$

erfüllt ist, so gilt für die dazugehörende Folge der Rayleigh-Quotienten $r_m \to (\lambda_{k_*} - \mu)^{-1}$ beziehungsweise

$$r_m^{-1} + \mu \to \lambda_{k_*} \quad \text{für} \quad m \to \infty. \quad \triangle$$

Weitere Themen und Literaturhinweise

Die in diesem Kapitel vorgestellten und andere Algorithmen zur numerischen Bestimmung der Eigenwerte von Matrizen finden Sie beispielsweise in Bunse/Bunse-Gerstner [8] und Trefethen/Bau [62]. Verfahren zur numerischen Berechnung der Singulärwertzerlegung einer Matrix werden in [8], Deuflhard/Hohmann [12], Golub/Van Loan [20], Freund/Hoppe [16] und in Werner [66] vorgestellt. Eine Beweisidee zur Aussage (10.27) und Hinweise auf die entsprechende Originalliteratur findet man in Parlett [48].

Übungsaufgaben

Aufgabe 10.1. Das QR-Verfahren erhält eine Hessenberg- oder Tridiagonalform: ist die reguläre Matrix A von Hessenberg- beziehungsweise Tridiagonalform, so besitzen auch die zu dem QR-Verfahren gehörenden Matrizen $A^{(2)}$, $A^{(3)}$, ... eine Hessenberg- beziehungsweise Tridiagonalform.

Aufgabe 10.2. Es sei $A \in \mathbb{R}^{N \times N}$ eine symmetrische Matrix mit Eigenwerten $\lambda_1 = \lambda_2 = \cdots = \lambda_r$, $|\lambda_r| > |\lambda_{r+1}| \geq \cdots \geq |\lambda_N|$. Mit der Vektorfolge $z^{(m+1)} = Az^{(m)}$, $m = 0, 1, \ldots$, werde die Folge der Rayleigh-Quotienten

$$r_m = \frac{(z^{(m)})^\top z^{(m+1)}}{\| z^{(m)} \|_2^2}, \qquad m = 0, 1, \ldots,$$

gebildet mit einem Startvektor $z^{(0)}$, der einen Anteil im Eigenraum der Matrix A zum Eigenwert λ_1 besitze. Man weise Folgendes nach: für einen Eigenvektor x zum Eigenwert λ_1 gilt

$$\text{sgn}(r_m)^m \frac{z^{(m)}}{\| z^{(m)} \|_2} = x + \mathcal{O}\left(\left| \frac{\lambda_{r+1}}{\lambda_1} \right|^m \right) \quad \text{für} \quad m \to \infty.$$

Aufgabe 10.3. Es sei $A \in \mathbb{R}^{N \times N}$ eine diagonalisierbare Matrix mit Eigenwerten $\lambda_1, \lambda_2, \ldots, \lambda_N$, für die $\lambda_2 = -\lambda_1 < 0$ und $|\lambda_2| > |\lambda_3| \geq \cdots \geq |\lambda_N|$ gelte. Für die Vektoriteration $z^{(m+1)} = Az^{(m)}$, $m = 0, 1, \ldots$ weise man Folgendes nach ($\| \cdot \|$ bezeichne irgendeine Vektornorm):

a) Falls $z^{(0)}$ einen Anteil im Eigenraum der Matrix A zum Eigenwert λ_1 besitzt, so gilt für einen Eigenvektor x_1 zum Eigenwert λ_1 Folgendes:

$$\frac{\lambda_1 z^{(2m)} + z^{(2m+1)}}{\|\,\lambda_1 z^{(2m)} + z^{(2m+1)}\,\|} = x_1 + \mathcal{O}\left(\left|\,\frac{\lambda_3}{\lambda_1}\,\right|^{2m}\right) \quad \text{für } m \to \infty.$$

b) Falls $z^{(0)}$ einen Anteil im Eigenraum der Matrix A zum Eigenwert λ_2 besitzt, so gilt für einen Eigenvektor x_2 zum Eigenwert λ_2 Folgendes:

$$\frac{\lambda_1 z^{(2m)} - z^{(2m+1)}}{\|\,\lambda_1 z^{(2m)} - z^{(2m+1)}\,\|} = x_2 + \mathcal{O}\left(\left|\,\frac{\lambda_3}{\lambda_1}\,\right|^{2m}\right) \quad \text{für } m \to \infty.$$

Aufgabe 10.4. Es sei λ_1 eine einfache dominante Nullstelle des Polynoms

$$p(x) = \sum_{k=0}^{n} a_k x^k \quad \text{mit } a_n = 1.$$

Zu vorgegebenen hinreichend allgemeinen Startwerten $x_{1-n},\ x_{2-n}, \ldots,\ x_0 \in \mathbb{R}\backslash\{0\}$ betrachte man die Folge

$$x_{m+n} = -\sum_{k=0}^{n-1} a_k x_{m+k}, \quad m = 1, 2, \ldots.$$

Durch Anwendung der Vektoriteration auf die Transponierte der frobeniusschen Begleitmatrix zu $p(x)$ weise man Folgendes nach,

$$\frac{x_{m+1}}{x_m} = \lambda_1 + \mathcal{O}\left(\left|\,\frac{\lambda_2}{\lambda_1}\,\right|^{m}\right) \quad \text{für } m \to \infty,$$

wobei $\lambda_2 \in \mathbb{C}$ eine nach λ_1 betragsmäßig größte Nullstelle des Polynoms p sei.

Aufgabe 10.5 (*Numerische Aufgabe*). Für die Matrix $A = (a_{jk}) \in \mathbb{R}^{N \times N}$ mit

$$a_{jk} = \begin{cases} N - j + 1, & \text{falls } k \le j, \\ N - k + 1, & \text{sonst,} \end{cases}$$

bestimme man für $N = 50$ und $N = 100$ mit dem LR-Algorithmus numerisch jeweils sowohl den betragsmäßig kleinsten als auch den betragsmäßig größten Eigenwert. Sei $A_m = (a_{jk}^{(m)})$, $m = 0, 1, \ldots$, die hierbei erzeugte Matrixfolge. Man breche das Verfahren ab, falls $m = 100$ oder

$$\varepsilon_m := \max_{k=1,\ldots,N} \frac{|a_{kk}^{(m-1)} - a_{kk}^{(m)}|}{|a_{kk}^{(m-1)}|} \le 0{,}05$$

erfüllt ist. Man gebe außer den gewonnenen Approximationen für die gesuchten Eigenwerte auch die Werte $\varepsilon_1, \varepsilon_2, \ldots$ an.

Weitere Aufgaben zu den Themen dieses Kapitels werden als Flashcards online zur Verfügung gestellt. Hinweise zum Zugang finden Sie zu Beginn von Kap. 1.

Rechnerarithmetik

11

In dem vorliegenden Kapitel werden zunächst einige Grundlagen über die in Hard- und Software verwendeten reellen Zahlensysteme vorgestellt. Anschließend wird die Approximation reeller Zahlen durch Elemente solcher Zahlensysteme behandelt. Ein weiteres Thema bilden die arithmetischen Grundoperationen in diesen Zahlensystemen.

Bemerkung. Solche Umwandlungs- und Arithmetikfehler verursachen bei jedem numerischen Verfahren Fehler sowohl in den Eingangsdaten als auch bei der Durchführung des jeweiligen Verfahrens. Für verschiedene Situationen sind die Auswirkungen solcher Fehler in einem allgemeinen Kontext bereits diskutiert worden:

- der Einfluss fehlerbehafteter Matrizen und rechter Seiten auf die Lösung eines zugrunde liegenden linearen Gleichungssystems (Abschn. 4.7.4),
- und bei Einschrittverfahren zur Lösung von Anfangswertproblemen für gewöhnliche Differenzialgleichungen die Auswirkungen der in jedem Integrationsschritt auftretenden eventuellen Fehler auf die Güte der Approximation an die Lösung der Differenzialgleichung (Abschn. 7.4).   △

11.1   Zahlendarstellungen

Von grundlegender Bedeutung für die Realisierung von Zahlendarstellungen auf Rechnern ist die folgende aus der Analysis bekannte Darstellung.

Tab. 11.1 Praxisrelevante Zahlensysteme und ihre Ziffern

Zahlensystem	Basis b	mögliche Ziffern
Dezimalsystem	10	0, 1, 2, 3, 4, 5, 6, 7, 8, 9
Binärsystem	2	0, 1
Oktalsystem	8	0, 1, 2, 3, 4, 5, 6, 7
Hexadezimalsystem	16	0, 1, 2, 3, 4, 5, 6, 7, 8, 9, A, B, C, D, E, F

Theorem 11.1. *Zu gegebener* Basis $b \geq 2$ *lässt sich jede Zahl* $0 \neq x \in \mathbb{R}$ *in der Form*

$$x = \sigma \sum_{k=-e+1}^{\infty} a_{k+e} b^{-k} = \sigma \left(\sum_{k=1}^{\infty} a_k b^{-k} \right) b^e, \quad a_1, a_2, \ldots \in \{0, 1, \ldots, b-1\}, \quad (11.1)$$
$$e \in \mathbb{Z}, \qquad \sigma \in \{+, -\}$$

darstellen mit einer nichtverschwindenden führenden Ziffer, $a_1 \neq 0$. *Zwecks Eindeutigkeit der Ziffern sei angenommen, dass es eine unendliche Teilmenge* $\mathbb{N}_1 \subset \mathbb{N}$ *gibt mit* $a_k \neq b - 1$ *für* $k \in \mathbb{N}_1$.

Bemerkung.

a) Die zweite Darstellung für x in (11.1) bezeichnet man als Gleitpunktdarstellung.
b) Durch die abschließende Bedingung in Theorem 11.1 ist die Eindeutigkeit der Ziffern in den Darstellungen (11.1) gewährleistet. So wird zum Beispiel in einem Dezimalsystem für die Zahl $0,9999\ldots = 1,0$ die letztere Darstellung gewählt.
c) Praxisrelevante Zahlensysteme und ihre Ziffern sind in Tab. 11.1 dargestellt. $\triangle$

11.2 Allgemeine Gleitpunkt-Zahlensysteme

11.2.1 Grundlegende Begriffe

In jedem Prozessor beziehungsweise bei jeder Programmiersprache werden jeweils nur einige Systeme reeller Zahlen verarbeitet. Solche Systeme werden im Folgenden vorgestellt.

Zu gegebener Basis $b \geq 2$ und *Mantissenlänge* $t \in \mathbb{N}$ sowie für Exponentenschranken $e_{min} < 0 < e_{max}$ ist die Menge $\mathbb{F} = \mathbb{F}(b, t, e_{min}, e_{max}) \subset \mathbb{R}$ wie folgt erklärt,

(Fortsetzung)

$$\mathbb{F} := \left\{ \sigma \left(\sum_{k=1}^{t} a_k b^{-k} \right) b^e : a_1, \ldots, a_t \in \{0, 1, \ldots, b-1\}, \, a_1 \neq 0 \right\} \cup \{0\}.$$
$$e \in \mathbb{Z}, \, e_{min} \leq e \leq e_{max}, \quad \sigma \in \{+, -\}$$

(11.2)

Die Menge $\widehat{\mathbb{F}}$ ist definiert als diejenige Obermenge von $\mathbb{F}$, bei der in der Liste von Parametern in (11.2) zusätzlich noch die Kombination „$e = e_{min}, a_1 = 0$" zugelassen ist.

Die Elemente von $\widehat{\mathbb{F}}$ (und damit insbesondere auch die Elemente von $\mathbb{F} \subset \widehat{\mathbb{F}}$) werden im Folgenden kurz als *Gleitpunktzahlen* bezeichnet.

Zu jeder solchen Gleitpunktzahl

$$x = \sigma \, a \, b^e \in \mathbb{F} \quad \text{mit} \quad a = \sum_{k=1}^{t} a_k b^{-k}$$

(11.3)

bezeichnet σ das *Vorzeichen*, es ist a die *Mantisse* mit den *Ziffern* $a_1, \ldots, a_t$, und e ist der *Exponent*. Gleitpunktzahlen mit der Darstellung (11.3) bezeichnet man im Fall $a_1 \geq 1$ als *normalisiert*, andernfalls als *denormalisiert*.

Bemerkung. Die Menge $\mathbb{F} \subset \mathbb{R}$ stellt folglich ein System normalisierter Gleitpunktzahlen dar. Diese Normalisierung garantiert die Eindeutigkeit in der Darstellung (11.3). Im Spezialfall des kleinsten zugelassenen Exponenten $e = e_{min}$ bleibt diese Eindeutigkeit (mit Ausnahme der Zahl 0) jedoch erhalten, wenn auf die Normalisierung verzichtet wird, so dass bis auf die Zahl 0 auch alle Gleitpunktzahlen aus $\widehat{\mathbb{F}}$ eindeutig in der Form (11.3) darstellbar sind. △

Im weiteren Verlauf werden zunächst grundlegende Eigenschaften der Mengen $\mathbb{F}$ und $\widehat{\mathbb{F}}$ festgehalten (Abschn. 11.2.2 und 11.2.3) und anschließend einige spezielle Systeme von Gleitpunktzahlen vorgestellt (Abschn. 11.3).

11.2.2 Struktur des normalisierten Gleitpunkt-Zahlensystems $\mathbb{F}$

Im Folgenden werden für die Gleitpunktzahlen aus dem System $\mathbb{F} \subset \mathbb{R}$ zunächst Schranken angegeben und anschließend deren Verteilung auf der reellen Achse beschrieben. Wegen der Symmetrie von $\mathbb{F}$ um den Nullpunkt genügt es dabei, deren positive Elemente zu betrachten.

In dem System $\mathbb{F} = \mathbb{F}(b, t, e_{min}, e_{max})$ normalisierter Gleitpunktzahlen stellen

$$x_{min} := b^{e_{min}-1}, \qquad x_{max} := b^{e_{max}}(1 - b^{-t}),$$

das kleinste positive beziehungsweise das größte Element dar, es gilt also $x_{min}, x_{max} \in \mathbb{F}$ und

$$x_{min} = \min\{x \in \mathbb{F} : x > 0\}, \qquad x_{max} = \max\{x \in \mathbb{F}\}.$$

Beweis. Für die Mantisse a einer beliebigen Gleitpunktzahl aus $\mathbb{F}$ gilt notwendigerweise

$$b^{-1} \le a \le \sum_{k=1}^{t} b^{-k}(b - 1) \stackrel{(*)}{=} 1 - b^{-t},$$

wobei die erste Ungleichung aus der Normalisierungseigenschaft $a_1 \ge 1$ und die zweite Ungleichung aus der Eigenschaft $a_k \le b - 1$ resultiert. Die Summe schließlich stellt eine Teleskopsumme dar, woraus die Identität $(*)$ folgt und der Beweis komplettiert ist.   □

Bemerkung. Der durch das normalisierte Gleitpunkt-Zahlensystem $\mathbb{F}$ überdeckte Bereich sieht demnach wie folgt aus, $\mathbb{F} \subset [-x_{max}, -x_{min}] \cup \{0\} \cup [x_{min}, x_{max}]$, was in Abb. 11.1 veranschaulicht ist.   △

Detaillierte Aussagen über die Verteilung der Gleitpunktzahlen aus dem System $\mathbb{F}$ liefern die folgende Box und die anschließende Bemerkung.

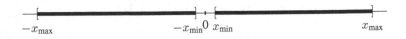

Abb. 11.1 Darstellung des durch das normalisierte Gleitpunkt-Zahlensystem $\mathbb{F}$ überdeckten Bereichs

Box 11.2. *In jedem der Intervalle* $[b^{e-1}, b^e]$, $e_{min} \le e \le e_{max}$, *befinden sich gleich viele Gleitpunktzahlen aus dem System* $\mathbb{F}$, *bei einer jeweils äquidistanten Verteilung mit den konstanten Abständen* b^{e-t}:

$$\mathbb{F} \cap [b^{e-1}, b^e] = \Big\{ \underbrace{(b^{-1} + jb^{-t})b^e}_{b^{e-1} + jb^{e-t}} : j = 0, 1, \ldots, M^\sharp \Big\}, \quad M^\sharp := b^t - b^{t-1}.$$

Bemerkung. Durch Box 11.2 wird die ungleichmäßige Verteilung der Gleitpunktzahlen auf der Zahlengeraden deutlich. So tritt in dem System der normalisierten Gleitpunktzahlen $\mathbb{F}$ zwischen der größten negativen Zahl $-x_{min}$ und der kleinsten positiven Zahl x_{min} eine (relativ betrachtet) große Lücke auf, und ferner werden die Abstände zwischen den Gleitpunktzahlen mit wachsender absoluter Größe zunehmend größer. Die beschriebene Situation für $\mathbb{F}$ ist in Abb. 11.2 veranschaulicht. △

Eine wichtige Kenngröße des Gleitpunkt-Zahlensystems $\mathbb{F}$ ist der maximale relative Abstand der Zahlen aus dem Bereich $\{x \in \mathbb{R} : x_{min} \le |x| \le x_{max}\}$ zum jeweils nächstgelegenen Element aus $\mathbb{F}$. Hier gilt Folgendes:

Es gilt

$$\min_{z \in \mathbb{F}} \frac{|z - x|}{|x|} \le \underbrace{\tfrac{1}{2} b^{-t+1}}_{=:\ eps} \quad \text{für } x \in \mathbb{R} \quad \text{mit } x_{min} \le |x| \le x_{max}. \quad (11.4)$$

Beweis. Aus Symmetriegründen genügt es, die Betrachtungen auf positive Zahlen x zu beschränken, und im Folgenden werden die Betrachtungen auf eines der infrage kommenden Intervalle $[b^{e-1}, b^e]$ konzentriert. Nach Box 11.2 sind die Gleitpunktzahlen aus dem System $\mathbb{F}$ über das gesamte Intervall $[b^{e-1}, b^e]$ äquidistant verteilt mit den konstanten Abständen b^{e-t}, und somit beträgt für eine beliebige reelle Zahl

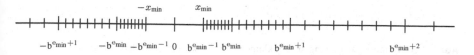

Abb. 11.2 Verteilung der betragsmäßig kleinen normalisierten Gleitpunktzahlen des Systems $\mathbb{F}$

x aus diesem Intervall der Abstand zum nächstgelegenen Element aus $\mathbb{F}$ höchstens $\frac{1}{2}b^{e-t}$. Die Eigenschaft $b^{e-1} \leq x$ liefert schließlich die Aussage der Box. □

Bemerkung. Aus der Abschätzung (11.4) wird unmittelbar einsichtig, dass bei festgelegter Basis b die relative Genauigkeit des Gleitpunkt-Zahlensystems $\mathbb{F}$ ausschließlich von der Anzahl der Ziffern der Mantisse abhängt, während die Wahl der Exponentenschranken e_{min} und e_{max} die Größe des von dem Gleitpunkt-Zahlensystem $\mathbb{F}$ überdeckten Bereichs beeinflusst. △

Für die eindeutig bestimmte Zahl $n \in \mathbb{N}$ mit $0{,}5 \times 10^{-n} \leq$ eps $< 5 \times 10^{-n}$ spricht man im Zusammenhang mit dem System $\mathbb{F}$ von einer *n-stelligen Dezimalarithmetik*. Die Zahl eps wird auch als *Maschinengenauigkeit* bezeichnet.

11.2.3 Struktur des denormalisierten Gleitpunkt-Zahlensystems $\widehat{\mathbb{F}}$

Im Folgenden werden für das Obersystem $\widehat{\mathbb{F}} \supset \mathbb{F}$ die gegenüber dem System der normalisierten Gleitpunkt-Zahlen $\mathbb{F}$ zusätzlichen Eigenschaften beschrieben.

Proposition. *Auf dem Bereich* $(-\infty, -x_{min}] \cup [x_{min}, \infty)$ *stimmen die Gleitpunkt-Zahlensysteme* $\mathbb{F}$ *und* $\widehat{\mathbb{F}}$ *überein, und auf dem Intervall* $[-b^{e_{min}}, b^{e_{min}}] = [-bx_{min}, bx_{min}]$ *sind die Gleitpunktzahlen aus dem System* $\widehat{\mathbb{F}}$ *äquidistant verteilt mit konstanten Abständen* $b^{e_{min}-t}$:

$$\widehat{\mathbb{F}} \cap [-b^{e_{min}}, b^{e_{min}}] = \{jb^{e_{min}-t} : j = -b^t, \ldots, b^t\}. \tag{11.5}$$

Insbesondere stellt

$$\widehat{x}_{min} := b^{e_{min}-t}$$

das kleinste positive Element in $\widehat{\mathbb{F}}$ *dar.*

Die beschriebene Situation für $\widehat{\mathbb{F}}$ ist in Abb. 11.3 dargestellt.

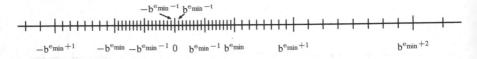

Abb. 11.3 Verteilung der betragsmäßig kleinen Gleitpunktzahlen aus dem System $\widehat{\mathbb{F}}$

Bemerkung 11.3. Die in dem System der normalisierten Gleitpunktzahlen $\mathbb{F}$ (relativ gesehen) auftretenden großen Lücken zwischen der größten negativen Zahl $-x_{\min}$ und der Zahl 0 sowie zwischen 0 und der kleinsten positiven Zahl $x_{\min}$ sind in dem Gleitpunkt-Zahlensystem $\widehat{\mathbb{F}}$ mit äquidistant verteilten denormalisierten Gleitpunktzahlen aufgefüllt worden. Man beachte jedoch, dass auf der anderen Seite die *relativen* Abstände benachbarter Gleitpunktzahlen aus $\widehat{\mathbb{F}}$ zur Zahl 0 hin anwachsen bis hin zu

$$\min_{z \in \widehat{\mathbb{F}}, \, z \neq \widehat{x}_{\min}} \frac{|z - \widehat{x}_{\min}|}{\widehat{x}_{\min}} = 1. \quad \triangle$$

11.3 Gleitpunkt-Zahlensysteme in der Praxis

11.3.1 Die Gleitpunktzahlen des Standards IEEE 754

Zwei weitverbreitete Gleitpunkt-Zahlensysteme sind

- $\widehat{\mathbb{F}}(2, 24, -125, 128)$ (einfaches Grundformat),
- $\widehat{\mathbb{F}}(2, 53, -1021, 1024)$ (doppeltes Grundformat).

Beide Systeme sind Bestandteil des IEEE[1]-Standards 754 aus dem Jahr 1985, in dem zugleich die Art der Repräsentation festgelegt ist. Einzelheiten hierzu werden im Folgenden erläutert, wobei mit dem gängigeren doppelten Grundformat begonnen wird. Neben den genannten Grundformaten existieren noch erweiterte Gleitpunkt-Zahlensysteme – im Folgenden kurz als *Weitformate* bezeichnet – die ebenfalls in einer einfachen und einer doppelten Version existieren und im Anschluss an die einfachen und doppelten Grundformate vorgestellt werden.

Beispiel (IEEE, doppeltes Grundformat). Die Gleitpunktzahlen aus dem System $\widehat{\mathbb{F}}(2, 53, -1021, 1024)$ lassen sich in 64-Bit-Worten realisieren, wobei jeweils ein Bit zur Darstellung des Vorzeichens σ verwendet wird und 52 Bits die Mantisse sowie 11 Bits den Exponenten ausmachen,

---

[1] IEEE ist eine Abkürzung für „Institute of Electrical and Electronics Engineers".

64 Bit-Wort

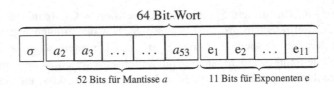

52 Bits für Mantisse a 11 Bits für Exponenten e

Man beachte, dass bei normalisierten Gleitpunktzahlen für die führende Ziffer der Mantisse notwendigerweise $a_1 = 1$ gilt, so dass hier auf eine explizite Darstellung verzichtet werden kann. Mit den 11 Exponentenbits lassen sich wegen $2^{11} = 2048$ die 2046 Exponenten von $e_{\min} = -1021$ bis $e_{\max} = 1024$ kodieren. Dies geschieht in *Bias-Notation* (verschobene Notation), bei der der Exponent e durch die Dualzahldarstellung der Zahl $e - e_{\min} + 1 \in \{1, \dots, e_{\max} - e_{\min} + 1\} = \{1, \dots, 2046\}$ repräsentiert wird. Von den beiden verbleibenden Bitkombinationen aus dem Exponentenbereich wird die Nullbitfolge $00 \cdots 0$ zur Umschaltung der Mantisse auf denormalisierte Gleitpunktzahlen ($e = e_{\min}$, $a_1 = 0$) verwendet. Das verbleibende freie Bitmuster $11 \cdots 1$ verwendet man zur Umschaltung der Mantissenbits für die Darstellung symbolischer Ausdrücke wie $+\infty$, $-\infty$ oder *NaN-Ausdrücken*, wobei NaN eine Abkürzung für „Not a Number" ist und bestimmte arithmetische Gleitpunktoperationen wie „0/0", „$0 \times \infty$" oder „$\infty - \infty$" symbolisiert. Natürlich bleiben bei der Umschaltung zur Darstellung solcher symbolischen Ausdrücke die meisten Bitmuster der Mantisse unbelegt.

Die kleinste positive normalisierte sowie die größte Gleitpunktzahl sind hier

$$x_{\min} = 2^{-1022} \approx 2{,}23 \times 10^{-308}, \qquad x_{\max} \approx 2^{1024} \approx 1{,}80 \times 10^{308},$$

während $\widehat{x}_{\min} = 2^{-1074} \approx 4{,}94 \times 10^{-324}$ die kleinste positive denormalisierte Gleitpunktzahl ist. Der relative Abstand einer beliebigen Zahl aus dem Bereich $\{x \in \mathbb{R} \setminus \{0\} : x_{\min} \leq |x| \leq x_{\max}\}$ zum nächstgelegenen Element aus $\mathbb{F}(2, 53, -1021, 1024)$ beträgt höchstens

$$\mathrm{eps} = 2^{-53} \approx 1{,}11 \times 10^{-16}. \qquad\qquad \triangle$$

Beispiel (IEEE, einfaches Grundformat). Die Gleitpunktzahlen aus dem System $\widehat{\mathbb{F}}(2, 24, -125, 128)$ werden in 32-Bit-Worten kodiert, wovon jeweils 23 Bits für die Mantisse und 8 Bits für den Exponenten sowie ein Vorzeichenbit vergeben werden.

32 Bit-Wort

23 Bits für Mantisse a 8 Bits für Exponent e

Aufgrund der Identität $2^8 = 256$ lassen sich mit den 8 Exponentenbits die 254 Exponenten von $e_{\min} = -125$ bis $e_{\max} = 128$ in Bias-Notation kodieren, und die beiden verbleibenden Bitkombinationen aus dem Exponentenbereich werden wie bei dem doppelten Grundformat verwendet. Die kleinste positive normalisierte sowie die größte Gleitpunktzahl sehen hier wie folgt aus,

$$x_{min} = 2^{-126} \approx 1,10 \times 10^{-38}, \qquad x_{max} \approx 2^{128} \approx 3,40 \times 10^{38},$$

und $\widehat{x}_{min} = 2^{-149} \approx 1,40 \times 10^{-45}$ ist die kleinste positive denormalisierte Gleitpunktzahl. Der relative Abstand einer beliebigen Zahl aus dem Bereich $\{x \in \mathbb{R}\backslash\{0\} : x_{min} \leq |x| \leq x_{max}\}$ zum nächstgelegenen Element aus $\mathbb{F}(2, 24, -125, 128)$ beträgt höchstens eps $= 2^{-24} \approx 0,60 \times 10^{-7}$. △

Beispiel (IEEE, einfaches und doppeltes Weitformat). Neben dem genannten einfachen und doppelten Grundformat legt der IEEE-Standard 754 Gleitpunkt-Zahlensysteme im *Weitformat* fest – wiederum in einer einfachen und einer doppelten Fassung. Hierbei sind im Unterschied zu den Grundformaten lediglich Unterschranken für die verwendete Bitanzahl und die Mantissenlänge sowie Ober- und Unterschranken für den Exponenten vorgeschrieben. Ein typisches erweitertes Gleitpunkt-Zahlensystem aus der Klasse der doppelten Formate ist

$$\widehat{\mathbb{F}}(2, 64, -16381, 16384),$$

deren Elemente über 80-Bit-Worte dargestellt werden mit einem Vorzeichenbit, 64 Bits für die Mantisse sowie 15 Bits für den Exponenten. Die kleinste positive normalisierte sowie die größte Gleitpunktzahl lauten hier

$$x_{min} = 2^{-16382} \approx 10^{-4932}, \qquad x_{max} \approx 2^{16384} \approx 10^{4932},$$

und der maximale relative Abstand einer beliebigen reellen Zahl aus dem Bereich $\{x \in \mathbb{R} : x_{min} \leq |x| \leq x_{max}\}$ zum nächstgelegenen Element aus $\widehat{\mathbb{F}}(2, 64, -16381, 16384)$ liegt bei eps $= 2^{-64} \approx 5,42 \times 10^{-20}$. △

Die einfachen und doppelten Grundformate des IEEE-Standards 754 waren be-ziehungsweise sind in vielen gängigen Hardware- und Softwareprodukten imple-mentiert, so zum Beispiel in den Prozessoren von Intel (486DX, Pentium), DEC (Alpha), IBM (RS/6000), Motorola (680x0) und Sun (SPARCstation) oder den Programmiersprachen C++ und Java und den Programmpaketen MATLAB und SCILAB.

11.3.2 Ein weiteres Gleitpunkt-Zahlensystem in der Praxis

Im Folgenden wird ein weiteres in der Praxis verwendetes Gleitpunkt-Zahlensys-teme vorgestellt.

Tab. 11.2 Übersicht praxisrelevanter Gleitpunkt-Zahlensysteme

Rechner o. Norm	Format	Basis b	♯Ziff. t	Exponentlimit e_{min}	Exponentlimit e_{max}	denorm	x_{max}	x_{min}	$\widehat{x}_{min}$	eps
IEEE	einfach	2	24	−125	128	ja	3×10^{38}	1×10^{-38}	1×10^{-45}	6×10^{-8}
—«—	doppelt	2	53	−1021	1024	ja	2×10^{308}	2×10^{-308}	5×10^{-324}	1×10^{-16}
—«— erweit.	doppelt	2	64	−16381	16384	ja	1×10^{4932}	1×10^{-4932}	4×10^{-4951}	5×10^{-20}
IBM 390	einfach	16	6	−64	63	nein	7×10^{75}	5×10^{-79}	–	5×10^{-7}
—«—	doppelt	16	14	−64	63	nein	—«—	—«—	–	1×10^{-16}
Taschenrechner (Bsp.)		10	10	−98	100	nein	1×10^{99}	1×10^{-99}	–	1×10^{-10}

Beispiel (Taschenrechner). Bei wissenschaftlichen Taschenrechnern werden zumeist dezimale Gleitpunkt-Zahlensysteme verwendet. Weitverbreitet ist das System $\mathbb{F}(10, 10, -98, 100)$, wobei intern mit einer längeren Mantisse (in einigen Fällen mit 12 Ziffern) gearbeitet wird.   △

Die charakteristischen Größen der vorgestellten sowie einiger anderer praxisrelevanter Systeme von Gleitpunktzahlen sind in Tab. 11.2 zusammengestellt.

11.4   Runden, Abschneiden

Ein erster Schritt bei der Durchführung von Algorithmen besteht in der Approximation reeller Zahlen durch Elemente aus dem Gleitpunkt-Zahlensystem $\mathbb{F}$. In den folgenden Abschn. 11.4.1 und 11.4.2 werden hierzu zwei Möglichkeiten vorgestellt.

11.4.1 Runden

Die erste Variante zur Approximation reeller Zahlen aus dem Überdeckungsbereich eines gegebenen Gleitpunkt-Zahlensystems $\mathbb{F}$ liefert folgende Definition.

Zu einem gegebenen Gleitpunkt-Zahlensystem $\mathbb{F} = \mathbb{F}(b, t, e_{min}, e_{max})$ mit b gerade ist die Funktion rd $: \{x \in \mathbb{R} : x_{min} \leq |x| \leq x_{max}\} \to \mathbb{R}$ folgendermaßen erklärt,

$$\mathrm{rd}(x) = \begin{cases} \sigma\left(\sum_{k=1}^{t} a_k b^{-k}\right) b^e, & \text{falls } a_{t+1} \leq \frac{b}{2} - 1 \\ \sigma\left(\text{—«—} + b^{-t}\right) b^e, & \text{falls } a_{t+1} \geq \frac{b}{2} \end{cases} \left. \right\} \text{für } x = \sigma\left(\sum_{k=1}^{\infty} a_k b^{-k}\right) b^e$$

(11.6)

(Fortsetzung)

mit einer normalisierten Darstellung für x entsprechend Theorem 11.1. Man bezeichnet $rd(x)$ als den *auf t Stellen gerundeten Wert von x*.

Beispiel. Bezüglich der Basis $b = 10$ und der Mantissenlänge $t = 3$ gilt die Identität $rd(0,9996) = 1,0 = 0,1 \times 10^1$. Dies verdeutlicht noch, dass sich beim Runden alle Ziffern ändern können. △

Der Rundungsprozess liefert das nächstliegende Element aus dem System $\mathbb{F}$:

Zu einem gegebenen Gleitpunkt-Zahlensystem $\mathbb{F} = \mathbb{F}(b, t, e_{min}, e_{max})$ gilt für jede Zahl $x \in \mathbb{R}$ mit $x_{min} \le |x| \le x_{max}$ die Eigenschaft $rd(x) \in \mathbb{F}$, mit der Minimaleigenschaft $|rd(x) - x| = \min_{z \in \mathbb{F}} |z - x|$.

Die Situation beim Runden ist in Abb. 11.4 veranschaulicht. Als leichte Folgerung erhält man folgendes Resultat.

Box 11.4. *In einem gegebenen Gleitpunkt-Zahlensystem $\mathbb{F} = \mathbb{F}(b, t, e_{min}, e_{max})$ gilt folgende Abschätzung für den relativen Rundungsfehler,*

$$\frac{|rd(x) - x|}{|x|} \le \overbrace{eps}^{= b^{-t+1}/2} \quad \text{für } x \in \mathbb{R} \quad \text{mit } x_{min} \le |x| \le x_{max}.$$

Eine alternative Fehlerdarstellung ist

$$rd(x) = x + \Delta x \quad \text{für ein } \Delta x \in \mathbb{R} \quad \text{mit } \frac{|\Delta x|}{|x|} \le eps.$$

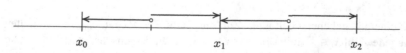

$$x_0 \qquad\qquad x_1 \qquad\qquad x_2$$

Abb. 11.4 Es stellen x_0, x_1 und x_2 benachbarte Zahlen aus dem System $\mathbb{F}$ dar. Die Pfeile kennzeichnen jeweils Bereiche, aus denen nach x_0, x_1 beziehungsweise nach x_2 gerundet wird.

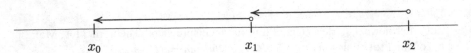

Abb. 11.5 Es stellen x_0, x_1 und x_2 benachbarte positive Zahlen aus dem System $\mathbb{F}$ dar. Die Pfeile kennzeichnen jeweils Bereiche, aus denen nach x_0 beziehungsweise nach x_1 abgeschnitten wird.

Bemerkung 11.5. Auch auf dem Intervall $(-x_{\min}, x_{\min})$ stellt (11.6) eine sinnvolle (und dem IEEE-Standard 754 entsprechende) Definition für die Funktion rd dar, wenn man in (11.6) die normalisierte Darstellung für x durch die Repräsentation $x = \sigma(\sum_{k=1}^{\infty} a_k b^{-k}) b^{e_{\min}}$ mit $a_1 = 0$ ersetzt. Tatsächlich gilt $\mathrm{rd}(x) \in \widehat{\mathbb{F}}$ und $|\mathrm{rd}(x) - x| = \min_{z \in \widehat{\mathbb{F}}} |z - x|$ für $x \in (-x_{\min}, x_{\min})$, jedoch verliert die Aussage von Box 11.4 über den relativen Rundungsfehler für solche Werte von x ihre Gültigkeit, was unmittelbar aus Bemerkung 11.3 folgt. Der Fall $|x| > x_{\max}$ führt im IEEE-Standard 754 zu einem Overflow, genauer zu $\mathrm{rd}(x) = \infty$ beziehungsweise $\mathrm{rd}(x) = -\infty$.   △

11.4.2 Abschneiden

Ein einfache Alternative zum Runden stellt das Abschneiden (english: truncate) dar:

> Zu einem gegebenen Gleitpunkt-Zahlensystem $\mathbb{F} = \mathbb{F}(\mathrm{b}, \mathrm{t}, e_{\min}, e_{\max})$ ist die Funktion tc $: \{x \in \mathbb{R} : x_{\min} \leq |x| \leq x_{\max}\} \to \mathbb{R}$ folgendermaßen erklärt,
>
> $$ \mathrm{tc}(x) = \sigma\left(\sum_{k=1}^{t} a_k b^{-k} \right) b^e \quad \text{für } x = \sigma\left(\sum_{k=1}^{\infty} a_k b^{-k} \right) b^e. $$

Es wird $\mathrm{tc}(x)$ als die *auf* t *Stellen abgeschnittene Zahl* x bezeichnet. Die Situation beim Abschneiden ist in Abb. 11.5 veranschaulicht.

Beispiel. Für die Basis $\mathrm{b} = 10$ und die Mantissenlänge $\mathrm{t} = 3$ gilt die Identität $\mathrm{tc}(0,9996) = 0,999 \times 10^0$.   △

> Zu einem gegebenen Gleitpunkt-Zahlensystem $\mathbb{F} = \mathbb{F}(\mathrm{b}, \mathrm{t}, e_{\min}, e_{\max})$ gelten für jede Zahl $x \in \mathbb{R}$ mit $x_{\min} \leq |x| \leq x_{\max}$ die Eigenschaft $\mathrm{tc}(x) \in \mathbb{F}$ und folgende Fehlerabschätzung,

(Fortsetzung)

$$\underbrace{\frac{|\,tc(x) - x\,|}{|x|}}_{b^{-t+1}} \le 2eps \quad \text{für } x \in \mathbb{R} \quad \text{mit } x_{min} \le |x| \le x_{max}.$$

Eine alternative Fehlerdarstellung ist

$$tc(x) = x + \Delta x \quad \text{für ein } \Delta x \in \mathbb{R} \quad \text{mit } \frac{|\Delta x|}{|x|} \le 2eps.$$

11.5 Arithmetik in Gleitpunkt-Zahlensystemen

In den folgenden Abschnitten werden arithmetische Grundoperationen in Gleitpunkt-Zahlensystemen vorgestellt und Abschätzungen für den bei der Hintereinanderausführung solcher Operationen entstehenden Gesamtfehler angegeben.

11.5.1 Arithmetische Grundoperationen in Gleitpunkt-Zahlensystemen

In einem gegebenen Gleitpunkt-Zahlensystem $\mathbb{F} = \mathbb{F}(b, t, e_{min}, e_{max})$ sehen naheliegende Realisierungen von Grundoperationen $\circ \in \{+, -, \times, /\}$ zum Beispiel so aus,

$$x \circ^* y = rd(x \circ y) \text{ für } x, y \in \mathbb{F} \quad \text{mit } x_{min} \le |x \circ y| \le x_{max}, \quad (11.7)$$

$$\text{oder } x \circ^* y = tc(x \circ y) \quad\text{————————«————————} \quad (11.8)$$

wobei im Fall der Division $y \ne 0$ angenommen ist.

Bemerkung.

a) Man beachte, dass für Operationen von der Form (11.7) oder (11.8) sowohl Assoziativ- als auch Distributivgesetze keine Gültigkeit besitzen.
b) Praktisch lassen sich (11.7) beziehungsweise (11.8) so realisieren, dass man zu gegebenen Zahlen $x, y \in \mathbb{F}$ anstelle des exakten Wertes $x \circ y$ eine Approximation $z \approx x \circ y \in \mathbb{R}$ mit $rd(z) = rd(x \circ y)$ beziehungsweise $tc(z) = tc(x \circ y)$ bestimmt. $\triangle$

Für die folgenden Betrachtungen wird lediglich die Annahme getroffen, dass der bei arithmetischen Grundoperationen in Gleitpunkt-Zahlensystemen auftretende relative Fehler dieselbe Größenordnung wie der relative Rundungsfehler besitzt, eine weitere Spezifikation ist nicht erforderlich.

Zu einem gegebenen Gleitpunkt-Zahlensystem $\mathbb{F} = \mathbb{F}(b, t, e_{\min}, e_{\max})$ bezeichnen im Folgenden $+^*$, $-^*$, $\times^*$, $/^*$ Operationen mit den Eigenschaften

$$x \circ^* y \in \mathbb{F}, \quad x \circ^* y = x \circ y + \eta \quad \text{für ein } \eta \in \mathbb{R}, \quad \frac{|\eta|}{|x \circ y|} \leq K \text{eps} \quad (11.9)$$

$$\left(x, y \in \mathbb{F} \quad \text{mit } x_{\min} \leq |x \circ y| \leq x_{\max}, \quad \circ \in \{+, -, \times, /\} \right),$$

wobei im Fall der Division $y \neq 0$ angenommen ist, und $K \geq 0$ ist eine Konstante.

In den Fällen (11.7) beziehungsweise (11.8) gilt (11.9) mit $K = 1$ beziehungsweise $K = 2$. In den beiden nächsten Abschnitten werden Abschätzungen für den akkumulierten Fehler bei der Hintereinanderausführung von Grundoperationen in Gleitpunkt-Zahlensystemen hergeleitet.

11.5.2 Fehlerakkumulation bei der Hintereinanderausführung von Multiplikationen und Divisionen in Gleitpunkt-Zahlensystemen

Proposition 11.6. *Zu einem gegebenen Gleitpunkt-Zahlensystem $\mathbb{F} = \mathbb{F}(b, t, e_{\min}, e_{\max})$ seien Zahlen $x_1, x_2, \ldots, x_n \in \mathbb{R} \backslash \{0\}$ und $\Delta x_1, \Delta x_2, \ldots, \Delta x_n \in \mathbb{R}$ gegeben mit*

$$x_k + \Delta x_k \in \mathbb{F}, \quad \frac{|\Delta x_k|}{|x_k|} \leq K \text{eps} \quad \text{für } k = 1, 2, \ldots, n, \quad (11.10)$$

mit $(n-1)K\text{eps} < \frac{1}{4}$. Weiter sei für Grundoperationen $\circ_1, \ldots, \circ_{n-1} \in \{\times, /\}$ die Eigenschaft (11.9) sowie $x_{\min} \leq |x_1 \circ_1 \cdots \circ_{j-1} x_j| \leq x_{\max}$ für $j = 2, \ldots, n$ erfüllt, wobei jeweils noch ein gewisser Abstand zu den Intervallrändern $x_{\min}$ und $x_{\max}$ gegeben sei. Dann gilt die Fehlerdarstellung

$$(x_1 + \Delta x_1) \circ_1^* (x_2 + \Delta x_2) \circ_2^* \cdots \circ_{n-1}^* (x_n + \Delta x_n)$$

$$= x_1 \circ_1 x_2 \circ_2 \cdots \circ_{n-1} x_n + \eta,$$

$$\text{mit} \quad \frac{|\eta|}{|x_1 \circ_1 \cdots \circ_{n-1} x_n|} \leq \frac{(2n-1)K\text{eps}}{1 - (2n-1)K\text{eps}}.$$

Bemerkung 11.7.

a) Proposition 11.6 impliziert die Gutartigkeit von Multiplikationen und Divisionen in Gleitpunkt-Zahlensystemen, relative Eingangsfehler werden nicht übermäßig verstärkt.

b) Falls in der Situation von Proposition 11.6 etwa die Ungleichung $(2n-1)K\text{eps} < 0,1 \leq 1$ erfüllt ist, so gilt

$$\frac{|\eta|}{|x_1 \circ_1 \cdots \circ_{n-1} x_n|} \leq \frac{(2n-1)K\text{eps}}{0,9} \leq (1,12K\text{eps})(2n-1).$$

Mit jeder zusätzlichen maschinenarithmetischen Multiplikation oder Division muss man also mit einem Anwachsen des relativen Fehlers um den Wert $2,24K\text{eps}$ rechnen. $\triangle$

11.5.3 Fehlerverstärkung bei der Hintereinanderausführung von Additionen in einem gegebenen Gleitpunkt-Zahlensystem $\mathbb{F}$

Die folgende Proposition befasst sich mit der möglichen Fehlerverstärkung bei der Hintereinanderausführung von Additionen und Subtraktionen in einem gegebenen Gleitpunkt-Zahlensystem $\mathbb{F} = \mathbb{F}(b, t, e_{\min}, e_{\max})$. Dabei werden beliebige Vorzeichen zugelassen, so dass man sich auf die Betrachtung von Additionen beschränken kann. Erläuterungen zur Abschätzung (11.11) finden Sie in der darauf folgenden Bemerkung 11.9.

Proposition 11.8. *Zu einem gegebenen Gleitpunkt-Zahlensystem $\mathbb{F} = \mathbb{F}(b, t, e_{\min}, e_{\max})$ seien $x_1, x_2, \ldots, x_n \in \mathbb{R}$ und $\Delta x_1, \Delta x_2, \ldots, \Delta x_n \in \mathbb{R}$ Zahlen mit der Eigenschaft (11.10), und es bezeichne*

$$S_k^* := \sum_{j=1}^{k}{}^*(x_j + \Delta x_j), \quad S_k := \sum_{j=1}^{k} x_j \quad \text{für } k = 1, 2, \ldots, n,$$

wobei $\sum^*$ für eine Hintereinanderausführung von Additionen in $\mathbb{F}$ von links nach rechts steht. Dann gilt folgende Fehlerabschätzung,

$$|S_k^* - S_k| \leq \underbrace{\left(\sum_{j=1}^{k}(1 + K\text{eps})^{k-j}\left(2|x_j| + |S_j|\right) \right)K\text{eps}}_{=:M_k} \tag{11.11}$$

für $k = 1, 2, \ldots, n$, falls $K\text{eps} \leq 1$ und (mit der Notation $M_0 = 0$) die Partialsummen innerhalb gewisser Schranken liegen:

$$x_{\min} + (M_{k-1} + |x_k|)K\text{eps} \le |S_k| \le x_{\max} - (M_{k-1} + |x_k|)K\text{eps},$$

für $k = 1, 2, \ldots, n.$

Bemerkung 11.9.

a) Der Faktor $(1+\text{eps})^{k-j}$ in der Abschätzung (11.11) ist umso größer, je kleiner j ist. Daher wird man vernünftigerweise beim Aufsummieren mit den betragsmäßig kleinen Zahlen beginnen. Dies gewährleistet zudem, dass die Partialsummen S_k betragsmäßig nicht unnötig anwachsen.

b) Proposition 11.8 liefert lediglich eine Abschätzung für den *absoluten* Fehler. Der *relative* Fehler $|S_n^* - S_n|/|S_n|$ jedoch kann groß ausfallen, falls $|S_n|$ klein gegenüber $\sum_{j=1}^{n-1}(|x_j| + |S_j|) + |x_n|$ ist.   △

Weitere Themen und Literaturhinweise

Eine ausführliche Behandlung von Gleitpunkt-Zahlensystemen und der Grundarithmetiken finden Sie etwa in Überhuber [63] (Band 1), Goldberg [19] oder in Higham [32]. Insbesondere in [63] werden viele weitere interessante Themen wie beispielsweise spezielle Summationsalgorithmen für Gleitpunktzahlen, numerische Softwarepakete, die Anzahl der benötigten Taktzyklen zur Durchführung der vier Grundoperationen $+, -, \times, /$, die asymptotische Komplexität von Algorithmen und die konkrete Implementierung von arithmetischen Operationen behandelt. Dass Letztere nicht immer einwandfrei verläuft, zeigt sich am Beispiel der fehlerhaften Pentium-Chips im Jahr 1994 (Moler [43]).

Literatur

1. Bartels, S.: Numerik 3x9. Springer Spektrum, Berlin/Heidelberg (2016)
2. Bärwolff, G.: Numerik für Ingenieure, Physiker und Informatiker, 2. Aufl. Springer Spektrum, Berlin/Heidelberg (2016)
3. Berman, A., Plemmons, R.: Nonnegative Matrices in the Mathematical Sciences, Reprint. SIAM, Philadelphia (1994)
4. Bollhöfer, M., Mehrmann, V.: Numerische Mathematik. Vieweg, Wiesbaden (2004)
5. de Boor, C.: A Practical Guide to Splines. Springer, Heidelberg/Berlin (1978)
6. Braess, D.: Finite Elemente, 5. Aufl. Springer Spektrum, Berlin/Heidelberg/New York (2013)
7. Bulirsch, R.: Bemerkungen zur Romberg-Iteration. Numer. Math. **6**, 6–16 (1964)
8. Bunse, W., Bunse-Gerstner, A.: Numerische Mathematik. Teubner, Stuttgart (1985)
9. Dallmann, H., Elster, K.-H.: Einführung in die höhere Mathematik III, 2. Aufl. Gustav Fischer, Jena (1992)
10. Deuflhard, P.: Newton Methods for Nonlinear Problems. Springer, Heidelberg/Berlin (2004)
11. Deuflhard, P., Bornemann, F.: Numerische Mathematik 2, 4. Aufl. De Gruyter, Berlin (2013)
12. Deuflhard, P., Hohmann, A.: Numerische Mathematik 1, 5. Aufl. De Gruyter, Berlin (2018)
13. Emmrich, E.: Gewöhnliche und Operator-Differentialgleichungen. Vieweg+Teubner, Wiesbaden (2004)
14. von Finckenstein, F., Graf, K.: Einführung in Numerische Mathematik, Bd. 1 und 2. Carl Hanser, München (1977, 1978)
15. Freund, R.W., Hoppe, R.W.H.: Stoer/Bulirsch: Numerische Mathematik 1, 10. Aufl. Springer, Berlin (2007)
16. Freund, R.W., Hoppe, R.W.H.: Stoer/Bulirsch: Numerische Mathematik 2, 6. Aufl. Springer Spektrum, Berlin/Heidelberg (2011)
17. Geiger, C., Kanzow, C.: Numerische Verfahren zur Lösung unrestringierter Optimierungsaufgaben. Springer, Heidelberg/Berlin (1999)
18. Goering, H., Roos, H.G., Tobiska, L.: Die Finite-Element-Methode für Anfänger, 3. Aufl. Wiley-VCH, Berlin (2012)
19. Goldberg, D.: What every computer scientist should know about floating-point arithmetic. ACM Comput. Surv. **23**, 5–48 (1991)
20. Golub, G., Van Loan, C.F.: Matrix Computations, 2. Aufl. The Johns Hopkins University Press, Baltimore/London (1993)
21. Golub, G., Ortega, J.M.: Scientific Computing. Teubner, Stuttgart (1996)
22. Grigorieff, R.D.: Numerik gewöhnlicher Differentialgleichungen, Bd. 1 und 2. Teubner, Stuttgart (1972/1977)
23. Großmann, C., Roos, H.-G.: Numerische Behandlung partieller Differentialgleichungen, 3. Aufl. Springer Vieweg, Wiesbaden (2005)
24. Großmann, C., Terno, J.: Numerik der Optimierung. Teubner, Stuttgart (1993)
25. Günther, M., Jüngel, A.: Finanzderivate mit MATLAB, 2. Aufl. Springer Vieweg, Wiesbaden (2010)

© Der/die Herausgeber bzw. der/die Autor(en), exklusiv lizenziert an
Springer-Verlag GmbH, DE, ein Teil von Springer Nature 2023
R. Plato, *Basiswissen Numerik*, https://doi.org/10.1007/978-3-662-66570-1

26. Hackbusch, W.: Iterative Lösung großer schwach besetzter Gleichungssysteme. Teubner, Stuttgart (1991)
27. Hackbusch, W.: Theorie und Numerik elliptischer Differentialgleichungen, 4. Aufl. Springer Spektrum, Wiesbaden (2017)
28. Hairer, E., Nørsett, S.P., Wanner, G.: Solving Ordinary Differential Equations I, Nonstiff Problems, 2. Aufl. Springer, Berlin (2008)
29. Hämmerlin, G., Hoffmann, K.-H.: Numerische Mathematik, 4. Aufl. Springer, Berlin (1994)
30. Hanke-Bourgeois, M.: Grundlagen der Numerischen Mathematik und des Wissenschaftlichen Rechnens, 3. Aufl. Springer Vieweg, Wiesbaden (2009)
31. Heuser, H.: Gewöhnliche Differentialgleichungen, 6. Aufl. Vieweg+Teubner, Wiesbaden (2009)
32. Higham, N.: Accuracy and Stability of Numerical Algorithms, 2. Aufl. SIAM, Philadelphia (2002)
33. Horn, R.A., Johnson, C.R.: Matrix Analysis, Reprint. Cambridge University Press, Cambridge (1994)
34. Jung, M., Langer, U.: Methode der finiten Elemente für Ingenieure, 2. Aufl. Springer Vieweg, Wiesbaden (2013)
35. Knabner, P., Angermann, L.: Numerik partieller Differentialgleichungen. Springer, Berlin/Heidelberg (2000)
36. Kosmol, P.: Methoden zur numerischen Behandlung nichtlinearer Gleichungen und Optimierungsaufgaben. Teubner, Stuttgart (1989)
37. Kress, R.: Numerical Analysis. Springer, Berlin/Heidelberg/New York (1998)
38. Krommer, A., Überhuber, C.: Computational Integration. SIAM, Philadelphia (1998)
39. März, R.: Numerical methods for differential algebraic equations. In: Iserles, A. (Hrsg.) Acta Numerica, Bd. 1, S. 141–198. Cambridge University Press, Cambridge (1992)
40. Meister, A.: Numerik linearer Gleichungssysteme, 5. Aufl. Springer Spektrum, Berlin/Heidelberg (2015)
41. Meister, A., Sonar, T.: Numerik: Eine lebendige und gut verständliche Einführung mit vielen Beispielen. Springer Spektrum, Berlin/Heidelberg (2019)
42. Mennicken, R., Wagenführer, E.: Numerische Mathematik, Bd. 1 und 2. Vieweg, Braunschweig/Wiesbaden (1977)
43. Moler, C.: A Tale of Two Numbers. SIAM News **28**(1), 1, 16 (1995)
44. Nash, S.G., Sofer, A.: Linear and Nonlinear Programming. McGraw-Hill, New York (1996)
45. Oevel, W.: Einführung in die Numerische Mathematik. Spektrum, Heidelberg (1996)
46. Opfer, G.: Numerische Mathematik für Anfänger, 4. Aufl. Vieweg, Braunschweig/Wiesbaden (2002)
47. Pan, V.: Complexity of computations with matrices and polynomials. SIAM Rev. **34**, 225–262 (1992)
48. Parlett, B.N.: The Symmetric Eigenvalue Problem, Reprint. SIAM, Philadelphia (1988)
49. Plato, R.: Übungsbuch zur Numerischen Mathematik, 2. Aufl. Vieweg, Wiesbaden (2009)
50. Plato, R.: Numerische Mathematik kompakt, 5. Aufl. Springer Spektrum, Heidelberg (2021)
51. Reinhardt, H.-J.: Numerik gewöhnlicher Differentialgleichungen. De Gruyter, Berlin (2008)
52. Richter, T., Wick, T.: Einführung in die Numerische Mathematik. Springer Spektrum, Berlin/Heidelberg (2017)
53. Romberg, W.: Vereinfachte numerische Integration. Det. Kong. Norske Videnskabers Selskab Forhandlinger, 28(7). F. Bruns Bokhandel, Trondheim (1955)
54. Schaback, R., Wendland, H.: Numerische Mathematik, 5. Aufl. Springer, Berlin/Heidelberg (2005)
55. Schwandt, H.: Parallele Numerik. Teubner, Stuttgart (2003)
56. Schwarz, H., Köckler, N.: Numerische Mathematik, 8. Aufl. Springer Vieweg, Wiesbaden (2011)
57. Schwetlick, H.: Numerische Lösung nichtlinearer Gleichungen. Oldenbourg, München (1979)
58. Schwetlick, H., Kretzschmar, H.: Numerische Verfahren für Naturwissenschaftler und Ingenieure. Fachbuchverlag, Leipzig (1991)

59. Strassen, V.: Gaussian elimination is not optimal. Numer. Math. **13**, 354–356 (1969)
60. Strehmel, K., Weiner, R.: Numerik gewöhnlicher Differentialgleichungen, 2. Aufl. Springer Vieweg, Wiesbaden (2012)
61. Suttmeier, F.-T.: Numerical Solution of Variational Inequalities by Adaptive Finite Elements. Springer Vieweg, Wiesbaden (2008)
62. Trefethen, L.N., Bau, D.: Numerical Linear Algebra. SIAM, Philadelphia (1997)
63. Überhuber, C.W.: Computer-Numerik, Bd. 1 und 2. Springer, Berlin/Heidelberg (1995)
64. Watkins, D.S.: Understanding the QR algorithm. SIAM Rev. **24**, 427–440 (1982)
65. Weller, F.: Numerische Mathematik für Ingenieure und Naturwissenschaftler. Vieweg, Braunschweig/Wiesbaden (1996)
66. Werner, J.: Numerische Mathematik, Bd. 1 und 2. Vieweg, Braunschweig/Wiesbaden (1990)
67. Windisch, G.: M-matrices in Numerical Analysis. Teubner, Leipzig (1989)

Stichwortverzeichnis

Printed in the United States
by Baker & Taylor Publisher Services